とことんわかる！艦艇入門講座

井上

目次

第4章　軍艦／護衛艦の搭載物

第5章　オペレーションと行事

索引

はじめに

用語がわかればフネはもっと面白い

単行本化にあたって

たぶん、「隔月刊ＪＳｈｉｐｓ」の読者の皆さん、あるいは本書を手に取ってくださった皆さんなら、海上自衛隊や在日米軍などの一般公開イベントを訪れた経験がおありだろう。軍艦は日常的に目にすることができる身近な存在ではないから、たまに見に行くともう、珍しいものだらけで盛り上がってしまう。

そのうち、艦上・艦内で見かけたあれやこれやについて「これは何だろう？」「これはどうしてこうなってるのだろう？」「○○という言葉をよく聞くけれど、それって何なの？」といった疑問が芽生えてくるのではないだろうか。

その疑問の解決に多少なりともお役に立てればということで、２０１４年から「ＪＳｈｉｐｓ」誌で連載していたのが「艦艇用語の基礎知識」。それが今回、晴れて単行本化の運びとなった。しかし、単に連載で掲載したものをひとまとめにして一丁上がり、では書き手が納得しない。連載で取り上げていなかった話、あるいは連載では簡単に流してしまった話を補強するとともに全体を見直してみた。

パーツが分かると艦艇は一層楽しめる

詳しくない人が見れば、軍艦は単に「武器を積んでる灰色のフネ」である。艦の種類・分類に関係なく、「戦艦」呼ばわりされてしまう事情が、その辺の事情を反映している。

しかしよくよく眺めてみると、「灰色のフネ」といっても、その「灰色」がみんな同じではないのだ。明るい灰色があれば、暗い灰色もあるし、過去には単色ではないこともあった。なぜそうなるのか？また、その外部塗装に限らず、積んでいる武器にしても、あるいは艦の形にしても、意外なほどお国柄がある。つまり、同じような用途の艦でも、国によってずいぶんと違った外形になる。そんな違いを知っただけでも、ちょっとお利口になったような気がするだろう。

そこで本書では、艦を構成するパーツの名前や機能、艦のどこにどんなものを配置しているか、といった「中身」の領域に関する話は充実させた。なにも艦艇に限らないが、「違いが分かる」「中身が分かる」ことで、趣味的な楽しみは一挙に増えるものだ。

また、陸上自衛隊や航空自衛隊と異なり、海上自衛隊の仕事場は海の上。だから、「護衛艦を使って任務を果たしている」といっても、その艦上でどんな生活をしているのかをうかがい知る機会は滅多にない。広く知られているのは、せいぜい「金曜日にはカレーを食っている」というぐらいではないだろうか。たから本書では、艦内生活についても取り上げてみている。

そして、ありがたいことに日本では外国の艦が寄港する機会が意外とあり、ときには艦内を一般公開してくれることもある。見慣れた日米の艦とはずいぶん違うのでビックリ、なんていう経験をすることもあるはずだ。そんなときに、艦艇の構造や中身について知っていると、「ふむ、ここは日本の艦と似てるな」「ここは違うな」といったことが分かる。それもまた趣味の楽しみを深めてくれる。

英語も入れてみた

なお、すべての分野においてというわけではないが、本書では可能な限り、用語の英訳も入れるようにしてみた。

ネット検索で何か調べたところ、英語のＷｅｂサイトが出てきて途方に暮れた経験がある方は、意外といらっしゃるのではないだろうか。最近では自動翻訳という便利なものもあるが、艦艇用語みたいに専門性の高い分野になると、往々にして珍訳のオンパレードになるものである。そこで、せめて専門用語を英語でどう書くかが分かっていれば、意味を追うことができる。それで英訳を入れてみた次第。

ともあれ、この本が艦艇に対する理解を深めて、皆さんの艦艇趣味を一層楽しいものとしてくれることを願ってやまない。

第1章●船体の基本

第1回 排水量

筆者が間近で見たことがある「大きなフネ」というと、軍艦ならアメリカ海軍のニミッツ級※1、商船ならロイヤル・カリビアン・インターナショナルの「ボイジャー・オブ・ザ・シーズ」※2だろうか。前者は満載排水量10万2000トン、後者は総トン数13万7276トンだ。

同じ船なのに、なぜ大きさを表す言葉が違うのだろうか。

排水量トンと総トン

フネの大きさを示す主な指標としては、以下のものがある（これらの詳細はまた後で）。

- ●全長（length overall）
- ●全幅（beam）
- ●吃水（draught）
- ●深さ（depth）

しかし、たとえば「防衛白書」※3で海軍力の比較を行うような場面では、「A国の海軍力は○○隻・△△万トン」といった書き方をする。

このとき出てくる「トン」とは「排水量トン」（displacement）だ。では、なにを「排水」するのか。そこで出てくるのが、いわゆるアルキメデスの原理だ。フネ自体の重さに対応する量の水を押しのけることで、両者の釣合がとれて、フネが浮力を発揮するというのがそれである。

※1　ニミッツ級
米海軍の原子力空母。1970年代から逐次改良を加えつつ、合計10隻が作られた

※2　ボイジャー・オブ・ザ・シーズ
ロイヤル・カリビアン・インターナショナルのクルーズ客船。総トン数137,276トン

※3　防衛白書
防衛庁～防衛省が、日本の防衛の現状と課題、それらに対する取り組みについて内外への周知を図り、理解を得ることを目的として毎年出している刊行物。令和2年(2020年)度で50周年を迎えた

つまり、水面に浮いている艦の船体のうち、水線下（吃水線※4／waterline より下という意味）の体積と、同じ容積を持つ水の重量＝排水量トンということだ。ただし、淡水なら1000立方メートルで1トンだが、海水の場合には比重1・025を掛けるので、976立方メートルが1トンとなる。体積を使っているものの、実質的には艦そのものの重さを示す数字ということになる。

では、商船の「総トン」（gross tonnage）とは何か。「トン」というのだから重さを示しているのかというと、実は違う。日本の計量法では、船舶の体積計量に限定して「トン」という単位を使うことが認められており、まさにこれが該当している。重さを意味する「トン」と紛らわしいので、重さなら小文字の「t」を使うところ、船舶のトン数は大文字の「T」を使う。

では、体積をどう換算するかというと、国際総トン数の規程では1000÷353＝2・831861立方メートルが、すなわち1トン（1T）である。つまり、実際の重さがどうなのかに関係なく、船内の容積が大きい商船は総トン数が大きくなるし、船内の容積が小さい商船は総トン数が小さくなるのだ。

なお、日本の総トン数と国際総トン数では計算対象になる区画が異なり、後者の方が多くの区画を含む。だから、まったく同じフネでも、日本の方式で計算した総トン数の方が小さい数字になる。日本から海外に譲渡した

排水量となにか？
イラスト／田村紀雄

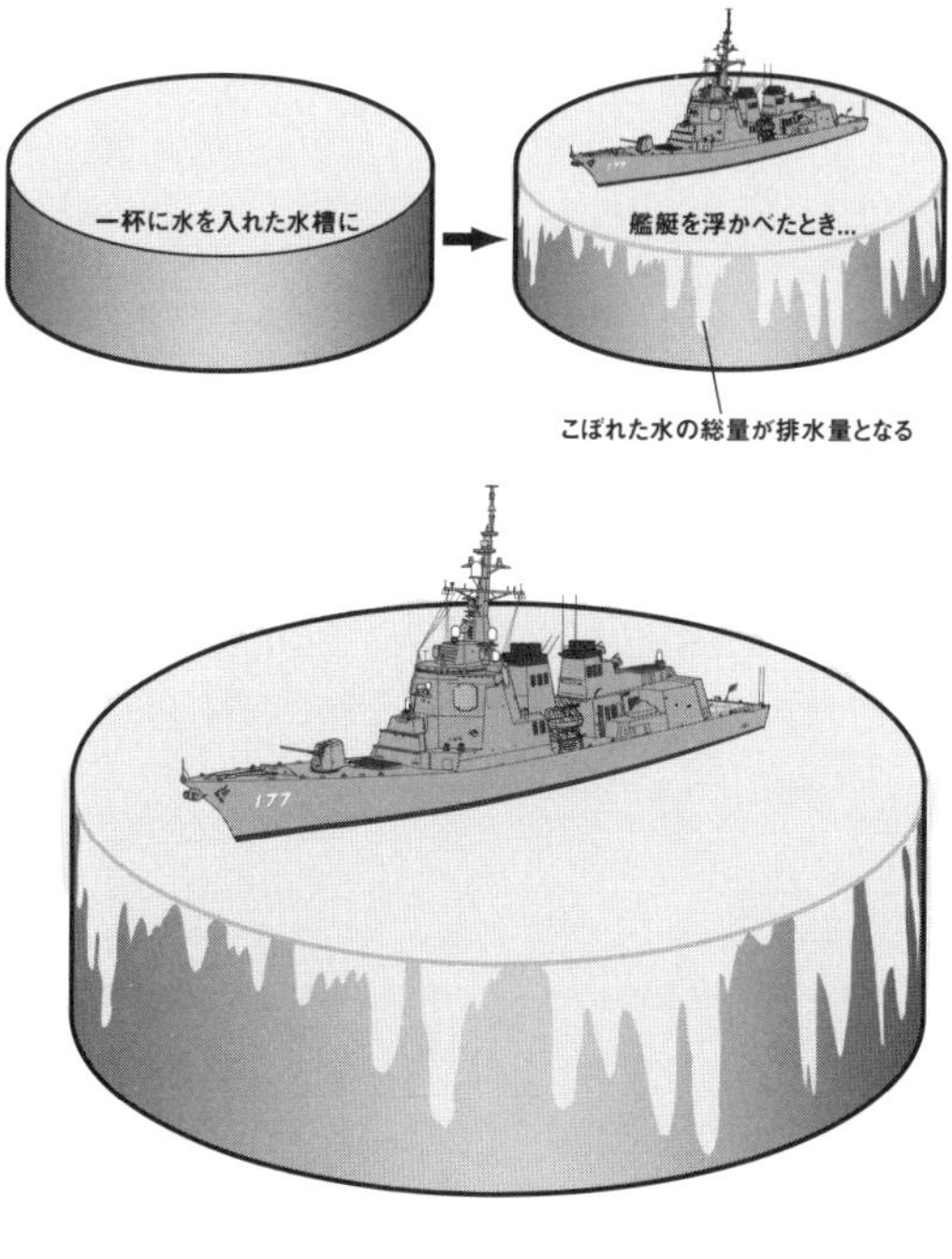
一杯に水を入れた水槽に
艦艇を浮かべたとき…
こぼれた水の総量が排水量となる
177
177

※4　吃水線
艦船の船体で、満載状態で水面が来る位置を示す線。「喫水線」と書くこともある

船舶のトン数を比較する際には注意が必要だ。
ちなみに、どうして「トン」が容積を意味するようになったのかというと、昔、フネの大きさを測る指標として「酒樽」（これもトンという）をいくつ積めるか、を基準にしていたことがあったためらしい。

軍艦が排水量を指標にする理由

商船は人でも貨物でも多く積載できてナンボだから、問題になるのは積載能力が多いかどうかだ。それを左右するのは、フネそのものの重さではなくフネの船内容積ということになる。だから、容積を意味する「トン」が大きさの指標になるのは理に適っているわけだ。ただし、積荷によっては容積よりも重量が先に問題になる場合があるので、船種によっては「載貨重量トン」を指標にすることがあるし、コンテナ船ではズバリ「コンテナ※5何個分の搭載能力があるか」が基準だ。

では、軍艦はどうか。そもそも、強大な軍艦とは「大口径の大砲をたくさん積んでいる方が強い」というものだった。

砲の性能向上や魚雷の登場といった影響はあるものの、強力な武器を積むにはそれだけ大きくて重い艦が要るし、自身が搭載する武器に見合った装甲防禦を施せば、艦はますます重くなるのが基本原則だ。だから、「排水量が大きい艦＝打撃力や防御力に優れた強力な艦」という図式が成り立つし、海軍力を排水量で比較することにも妥当性はあった。

ところが、である。第二次世界大戦後、しばらくしてからこの辺の図式が怪しくなってきた。その理由はいうまでもなく、ミサイルの登場にある。ミサイルは場所をとる割には重くないし、射程は火砲より長く、誘導武器だけに命中率もよい。だから、小さなミサイル艇※6が、大型だが砲熕兵器※7しか積んでいない駆逐艦※8を沈めてしまう、「エイラート事件」※9のようなことが起きた。

※5 コンテナ
貨物輸送で使用する、規格化された金属製の箱。転じて、規格化されたモジュールに機器や兵装を収める方式をコンテナ化と呼ぶこともある

※6 ミサイル艇
艦対艦ミサイルを主兵装とする、小型・高速の戦闘艇。ただし目標捜索の能力や自衛能力に劣るのが難点

※7 砲熕兵器
英語ではgun。機関砲や、もっと大口径の艦砲を総称する場合の用語

※8 駆逐艦
元々は、魚雷を搭載して襲ってくる水雷艇を追い払うための「水雷艇駆逐艦」として誕生した軍艦。今は汎用性を備えた水上戦闘艦を指す

しかも、昔の戦艦と違って分厚い装甲板を張り巡らせた軍艦なんて、今では米海軍の空母ぐらいのものである。その他の艦はなにも装甲防御を持たないか、せいぜい弾片よけを施しているぐらいだ。
こうなってくると、果たして艦の防御力や打撃力と排水量の間に、どの程度の相関関係があるのか怪しくなってきている、といえるのではないか。しかし、ほかに適当な代わりの指標がないものだから、仕方なく「排水量トン」による比較が続いているのが実情なのかも知れない。

排水量の種類いろいろ

実は排水量にもさまざまな種類がある。海上自衛隊は自衛艦の大きさを表すのに基準排水量を使うが、米海軍など海外では軍艦の大きさを表すのは満載排水量が普通だ。ではそれらはなにを表しているのか、最後にいろいろな排水量について簡単にまとめておこう。

【満載排水量】……その名の通り、人員・物資・燃料・武器などをめいっぱい積み込んだ状態での排水量を指す。たいていの場合、軍艦の排水量として示される数字といえばこれだが、海上自衛隊は例外なので注意。英語では〝full displacement〟〝full load displacement〟〝deep load displacement〟または〝loaded displacement〟という。

【常備排水量】……弾薬を四分の三、燃料を四分の一、水を二分の一搭載した状態で、英語では〝normal displacement〟という。軍艦が戦闘状態に入ったときにこの程度の搭載量になっているだろう、との想定で定められた数字。

【基準排水量】……時期や国によってさまざまな定義があるが、目下の一般的な定義は、満載排水量から燃料と水の搭載量を差し引いた数字である。だから、満載排水量と基準排水量の差が大きい艦は、そ

※9 エイラート事件
1967年7月11〜12日にエジプトのポートサイド沖で、イスラエル海軍の駆逐艦エイラートが、エジプト海軍のミサイル艇が発射したP-15(SS-N-2)艦対艦ミサイルで撃沈された件

米海軍をはじめ、日本以外の海軍は満載排水量で船の大きさを表すことが多い。
このニミッツ級は満載排水量で10万トンを超える(Photo/USN)

れだけ燃料や水の搭載量が大きく、長期行動が可能な艦であると推測できる。英語では〝standard displacement〟という。海上自衛隊の艦が排水量を公表する場合、通常は基準排水量であり、満載排水量を常用している諸外国とは異なる。だから、海自の艦が外国に行くと「排水量の数字の割に大きい」と思われるそうである。特に、ひゅうが型やいずも型みたいな大型艦ほど、基準排水量と満載排水量の差は大きく出るからだ。

【軽貨排水量】……乗組員がすべて乗り組んでいるが、弾薬や水は搭載していない状態の排水量を指す。ボイラーの罐水※10は含むことになっているのだが、蒸気タービン艦※11が少なくなった昨今では、この規程はあまり意味を持たないかも知れない。英語では〝light displacement〟という。

ちなみに、洋上哨戒艦(OPV)※12やミサイル艇では、排水量トンに加えて、全長の数字を使って「○○メートル級」と称することがある。これは同じメーカーで、サイズが異なる複数の艦をシリーズ化して売りだしているのではないかと考えられる。

※10 罐水
ボイラーで使用する水のこと。不純物が混じっていると配管が詰まるので、混じりけのない水を使う

※11 蒸気タービン艦…
蒸気タービン機関で走る艦のこと

※12 洋上哨戒艦
本格的な戦闘は想定せず、平時の警備やテロ・海賊対処といった任務を想定した軽武装の艦

こんごう型に見る甲板の名称
イラスト／田村紀雄

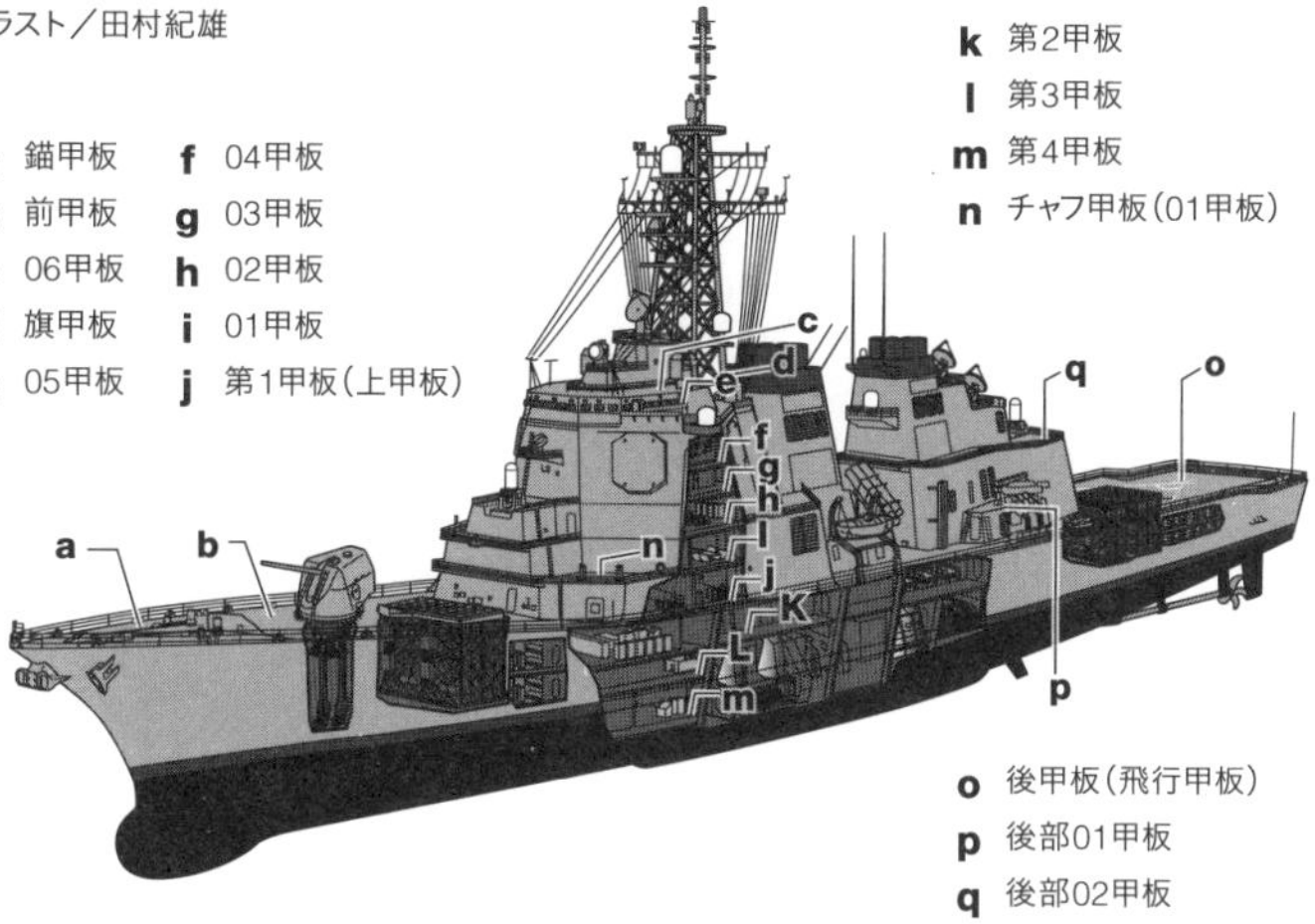

a 錨甲板
b 前甲板
c 06甲板
d 旗甲板
e 05甲板
f 04甲板
g 03甲板
h 02甲板
i 01甲板
j 第1甲板（上甲板）
k 第2甲板
l 第3甲板
m 第4甲板
n チャフ甲板（01甲板）
o 後甲板（飛行甲板）
p 後部01甲板
q 後部02甲板

第2回 甲板の名称いろいろ

艦船につきものの甲板だが、名称がいろいろあり、一体どこを指しているのか、混乱することがままある。今回は甲板の名称を中心に解説しよう。

船体と船楼と上甲板

軍艦に限らず、船は「船体」（hull）と「上部構造物（上構）」（upper structure）の組み合わせでできている。なお、上構のうち幅が船体全体を占めているものを特に「船楼」または「楼」と呼ぶ。

国土交通省の船舶構造規則では、船楼を「上部に甲板を有する上甲板上の構造物」と定義している。外見上は連続した形状になっていることもあるが、強度を負担する「船体」と、その上に載っている「上構」や「船楼」は、設計上は区分されるべきものだ。

その船体も、あるいは上構や船楼も、内部を複数の階層に区切って、そこに居住区画や各種の機器などを収容している。それぞれの階層、あるいは階層を構成する床部分のことを甲板（「こうはん」あるいは「かんぱん」）、英語ではデッキ（deck）という。

船体部分の最上層に位置する甲板を、上甲板という。船舶構造規則では、上甲板を「船体の主要部を構成する最上層の全通甲板」と定義している。全通甲板とは読んで字のごとく、途中で途切れず、端から端まで通じているという意味だ。上構や船楼は、その上甲板より上に設けられた構造物ということになる。

上甲板は、単にモノや機器や構造物を載せるスペースというだけでなく、船体の強度を受け持つ重要な部材でもある。自身の重量や積載物の荷重だけでなく、航行時には造波抵抗※1や波浪による力もかかるので、船体に適切な強度を持たせることは極めて重要だ。それが足りないと、台風に遭遇して多数の艦艇が損傷した旧日本海軍の「第四艦隊事件」※2のようなことが起きる。

甲板の呼び方いろいろ

複数のフロアを持つ建物だと、地面を基準にして、1階、2階……、あるいは地下1階、地下2階……と呼ぶ。それに対して、艦艇の甲板は船体の最上層にあたる上甲板を基準として呼ぶ。

まず船体内の甲板は、上甲板（第1甲板）を起点として、下に向かって順番に第2甲板、第3甲板……と呼ぶ。つまり、上甲板から下に向かうほど数字が増えていく。

一方、上構に設ける甲板は上甲板を起点として、上に向かって順番に、01甲板、02甲板……と呼ぶ。つまり、上甲板から上に向かうほど数字が増えていく。イギリス英語では、日本でいうところの2階をファーストフロア（first floor）と呼ぶが、2層目が01甲板になるのは、それと似たところがある。

ただし、時代や国を問わず、こうした呼称が統一的に用いられているかというと、そういうわけでも

※1 造波抵抗
艦船が水を押しのけながら航走する際に発生する抵抗のこと

※2 第四艦隊事件
1935年9月24〜25日にかけて、演習参加のために岩手県沖の太平洋上を航行していた日本海軍・第四艦隊が荒天に遭い、41隻のうち19隻が損傷した事件

航海艦橋は05甲板にあたる。上甲板から5層目、ビルなどでいえば6階にあたる（写真／Jシップス）

ない。甲板の階層が少なければ、「上甲板」「中甲板」「下甲板」程度で済ませることもある。それでは足りずに「第2中甲板」を設けた艦もある。

なお、甲板の高さに決まりはないから、艦の設計や用途に応じてさまざまだ。もちろん、頭をぶつけるほど低くては困るし、甲板を構成するフレームの分も考慮に入れると、一層につき3m程度の高さが必要になるだろう。ただし、用途や設計次第では、もっと高くなることもあり得る。

「○○甲板」ではないが、甲板に関わる用語として「甲板室」がある。これを英語ではデッキハウス（deck house）という。

甲板は原則として船体、あるいは楼の幅いっぱいに通じているものだが、その甲板の上に設けられていて、かつ、幅が船体や楼の幅いっぱいに達していない、部分的に設ける構造物のことを甲板室という。

たとえば、搭載機器を後から増やしたために上構に収まりきれず、甲板室を付け足して収容することがある。また、弾薬や火工品を収容するために甲板室を設けることもある。

空母型ならではの甲板の名称

米海軍の空母※3、日本であればひゅうが型護衛艦※4がそうだが、格納庫※5の天井にあたる部分を高くとって、一層分の甲板を設けている。この甲板のことをギャラリー・デッキ（gallery deck）といい、

※3　空母
正式には航空母艦。艦上から固定翼機を発着させる機能と、その搭載機を収容・整備する能力を備えた艦。浮かぶ移動式飛行場

※4　ひゅうが型
海上自衛隊で初めての、空母型ヘリコプター護衛艦。同時に複数のヘリが発着できる

※5　格納庫
艦上で、航空機を保護するために設ける収容スペース。ただし米海軍の空母や揚陸艦では、格納庫は整備用のスペースで駐機は飛行甲板上

飛行甲板の形状に相当する広い甲板スペースを確保できる利点がある。この場合のギャラリーは、天井桟敷という意味が近いだろう。

米空母でもひゅうが型でも、飛行甲板を船体構造の一部とする設計になっているので、飛行甲板が上甲板（第1甲板）になる。すると、その下のギャラリー・デッキは第2甲板となる。

ギャラリー・デッキの下には格納庫が位置するが、これは通常の甲板より高さがあるから、いささかややこしい。格納庫の前後や両舷[※6]に通路や区画を設ければ、それらは複数の階層で構成することになるだろう。必ずしも甲板は全長、あるいは全幅に渡って通じていなければならないというものではなく、前後だけ、両舷だけ、あるいは片舷だけということもある。

たとえば、ギャラリー・デッキの下にある格納庫が甲板2層分の高さなら、中間の高さで格納庫の前後あるいは両舷に第3甲板ができる。そして、格納庫は第4甲板となる。もしもギャラリー・デッキがなければ、第2甲板以降の数字がひとつずつ下にずれることになる。

アイランド[※7]は飛行甲板の端の方にしかないが、甲板の呼称に関するルールは同じだ。飛行甲板と同レベルなら第1甲板、その上が01甲板、02甲板……となる。ひゅうが型の艦橋[※8]は03甲板だから、飛行甲板から3層上がったところということになる。

なお、第二次世界大戦の頃には、飛行甲板を船体構造に組み込まない設計の空母があった。つまり、船体の上に格納庫の側壁を組んで、その上に飛行甲板を載せる設計だ。この場合、格納庫甲板が上甲板になるので、そこから上が01甲板、02甲板……となる理屈だ。

甲板の位置・構造に起因する名称

「第2甲板」や「01甲板」は上下方向の階層に対応する言葉だが、前後方向の位置関係に対応する言葉として「前甲板」「後甲板」という言葉が用いられることもある。いうまでもなく、艦首側にあれば前

※6　舷
艦船の側面を意味する言葉。右側が右舷（「うげん」または「みぎげん」、“starboard”）、左側が左舷（「さげん」または「ひだりげん」、“port”）

※7　アイランド
空母型の艦で、操艦・見張・アンテナ設置などのために設置する構造物。島状に突き出ているためにこう呼ぶ

※8　艦橋
艦艇の操艦指揮を執る場所。かつては戦闘指揮の場所でもあった。民間の船舶では船橋という。英語では“bridge”

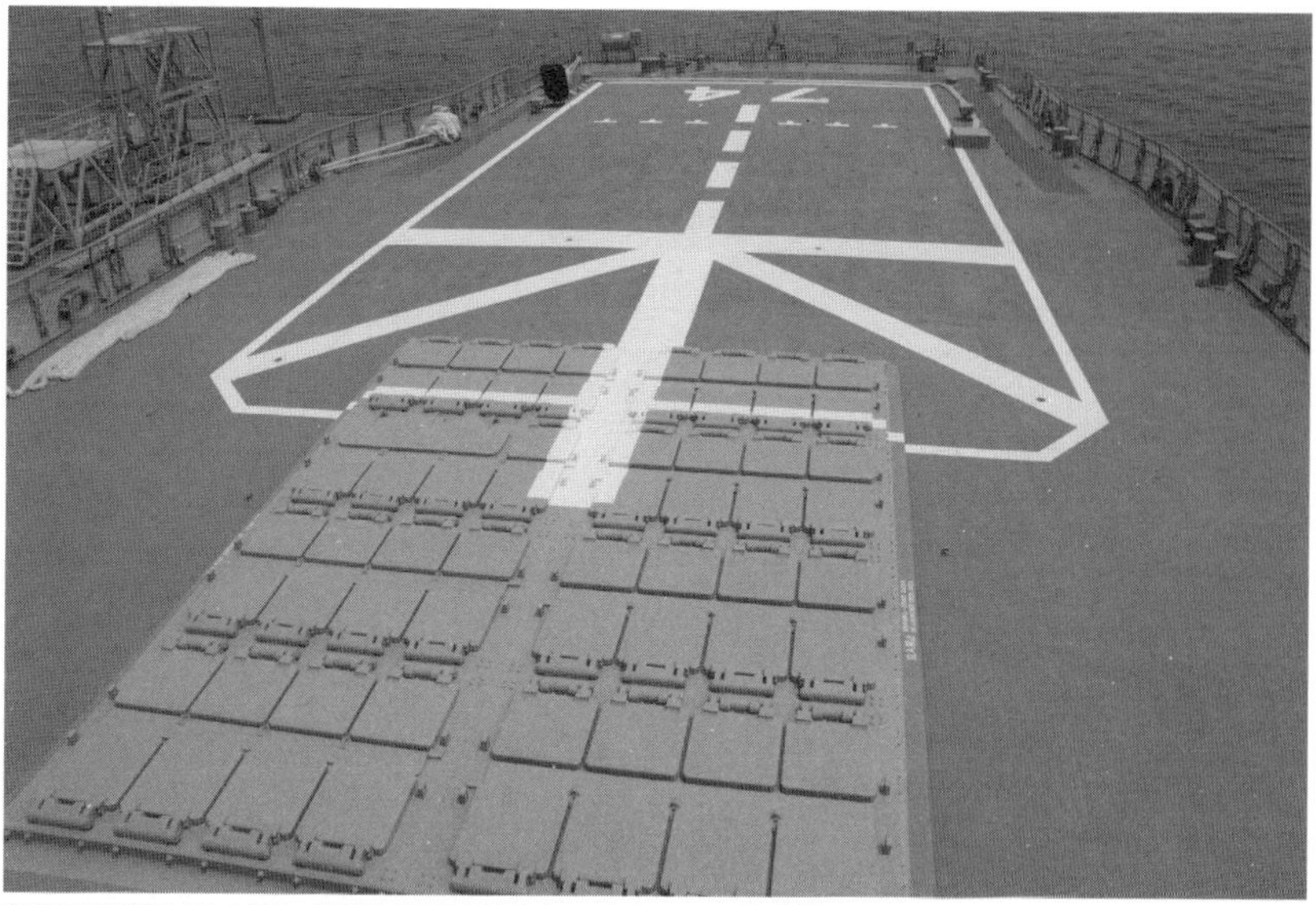

海自の護衛艦のほとんどは、後甲板が飛行甲板となっており、ヘリの発着艦が行えるようになっている（写真／Jシップス）

甲板、艦尾側にあれば後甲板で、上甲板の艦首部分、あるいは艦尾部分を指す言葉として用いることが多いようだ。

　甲板のうち外部に露出していて風雨にさらされるものを露天甲板と呼ぶ。これは位置を示すものではなく、甲板の構造を示す言葉といえる。初めの方で出てきた「全通甲板」も同様に、甲板の構造を示す言葉に分類できる。

甲板の用途に起因する名称

　用途を冠した名前の例としては「錨甲板」がある。もちろん、錨関連の機材を設置した場所のことで、普通は前甲板の一部だ。ただし、エンクローズド・バウ※9を採用した空母型の艦、あるいは最近のステルス艦※10では、錨関連の機材や繋留用の機材を設置する場所が露天になっていないことがある。なお、揚投錨※11や繋留※12に関わる機材についてはのちほど取り上げるので、それについての解説は、今回は割愛させていただく。

　同じように用途を冠した名前としては「車

※9 エンクローズド・バウ
船体と飛行甲板の間を空けずに、外板で覆って一体化した構造のこと。今の空母型の艦はみんなこれ

※10 ステルス
低観測性を意味する言葉。一般にはレーダー探知されにくくする対レーダー・ステルスと同義だが、赤外線探知を避ける赤外線ステルスもある

※11 揚投錨
錨を降ろす（投錨）と、降ろしている錨を上げる（揚錨）ことの総称

※12 繋留
艦を岸壁やブイ（浮標）につないで、勝手に動かないように留置すること

旗甲板には信号旗箱が備えられ、ヤードにわたされる旗旒索に各種の信号旗を掲げる（写真／Jシップス）

両甲板」（vehicle deck）もある。揚陸艦※13や輸送艦※14で、車両を収容する目的で設けた甲板、あるいは区画のことをこう呼ぶ。航空機の運用能力を備えた艦だと「飛行甲板」（flight deck）、「ヘリ発着甲板」（helicopter deck）、「格納庫甲板」（hangar deck）もあるが、これらについては名前通りの意味だから、説明するまでもないだろう。

地味なところでは、「旗甲板」がある。旗旒信号※15を掲げるために使用する信号旗※16は通常、艦橋後部の露天甲板に専用の箱を設けて格納している。そこで必要な信号旗を取り出してロープにつけた後で、そのロープを動かすことで旗旒信号を表示する。ちなみに信号旗は、旗旒信号を掲げるときだけでなく、満艦飾（祝い事があるときなどに艦を飾るもので、マストから艦首と艦尾にワイヤーを張って、そこに手持ちの信号旗を並べる）を行うときにも使用する。

※13 揚陸艦
兵員、車両、武器、物資を洋上から陸上に送り込むための艦。港湾施設がなくても陸揚げできるように工夫している

※14 輸送艦
兵員、車両、武器、物資を運ぶための艦。ただし海上自衛隊では揚陸艦のことを輸送艦と称する

※15 旗旒信号
艦船同士で、国際信号旗の組み合わせを使って意思を伝達するもの。組み合わせと意味は世界共通

※16 信号旗
艦船同士で意思を伝達するための旗で、正式には国際信号旗。アルファベットや数字に対応する旗がある

第3回　船体側平面型

今回は船体形状のうち側平面型※1の話を取り上げよう。甲板の名称や「船楼」といった用語については、ひとつ前のセクションを参照していただきたい。

側平面型を決定する際に考慮すべき要素

艦艇※2の側平面型にはさまざまな選択肢がある。その中からどれを選択するかは、主として以下の要素によって決められる。

●所要の艦内容積を確保できるかどうか

主機※3、兵装※4、戦闘用の諸区画、居住区画、搭載物品、燃料、弾薬などを収容するためのスペースを十分に確保できるかどうかは、重要な問題である。結果的に確保できる容積が同じであっても、その容積をどのように割り振るかで、側平面型の選択肢は違ってくる。

前部・中部・後部に空間を分散することもあれば、中央部に空間を集中的に確保することもある。空間を分散した場合、それぞれの区画の間を行き来しやすいかどうかという、いわゆる交通性の問題も関わってくる。この交通性の問題については、後述する。

●風圧側面積※5の大小

風圧側面積が増加すると、横風を受けたときの影響が大きくなるので、操艦のしやすさや安定性に影響する。単なる面積の大小だけでなく、その面積が中央部に集中しているか、前後に分散しているかで、

※1　側平面型
艦船を側面から見たときの形状を意味する言葉。シルエットと言い換えてもよい

※2　艦艇
軍用のフネを意味する総称。大きい「○○艦」と小さい「○○艇」がある

※3　主機
艦船の推進に使用するエンジンのこと。主機械を略して主機という

※4　兵装
艦艇が搭載する武器の総称。何かを撃つ武器だけでなく、レーダーみたいな「電測兵装」も含む

※5　風圧側面積
艦船を側面から見たときの面積を意味する言葉。これが大きいと横風の影響を受けやすい

影響の度合に違いが生じる。

●凌波性※6や前甲板の波被り

艦首の最上甲板が海面と比べて低い位置にあると、荒天の際に前甲板が波を被りやすくなる。高さだけでなく形状も影響する。

なお、以下の記述の中で「全通甲板」という言葉が出てくる。甲板は全通しているのが当たり前……。と考えそうになるが、実は艦の中央部には複数の甲板にまたがる形で機関区画（機関室）※7が陣取っているので、その部分では甲板が途切れているのが普通だ。

特に、高速性を求められる水上戦闘艦※8では、それだけ機関出力が大きくなり、必然的に機関区画も大きくなる。その機関区画に阻害されないように前後の行き来を可能にしたり、所要の艦内スペースを確保したりするのは、案外と難しい作業であり、そこで側平面型の選択が大きく影響するのである。

【平甲板型】

艦艇において、もっともベーシックな側平面型といえるのは、平甲板型（ひらかんぱんがた）だろう。こ

平甲板型

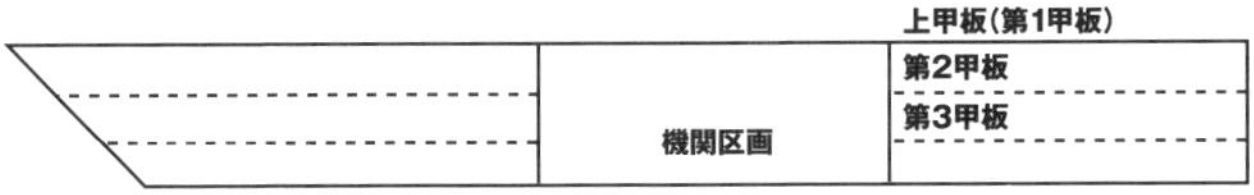

平甲板型の海上自衛隊護衛艦「ありあけ」。元は米海軍のフレッチャー級駆逐艦で、船体強度を強化するために前級グリーブス級の長船首楼型から平甲板型になった（写真／菊池征男）

※6 凌波性
艦船が荒れた海を航行する際に、波を乗り切る能力がいかほどか、を意味する言葉

※7 機関区画（機関室）
艦船の推進に使用するエンジンが収まっている区画のこと

※8 水上戦闘艦
軍艦のうち、戦闘任務を受け持ち、かつ水面上を走るもの。潜水艦が出現したのでこんな分類が必要になった

れはその名の通り、全通する上甲板があり、その上に船楼がなにもない、平らな形態を指している。

強度甲板※9となる上甲板が艦首から艦尾までストレートに通じており、途中に荷重が集中する屈曲部が存在しない。これは、構造設計上の利点につながる。

デメリットとしては、荒れた海を航行する際に前甲板が波を被りやすい点が挙げられる。ただしこれは、甲板から海面までの高さをどの程度とるかにもよる。また、艦首の波被りを防ぐためにブルワーク（bulwark）※10と呼ばれる囲いを設けることもある。

機関区画の前後を行き来する際には上甲板を通ることになるが、その際に露天甲板を通行することになると、特に荒天時の交通性が悪化する。そこで上甲板の上に甲板室や上部構造物を設けることが多いが、それなら後述するようにさまざまな形で船楼を設けた方がよい、という考え方も出てくるわけだ。

【船首楼型】

平甲板型の艦首部分に船楼を設けたのが、船首楼型（せんしゅろうがた）である。構造上は、上甲板の上に船首楼と呼ばれる船楼を設けた形になる。帝国海軍

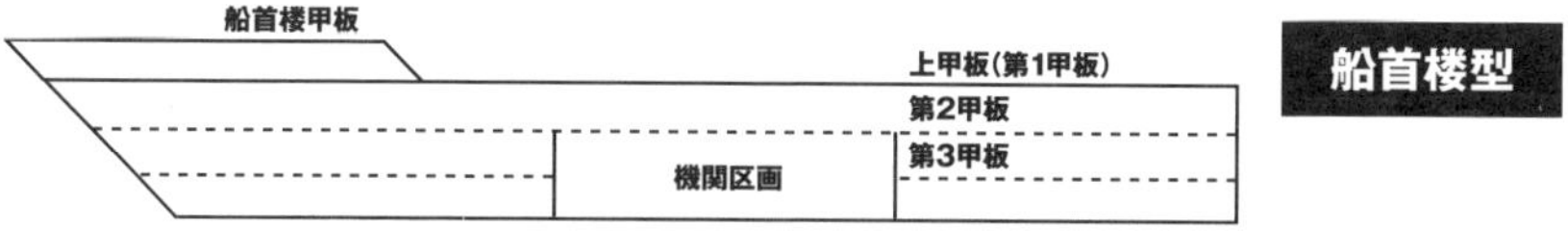

船首楼型の日本海軍の駆逐艦吹雪型。日本の駆逐艦は船楼部上に艦橋まで乗っていることが多い

※9 強度甲板
甲板のうち、船体の強度を保つ役割を受け持っている甲板。その分だけ丈夫に作られている

※10 ブルワーク
艦船の舳先で、甲板を囲うように設ける部材。甲板に波が打ち込むのを抑えるため

の駆逐艦に多くみられた側平面型だ。

船楼の分だけ艦首部分が持ち上がった形状になるので、荒天時に前甲板が波を被りやすい問題を軽減できる利点がある。また、船楼を設ける分だけ平甲板型と比べると艦内容積が増える。

ただし、船楼部の後端と上甲板の接点に「角」ができて、そこに荷重が集中する傾向がある。それが強度設計上の弱点になるので、設計の際には注意を払い、充分な強度を持たせるようにする必要がある。

そのほか、船楼が艦首に独立しているので、艦橋をその後部に設けた場合など、その他の上部構造との間の交通性がよくない難点もある。荒天時に露天甲板を通ると波にさらわれる危険性があるため、その際にはいったん下の甲板に降りる必要があり、その分だけ移動に時間も手間もかかってしまうというわけだ。

【長船首楼型】

船首楼型の船楼を船体中央部以降まで延長したのが、長船首楼型（ちょうせんしゅろうがた）である。米海軍の水上戦闘艦に多くみられる側平面型だ。海自の海洋観測艦「しょうなん」※11のように船首楼を艦の中央

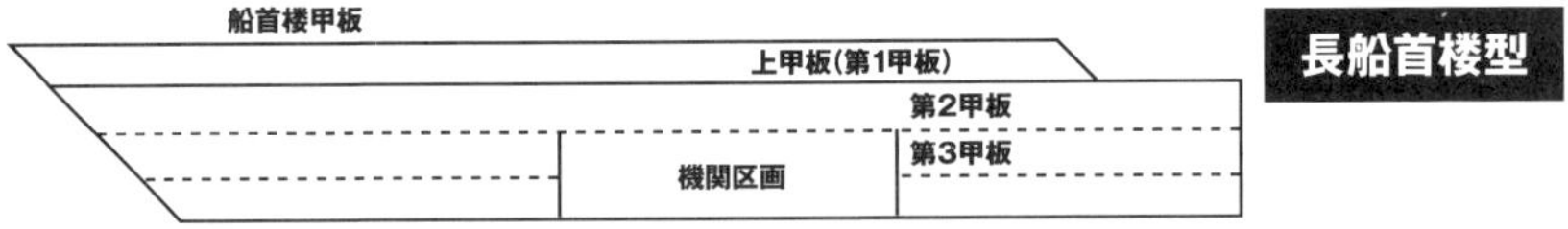

長船首楼型のアーレイ・バーク級。船体後部に長船首楼部分と上甲板との段差があるのが分かる（Photo/USN）

※11 海洋観測艦「しょうなん」
2010年3月に就役した、海上自衛隊で最新の海洋観測艦。機器やケーブルの展開・揚収は艦尾から行うため、バウ・シーブを持たないのが従来との相違

部付近まで延長することもあれば、米海軍のアーレイ・バーク級駆逐艦※12のように、艦尾に近いところまで延長することもある。

　長船首楼型は、風圧側面積をあまり増加させることなく、艦内容積を拡大できるとされている。また、船楼が長くなるので露天甲板を介さずに行き来できるエリアが広がり、船首楼型にみられるような交通性の問題は解消しやすい。

　ただし、船楼部の後端と上甲板の接点が屈曲部となり、そこに荷重が集中して強度設計上の弱点になる可能性があるのは、船首楼型と同じだ。


【遮浪甲板型】


　長船首楼型の船楼は途中で切れているが、これを艦尾まで全通させたのが遮浪甲板型（しゃろうかんぱんがた）である。遮楼甲板型ということもあるようだ。海自の護衛艦が多用しているとされる側平面型である。

　外見上は平甲板型と似ているが、構造設計の観点から見ると、上甲板の上に全通する船楼を設けた形になっている。つまり、艦首から艦尾まで全通している甲板が二層あることになる。そのため、似たような外見

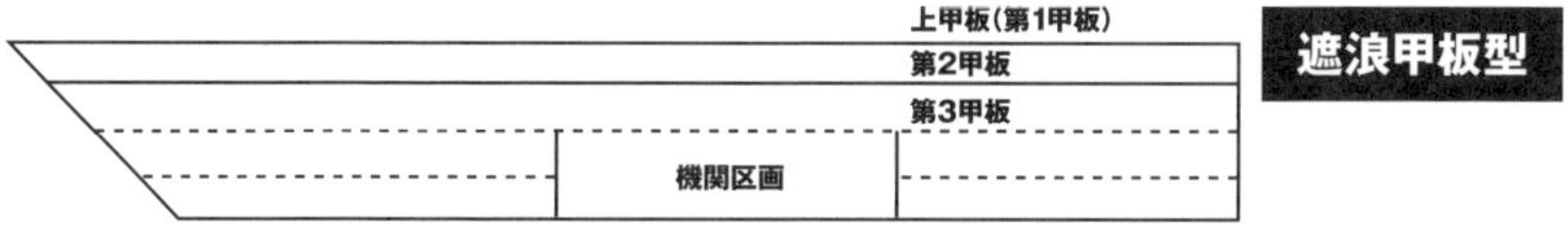

現役の海自護衛艦は遮浪甲板型が多い。写真のむらさめ型も遮浪甲板型であるが、艦尾の飛行甲板部分が一段落ちているので、変則的と言えるかもしれない（写真／Jシップス）

※12 アーレイ・バーク級
米海軍の主力となっている、イージス戦闘システム搭載の駆逐艦。すでに60隻以上があり、さらに建造が続いている

を持つ平甲板型と比較すると、全通甲板が一層多くなる分だけ、乾舷※13が高く、強度上も有利になると考えられる。

本来の成立趣旨からいえば、上甲板の上にもう一層の全通甲板を載せた格好だから、二層目が上甲板ということになる。しかし、時を経るにつれて当初の趣旨から離れてくるのはよくある話で、実質的には「全通甲板を二層持つ平甲板型」と同義になっている、といえるかもしれない。

【中央船楼型】

船体の中央部分にだけ船楼を設けたのが中央船楼型（ちゅうおうせんろうがた）である。船央楼型（せんおうろうがた）と呼ぶこともあるようだ。海自の護衛艦ではいしかり型※14やゆうばり型※15、そのほか英海軍のアマゾン級フリゲート※16やサンダウン級機雷掃討艇※17が該当する。早い話が「凸」型だ。

平甲板型と比べると艦内容積を拡大できるが、その拡大した艦内容積を、主要な機器や区画が集中する中央部分でまとめて確保できる点が特徴となる。すると、艦内の交通性がよくなるだけでなく、風圧を受ける部

中央船楼型

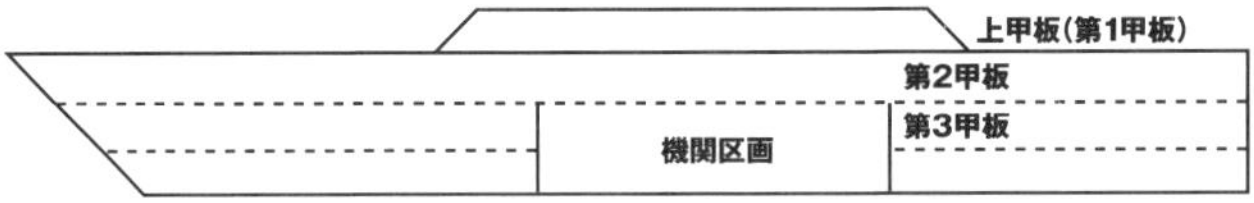

中央船楼型のゆうばり型。艦橋〜煙突の後部辺りまで、「凸」型に上甲板から突き出ている。本型の除籍により、海自護衛艦に中央船楼型の船はなくなった（写真／Jシップス）

※13　乾舷
船体のうち、常に水面上に出ている部分のこと。濡れないから乾舷という

※14　いしかり型
かつて海上自衛隊で運用していた地方隊向けの小型護衛艦で、1隻のみ。ガスタービン機関とハープーン艦対艦ミサイルを初めて導入した記念碑的存在

※15　ゆうばり型
いしかり型が船形過小に過ぎたとの判断から、いくらか大型化して2隻を建造した地方隊向けの小型護衛艦

分が中央に集まるので、横風が操艦性に影響する度合を抑えられる利点にもつながる。
ただし、艦首に船楼を設けない分だけ前甲板の高さが低くなるので、波被りや凌波性の面では不利になる。

【その他の船形】

現代の艦艇で用いられることは少ないが、ここまで挙げてきたもの以外にも、まざまな側平面型がある。

船尾楼型（せんびろうがた）……艦尾の上甲板上に船楼を設けたもの。

三島型（さんとうがた）……艦首・中央部・艦尾にそれぞれ独立した船楼を設けたもの。昔の貨物船に多くみられた形態で、船楼と船楼の間には船倉とハッチが設けられた。

凹甲板型……艦首と艦尾に船楼を設けて中間を凹ませたもの。

※16　アマゾン級フリゲート
かつて英海軍で運用していた汎用水上戦闘艦。21型ともいう。8隻を建造、2隻が戦没、残る6隻はパキスタンに譲渡されて現役

※17　サンダウン級
英海軍が冷戦末期に建造した機雷掃討艇。一部が海外譲渡されたが、12隻のうち7隻が現役

第4回 船体形状のディテール

前回は側平面型について取り上げたが、今回は艦首の形状、艦艇の形状、艦尾の形状、甲板の各部、パーツや形状につけられた名称など、船体形状のディテールを見ていこう。

艦首の形状

やはり船の前の方から順番に見ていく方が分かりやすい。まずは艦首の形状から見ていこう。ちなみに、艦首部のことは「バウ」（bow）というが、艦首の側平面型に関わる場合には「ステム」（stem）というようだ。

艦首部分を側面から見ると、さまざまな形があることが分かる。海上自衛隊の護衛艦※1ひとつとっても、艦首の側面形状は1種類ではない。鋭く尖った形状になっている艦があれば、比較的おとなしい形状の艦もある。米海軍のズムウォルト級駆逐艦※2のように、上甲板よりも艦底部の方が前方に突き出ている艦もある。

もっとも一般的なのは、吃水線よりも上甲板の方が前方に突き出た形状だ。ところがこれにもさまざまな種類がある。

【傾斜型・急傾斜型】

艦首のラインが直線になっている。傾斜がきついものを、特に急傾斜型という。

※1　護衛艦
海上自衛隊における戦闘艦の名称。英語では“destroyer”、つまり駆逐艦である

※2　ズムウォルト級駆逐艦
米海軍が新技術てんこ盛りで建造した次世代水上戦闘艦。ただし、コスト上昇に加えて、艦の内容が想定戦闘様相に合わないとの判断により、建造は3隻で打ち切られた。3番艦はまだ建造中

【クリッパー型】

艦首のラインが緩いS型になっており、フレア（後述）を設けている。

【マイヤー・ホーム型】

丸みを帯びた線で傾斜が立ち上がり、上甲板に向けて直線で延びる。

ソナードームを避けるため、急傾斜型として大きく突き出したこんごう型の艦首。主錨は艦首のベルマウスにがっちりと固定されている（写真／Jシップス）

おそらく、建造する立場から見ると造りやすいのは傾斜型だが、それ以外の形状が用いられるのには、当然ながら理由がある。

たとえば、対潜艦※3では潜水艦を探知するために艦首底部にソナー・ドーム※4を設けることがあり、これが艦首の形状に影響する。ソナー・ドームは艦底部のラインよりも前方に突き出すので、錨※5を降ろしたときにソナー・ドームにぶつかってし

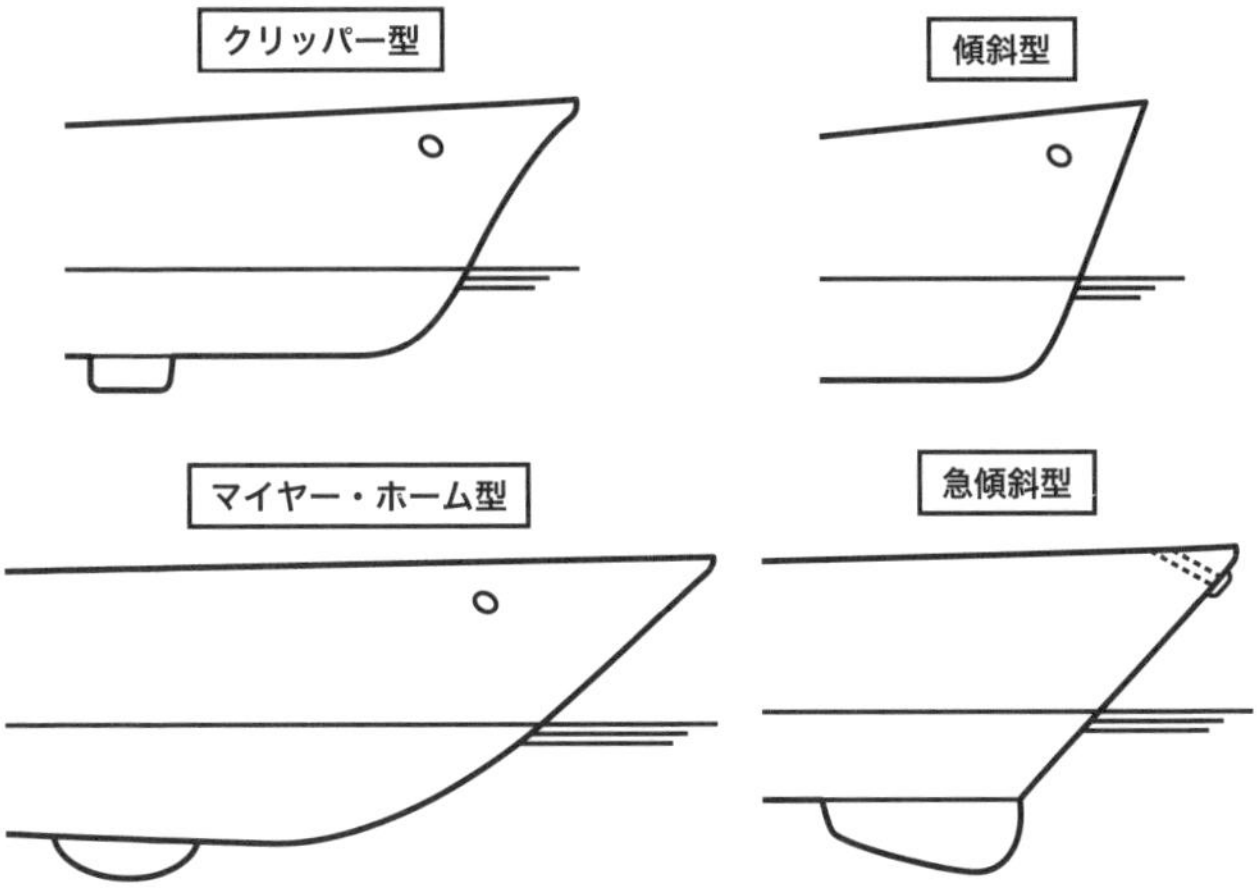

※3　対潜艦
潜水艦を探し出して撃沈するための装備に重点を置いた艦のこと。艦種ではなく用途の分類

※4　ソナー・ドーム
ソナーを船体の前や下に突き出して設置したときに、抵抗を抑えるために設ける覆い。音波が通過できる素材で作られる

※5　錨
艦船をつなぎ止める設備がない場所で、動かないように固定する道具。どんな艦船にもあるので、シンボル的存在として扱われる

オリバー・ハザード・ペリー級はマイヤー・ホーム型の艦首。とはいえ、曲線で構成されるのは水面下なので、洋上では急傾斜型にも見える（Photo/USN）

まう危険性がある。

それを避けるためには、錨の設置位置を思い切り前方に突き出す必要がある。そこで急傾斜型にする艦が多いというわけだ。むらさめ型※6以降の海自汎用護衛艦は、すべてこのタイプになる。さらに念を入れて、錨を繰り出すホース・パイプを船体から突出させることもある。

その点、艦首底部に設けるソナー（バウソナー〝bow sonar〟）ではなく、それより後方に下がった艦底部に設けるソナー（ハルソナー〝hull sonar〟）であれば、艦首に設けた錨との干渉はないので、艦首の形状に関する選択の余地は広くなる。海自の護衛艦でいうと、はつゆき型※7はハルソナーなので、艦首の突き出し方はおとなしい。

マイヤー・ホーム型は、水中で発生する雑音が少ないとされている。海自ではあさぎり型※8が、米海軍ではオリバー・ハザード・ペリー級※9がこれだ。当然これらのクラスはハルソナーを使用している。

※6　むらさめ型
海上自衛隊における新世代の汎用護衛艦・一番手。大型化した船体にステルス設計やVLSを取り入れており、その後の護衛艦のベースとなった。9隻ある

※7　はつゆき型
八艦八機体制の実現に向けて登場した、最初の汎用護衛艦で、12隻が建造された。ヘリコプター、個艦防空用艦対空ミサイル、艦対艦ミサイル、ガスタービン主機など、当時の世界水準に伍した装備を初めて備えた艦

※8　あさぎり型
「はつゆき」型の改良型で、船体の大型化、機関の変更とシフト配置の実現など、前モデルで足りなかった部分を改良した艦といえる。8隻が建造され、本級が出揃ったことで八艦八機体制の実現につながった

水線下の艦首

逆に、上甲板より艦底部の方が前方に突き出た形状もある。昔の軍艦は衝角戦術、つまり敵艦の船体に艦首を突っ込ませて水線下に穴を開ける戦術を多用していたので、艦底部が突き出している形状（ラム型）となっている場合が多かった。ちなみに、横須賀で記念艦※10になっている「三笠」※11もラム型である。

ところが、遠距離砲戦が主体になり、衝角戦術を使えるほど敵艦に接近できなくなると、むしろ凌波性や抵抗減少の方が重要になり、ラム型は廃れた。

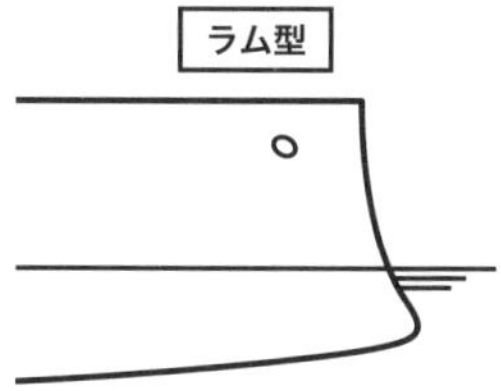

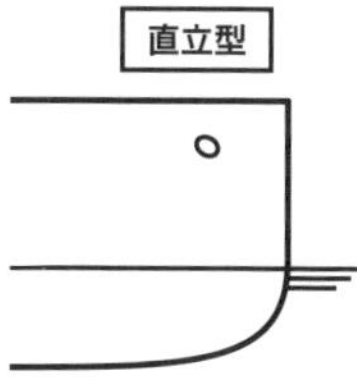

しかし最近になって、上甲板より艦底部の方が前方に突き出した形状の艦が出てきた。米海軍のズムウォルト級はステルス化のために、水線部の幅よりも上甲板の幅を狭める設計になっており、それをそのまま艦首にも適用したため、艦首の下方が突き出た形状になっている。一方、インキャット社※12などで手掛けているウェーブピアサー（波浪貫通型〝wave piercer〟）は、一般的に行われているように波を乗り越えないで、真っ直ぐ突き抜ける目的で考案されたもの。幅を狭めて、かつ下方が鋭く前方に突き出たステム形状としている。

軍艦ではあまり見かけないが、艦首のラインが垂直に切り立った直立型もある。造りやすそうだが、抵抗や凌波性の面では不利かもしれない。この形状は、軍艦よりも古い商船で使用例が多い。

変わったところでは、水線下の艦底が緩やかな傾斜の直線で持ち上がり、吃水線より上部は丸みを持たせた形状にした、スプーン・バウと呼ばれるステ

※9　オリバー・ハザード・ペリー級
米海軍が冷戦後期に51隻を建造したミサイルフリゲート。安価ながらそこそこ使える防空艦として評価されており、他国で同型艦を建造したり、退役艦が他国に譲渡されたりしている

※10　記念艦
歴史的意義がある艦を、退役した後も保管して維持するときに使われる呼称。ただし海に浮いているとは限らない

※11　三笠
日露戦争で活躍した日本海軍の戦艦。退役後は横須賀で記念艦として保存・公開されている。ただし陸地に埋められている

※12　インキャット社
オーストラリアの造船所。波浪貫通型（ウェーブピアサー）の高速フェリーで知られる

ム形状もある。これは戦艦「長門」「陸奥」※13が竣工時に用いていたもので、海中に設置した機雷※14を起爆させずに乗り切る目的でこうしたらしい。

横須賀の「三笠」に残されているスターン・ウォーク。艦尾に設けられた回廊で、司令官室につながっている（写真／Jシップス）

艦尾の形状

艦尾（スターン〝stern〟）は艦首と違い、抵抗のことは問題にならない。だから側面から見ると垂直、ないしはそれに近い角度で切り立った形状が大半を占める。

ところが上から見ると、丸くまとめた「クルーザー・スターン」（cruiser stern）と、四角くまとめた「トランサム・スターン」（transom stern）の2種類があり、現代の軍艦では後者が主流だ。同じ全長でも、トランサム・スターンの方が上甲板面積を広くとることができて、機器・設備の設置に有利という事情が背景にある。もちろん、水線下は滑らかに成形しているから、トランサム・スターンにしたからといって抵抗が増えるわけではない。

※13　戦艦「長門」「陸奥」
日本海軍における、ポスト・ジュットランド型戦艦。八・八艦隊構想の下で作られたが、本級の後は続かなかった。当時、40cm砲を装備する近代的な戦艦は世界に7隻あり、その「ビッグ7」の一翼となった

※14　機雷
機械水雷の略。爆薬と起爆装置の組み合わせで、動くことはできない。これを海中あるいは海底に仕掛ける

ちなみに、明治・大正の頃までに造られた戦艦の多くは、艦長室や司令官室を艦尾に設けており、そこから外に出て散歩できるような回廊を、クルーザー・スターンにした艦尾の周囲を取り巻くように設けていた。これが「スターン・ウォーク」で、横須賀の「三笠」に行くと現物を見ることができる。なお、乾ドックに入った艦、あるいは建造中の艦でなければ見る機会はないが、艦尾部分の艦底は斜めに持ち上がっており、それによってできた空間に推進器が付いている。この持ち上がりの部分をカットアップという。

甲板の横断面と縦断面

上甲板の断面形状は、実は真っ平らではない。艦の前後方向から見た横断面は、中心線を頂点として微妙に上に反った断面形状になっている。これを「キャンバー」(camber)といい、こうすることで上甲板の水はけをよくしている。ちなみに、舗装道路も同じである。

その上甲板と舷側が接する「角」の部分を「舷頭」または「ガンネル」(gunnel)という。ガンネル部は角

こんごう型のガンネル部分。スカッパーが設けられており、水を舷外に排出する(写真／Jシップス)

はたかぜ型は艦首にナックルを設けている。「171」のところを見ると、「く」の字に船体に折れ目があるのが分かる(写真／Jシップス)

張っていることが多いが、艦によっては丸みをつけていることがある。このガンネル部のところどころに、水を舷外に流し出すための短い樋、つまりスカッパーが設けられている。

キャンバーは横断面形状に関わるものだが、前後方向も真っ平らではない。空母型船形（フラット・トップ）の艦は別だが、それ以外はたいていの場合、程度の差はあれ艦首に向けて上甲板が反り上がった形状になっていて、これをシア（sheer）という。凌波性を高めて、上甲板の波かぶりを押さえるための形状だ。

舷側の形状いろいろ

波かぶり防止のための形状は、シア以外にもある。たとえば、艦首部分で吃水線から上甲板に向かって船体断面を曲線的に広がった形状にすることがあり、これをフレア（flare）という（フレアスカートのフレアと同じ意味）。前述したクリッパー型艦首の場合、フレアを設けた結果として、側面型が緩いS型のラインを描くことになる。

シアやフレアを設けると、波を甲板から離れた場所に跳ねる格好になるので、艦首の上甲板が水を被る事態を抑制しやすいというわけだ。といっても、本当に大荒れになってしまえば上甲板はびしょ濡れになるのだが、それはそれ。少しでも波かぶりを抑制できる方がありがたい。

一方、船体の側面、つまり舷側はというと、これも平らではない艦をしばしば見かける。つまり「く」の字型になっていて、舷側に折れ目が通っているものだ。これをナックル（“knuckle„反り返り）という。主な目的は、甲板や上構に波がかかるのを防ぐことだ。海自の護衛艦を例に取ると、しらね型[※15]はほぼ艦の全長に渡ってナックルを設けている。一方、はたかぜ型[※16]は艦首にだけナックルを設けている。

はたかぜ型はさらに、上甲板の艦首両舷に囲いを設けているが、これをブルワーク（bulwark）という。

※15　しらね型
「はるな」型に続いて造られたヘリコプター護衛艦で、2隻がある。前モデルと同様に3機のヘリコプターを搭載できる。戦闘システムの能力向上やCIWSの導入が新機軸

※16　はたかぜ型
海上自衛隊におけるターター・システム搭載ミサイル護衛艦の殿。従来の艦と違って艦対空ミサイル発射機を艦首に据えた点と、ガスタービン主機を導入した点が新機軸

「こんごう」型の前甲板。艦首に向かって傾斜したシアの様子が分かるだろうか（写真／Jシップス）

米海軍のタイコンデロガ級もブルワークを備えているが、いずれも波よけが目的だ。

変わったところでは、米海軍のノックス級フリゲート※17が艦首の舷側に棒材を取り付けていた。これはスプレー・ストレーキ（spray strake）といい、艦首に被りそうな水を外方に跳ねる狙いで後付けされた。

主として舷側に設けるものだが、何かを収容する目的で設けた凹みのことをレセス（recess）という。舷側に設けて、巻き上げた錨を収容するためのアンカー・レセス（anchor recess）が典型例だ。このほか、搭載艇を収容するためのレセスも使用例が多い。余談だが、アメリカの議会では休会のことをレセスというそうである。

※17　ノックス級フリゲート
米海軍で1969年4月から1974年11月にかけて合計46隻が就役した、対潜戦重視のフリゲート。すでに全艦が退役したが、一部の艦は海外譲渡されて現役にある

第5回 船体とフレーム

外からは「板」の部分しか見えない艦船の船体だが、実際はそれを支える「骨」とワンセットでできている、今回は軍艦の「骨と皮」という話である。

軍艦の骨と皮

「骨と皮」なんて書くと、「それは極めてスレンダーな筆者自身※1のことではないか」などと突っ込まれそうだが、そういう話ではない。卵の殻は骨組みを持たずに、本当に殻の部分だけで強度を保っている。しかし、それが成り立つのは卵の殻がすべて曲面で、局部的に力が集中することがないからだ。そもそも、卵の殻にかかる力はタカが知れている。

それと比べると、艦船の船体は条件が厳しい。搭載する機関・武器・各種機材・人員・物資の荷重が大きいだけでなく、航行の際には波を受けて外部から力がかかる。また、波に乗って船体が部分的に浮き上がれば、通常以上に大きな曲げ荷重※2が発生する。

軍艦の場合にはさらに、武器を使用する際に発生する荷重も考慮しなければならない。特に大口径の砲熕兵器では重大な問題だ。独立した砲塔※3と支筒※4を設けなければならない程度の規模を持つ砲熕兵器、一般的には57㎜砲ないしはそれ以上の口径を持つ火砲であれば、発射時の反動を考慮に入れた船体設計が必要になると考えられる。それと比べると、小口径の機関銃や機関砲、あるいはミサイルの方が、発射時の反動による船体への影響は少ない。

※1 筆者自身
1999年にマイクロソフト株式会社(当時)を退職してフリーの物書きに転業。当初はIT分野で、その後に軍事・鉄道・航空といった分野を手掛けるようになって現在に至る。女性陣からしばしば怨嗟の声があがるスレンダー体型の持ち主

※2 曲げ荷重
構造材にかかる荷重のひとつで、部材を曲げるように働く荷重のこと。艦船だと、前後が波に乗り上げて中間が浮いた状態のとき、中央を押し下げる形の曲げ荷重がかかる

※3 砲塔
砲熕兵器を旋回・俯仰が可能な架台に載せたもの。外側をカバーあるいは装甲板で覆うことが多い

※4 支筒
砲塔を支える筒。内部に砲弾を上げるための空間が必要なので、回転軸では具合が悪く、筒になる

こうした事情から、船体にはさまざまな荷重がかかる。それに耐えるために、外板※5や甲板といった板材、つまり「皮」の部分と、それに強度を持たせるフレーム（frame）、つまり「骨」の部分を組み合わせるという複雑な構造になっている。

しかも、軍艦でも商船でも、丈夫に作りたいという要求だけでなく、できるだけ軽く作りたいという要求もあるから、ギリギリのところでバランスを追求しなければならない。船体を軽くできれば、その分だけ兵装などに回せる重量が増えるからだ。

ただし、そこから一歩踏み外してしまうと、旧日本海軍の第四艦隊事件で発生したような、船体切断事故が発生する。そこまで致命的な事態に至らなくても、船体強度の不足が発覚して補強材を追加する事例は少なくない。

フレーム構造

そのフレームをどう配置するかで、「縦フレーム構造」と「横フレーム構造」という2種類の流儀に分かれる。どちらにしても、縦方向（前後方向）と横方向（円周方向）の両方に骨組を構築することに変わりはないのだが、両者の主従に違いがある。

日本の場合、過去に多く使われていたのは横フレーム構造で、これは横方向のフレームが主役だ。考え方としては、輪切りにした船体を前後に並べてつないだような格好になる。

それに対して現在の護衛艦では、縦フレーム構造が用いられている。

護衛艦の縦フレーム構造

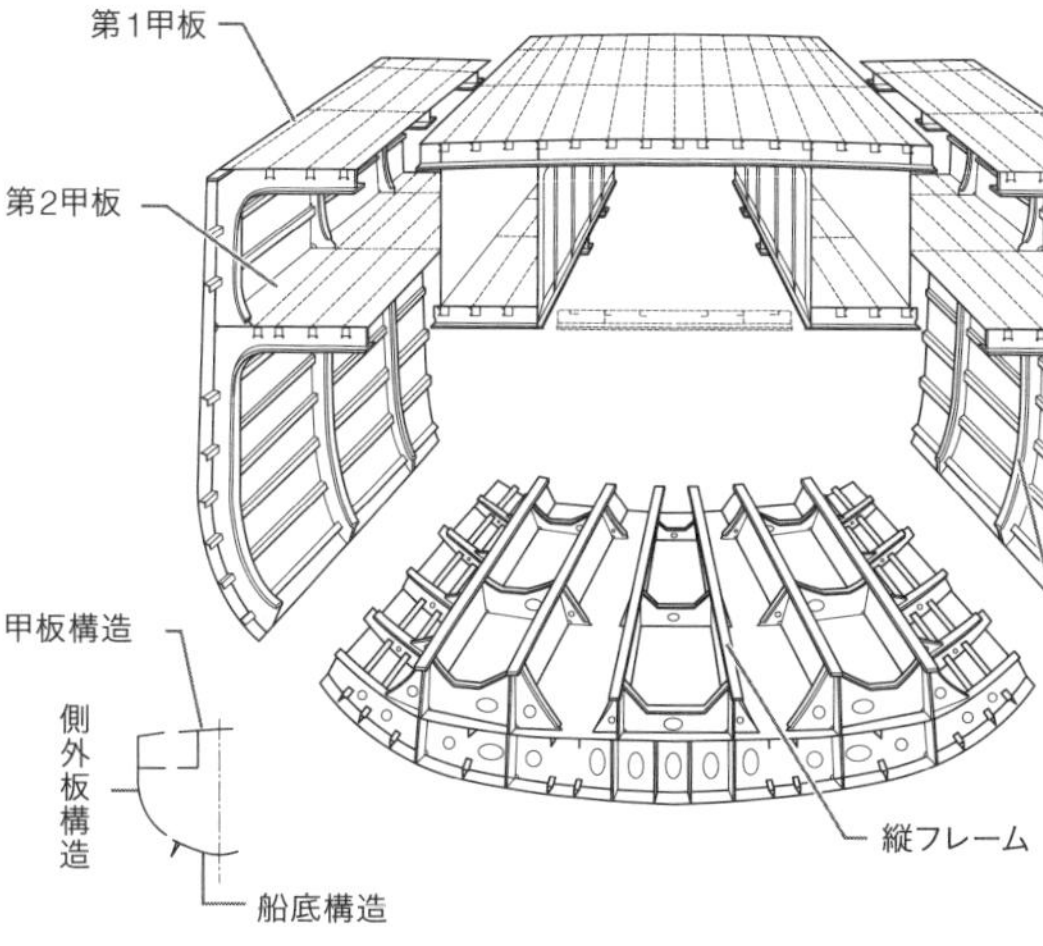

※5　外板
船体や上部構造を構成する部材のうち、外側に張る板材のこと

ブロック工法で建造されたイギリス海軍の空母クイーンエリザベスの船体。輪切り状の船体のパーツをドックで接合して組み立てていく
(Photo/aircraft carrier alliance)

こちらは前後方向のフレームが主役で、そこに横フレーム構造よりは広い間隔で、横方向のフレームを配した構成になる。

昔は、まず艦底中央部に位置する「竜骨」（キール"keel"）※6を建造用ドックや船台の中央に据え付けた。そこから上に向けて横方向のフレームを伸ばして、そこに外板を溶接※7、あるいはリベット※8で固定する方法だった。

しかし現在はブロック建造方式だから、「フレームを組んでから外板」ではなく、フレームも外板も一緒に、ひとつのブロックとして形作ってしまう。それを積み上げて、フレームや外板を溶接することで船殻※9を構築している。外国の軍艦でも基本的なやり方は同じだ。

フレームベースとスペースベース

実は、艦内の区画を割り振る際に、このフレームが影響する。フレームの場所と隔壁の場所を一致させないと、内部構造が凸凹してしまうからだ。特に横フレーム構造の場合にはフレームの数が多いので、その分だけ影響が出やすいと考えられる。

そこで、まずフレームの配置を確定してしまい、それ

※6　竜骨(キール)
船体の底部中央を前後に突き抜ける形で設ける部材。英語ではキール"keel"という。ドイツの軍港都市もキールだが"Kiel"である

※7　溶接
部材を接合する手法のひとつで、金属に対して使用する。双方の部材の継目を溶融させて一体化する

※8　リベット
部材を接合する際に使用する鋲のこと。双方の部材に穴を空けて重ねて、その穴に鋲を入れて固定する

※9　船殻
船体そのものを意味する言葉。海上自衛隊では「せんこく」と読む

に合わせて艦内区画の割り振りを決定するという設計手法がある。これを「フレーム・ベースの設計」という。

それに対して、まず艦内区画の割り振りを先に決めてしまい、それに合わせてフレームを割り振っていく設計手法もある。これを「スペース・ベースの設計」という。もちろん、広い区画を確保したいからといってフレームの間隔を開けすぎれば強度上の問題が生じるから、機関室のように大きな区画を設ける場合には、区画の中にフレームを設けることになると思われる。あくまで、所要の強度を実現した上でスペースの確保を優先するという話だ。

フレーム番号のつけ方

軍艦は商船と違って、いちいち内装パネルを貼るようなことはしないので、艦内を歩いてみるとフレームが露出しているのが分かる。見てくれはよくないが、戦闘時の被害復旧を考えると、実はフレームが露出している方が作業しやすい。

そのフレームには、識別のためにフレーム番号（frame number）を振っている。建造や補修の際にフレーム番号に関する情報が必要になるのはもちろんだが、艦内で現在位置を知るためにも、フレーム番号という基準があると便利だ。

そして、艦内でフレームが露出している部分では、そのフレ

「あさぎり」の艦内通路。ハッチの開口部の上などを見ると、フレームナンバーなどの情報が書かれている（写真／Jシップス）

ームの番号をペンキで書き付けておく。こうすれば、その区画が全体でどの辺に位置しているかを把握するのが容易になるし、戦闘時の損傷修理に際して、場所を報告したり指示したりする場面でも都合がいい。

このフレーム番号、商船だと船尾側から順番に振っていくのだが、軍艦は反対で、艦首側から順番に振っていく。だから、商船のつもりで軍艦のフレーム番号を読み取ったり、あるいはその逆のことをしたりすると、前後方向を間違えて迷子になりかねない。

船体補強の一例

竣工して運用を開始した後で船体に補強を施す場合、艦内に後からフレームを追加するのは現実的ではない。そこで、みっともない話だが、補強材を外板の外側に追加するのが一般的だ。

たとえば、英海軍の42型ミサイル駆逐艦※9バッチ3※10では船体の側面のガンネル部（船体の舷側上部の縁）に補強材を追加した。42型の場合、バッチ3になって船体を大幅に延長したので、縦方向の強度が足りなくなったようだ。船体が相対的に細長くなった分だけ折れやすくなったので補強が必要になった、と書けば理解しやすいだろうか。

同じ英海軍では、21型フリゲート（アマゾン級）でも、船体側面に補強材を追加している。同級は船体延長を実施していないから、単に強度不足が露見して補強する羽目になったということだろう。

なお、米海軍のノックス級フリゲートも艦首両舷になにやら後付けしているが、これは先に書いたように波よけのためで、強度部材になるほど丈夫なものではない。

潜水艦の内フレームと外フレーム

最後に、潜水艦のフレームの話を少々。水上艦と違い、潜水艦は船殻を構成する外板の外側にフレー

※9　42型ミサイル駆逐艦
英海軍が冷戦後期に建造した艦隊防空艦。14隻を建造して2隻が戦没、すでに全艦が退役した

※10　バッチ
同一クラスの艦を多数、連続建造する際に発生するグループ分けの単位

ムを設けることがある。メイン・バラスト・タンク※11と耐圧殻※12が二重構造になっている、いわゆる複殻構造の場合にとられる方法だ。フレームを耐圧殻の外側に設けることで、耐圧殻内部のスペースを稼ぐことができる。これを外フレーム構造という。

それに対して、メイン・バラスト・タンクを前後に集めて耐圧殻を露出させた単殻構造の場合、その外側にフレームを設けたら表面が凸凹してしまうので、フレームは耐圧殻の内側に取り付ける。これを内フレーム構造といい、水上艦の構造に近い。

外フレーム構造の場合、外部から水圧がかかると、フレームに取り付けた外板を引きはがす方向に荷重が発生する。それに対して内フレーム構造の場合、外板にかかった荷重を内側のフレームで受け止める形になる。そのことを考えると、荷重に耐えられるだけの強度を持たせるには内フレーム構造の方が有利ではないかと考えられる。

しかし、艦内スペースとの兼ね合いという問題があるので、一般的には「複殻構造なら外フレーム」「単殻構造なら内フレーム」という使い分けになる。たとえば海上自衛隊のおやしお型※13は部分単殻式で、船体前後が複殻で外フレーム、中央部は単殻で内フレームとなっている。これは中央部にアレイ・ソナー※14を設置するためで、装備の都合によって使い分けられているわけだ。

※11　メイン・バラスト・タンク
潜水艦に設けるタンクのひとつで、個々に注排水することで潜航あるいは浮上させる

※12　耐圧殻
潜水艦の船体のうち、海中に潜ったときに外からかかる圧力を受け止める部分を指す名称

※13　おやしお型
船体の外形・構造を一新した、海上自衛隊における新世代の潜水艦。11隻が建造された。直線部が多い葉巻型の船体が特徴だが、これは船殻側面にソナー・アレイを取り付けたため

※14　アレイ・ソナー
ソナーを構成する送受信機あるいは受信機を、ひとつではなく複数並べたもの。複数あると方位の判別ができる

第6回 軍艦の寸法

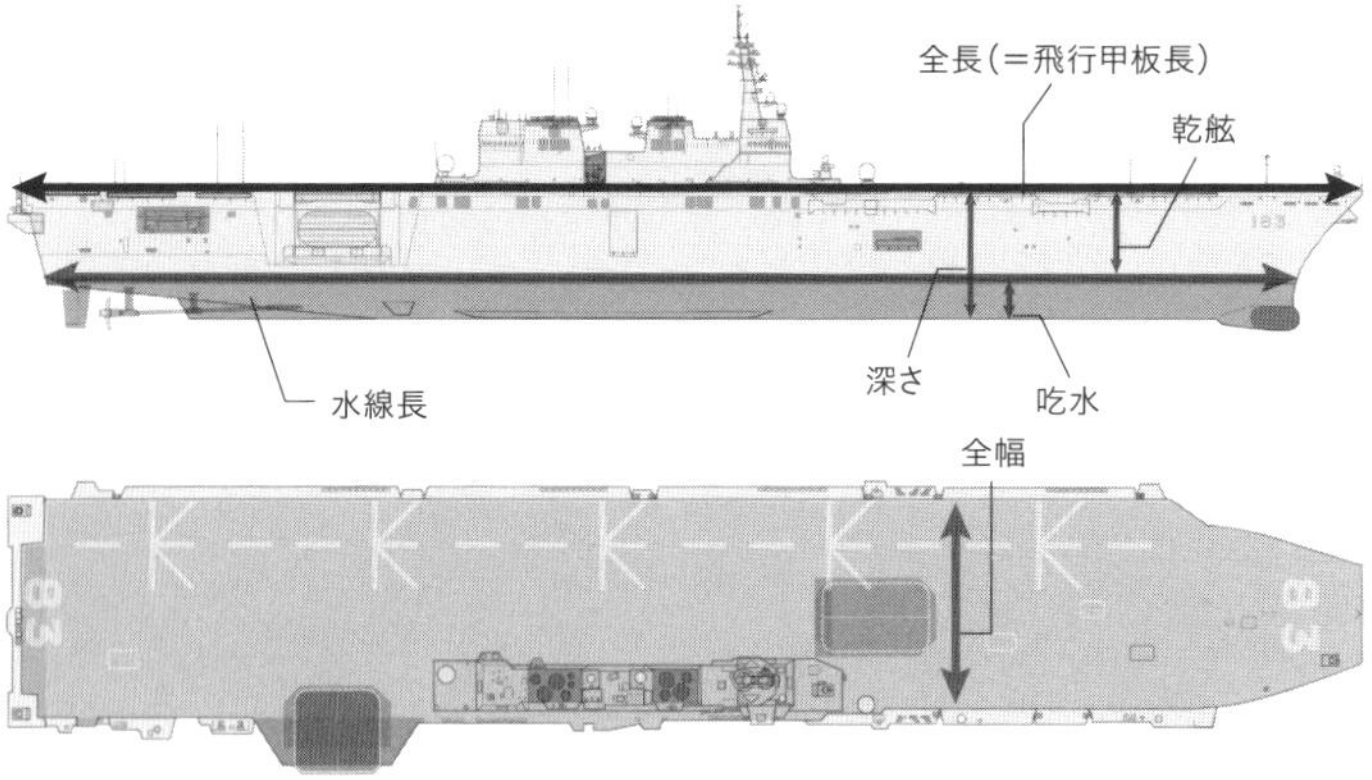

今回のお題は「軍艦の寸法」である。単純な四角いハコなら話は簡単だが、そうは問屋が卸さない。軍艦の諸元表にはさまざまな「寸法」が現れる。軍艦の「寸法」にはどんなものがあり、どの部分を示しているのだろうか。

全長と水線長

まず、たいていの場合に最初に出てくる数字ということで、全長から。軍艦でも商船でも同じだが、「全長」はまさに字面通りで、艦首の端から艦尾の端までの長さを示す。英語では〝length overall〟という。ところが、全長以外にもいろいろな「長さ」の数字があるからややこしいのだ。

まず、「水線長」だ。これは読んで字のごとく、船体を水に浮かべたときの、吃水線の部分の長さを示す数字である。英語では〝length waterline〟という。

余談だが、プラモデルに「ウォーターラインシリーズ」※1があるが、この「ウォーターライン」こそ吃水線のことで

※1　**ウォーターラインシリーズ**
複数の模型メーカーが共同で立ち上げた艦艇模型のシリーズで、吃水線より上の部分だけを模型化したことから、この名称がある

日本海軍の空母「龍驤」。飛行甲板は船体の全長より短い。最近の空母ではまず見ない形と言えるだろう（Photo/USN）

ある。吃水線より上だけ模型化しているからウォーターラインシリーズだ。

先に解説したように、当節では艦首が垂直に切り立った艦はほとんどなく、たいていは斜めに突き出した形状になっている。艦尾も、吃水線より上甲板の方が心持ち、艦尾側に突き出た形状になっていることが多い。だから、一般的な側平面型を持つ軍艦なら、「全長＞水線長」となるのが普通である。涙滴型の潜水艦も船体形状の関係で、全長が水線長より長い。

ところが最近になって例外が生じてきた。その典型例が米海軍のズムウォルト級駆逐艦だ。波を乗り切らずに突き破る波浪貫通型なので、水線下の方が水線上よりも前方に突き出している。しかもズムウォルト級の場合、艦尾も通常とは逆方向の傾斜がついており、上甲板の方が短くなっている。

なお、空母型の船形を持つ艦では、さらにもうひとつの数字が出てくる。それが「飛行甲板長」だ。もっとも、現代のこの手の艦は飛行甲板を主船体に組み込んだ構造になっているので、飛行甲板の長さと上甲板の長さは基本的にイコールである。

第二次世界大戦の頃には、同じ空母でも主船体と飛行甲板が独立した構造の艦が多かった。つまり主船体の上に格納庫甲板を構築するための囲いを設けて、その上に飛行甲板を載

全長と水線長の逆転現象が起きているめずらしい例、米海軍のズムウォルト級。突き出た艦首は、まるでかつて体当たり用に戦艦が備えていた衝角のようだ（Photo/USN）

せた構造だ。この場合、飛行甲板の寸法は主船体の寸法に制約されないから、米海軍の「エンタープライズ」（CV-6）※2みたいに、主船体より大幅に突き出た飛行甲板を持つ艦もあった。もちろん、全長の計測対象は主船体ではなく飛行甲板になる。

それとは反対に、飛行甲板長が全長に及ばない艦もあった。日本海軍の「龍驤」※3や、英海軍の「フューアリアス」※4が典型例だ。

全幅と水線幅

長さの次は幅である。ちなみに、英語では〝width〟という場合と〝beam〟という場合とがあるが、意味は同じだ。なお、上甲板の裏側に設けられる横方向の骨組も〝beam〟という。〝frame〟と呼ばれるのは舷側と艦底の骨組だ。

軍艦の「幅」は船体（バルジを含む）の幅を指しており、そこからさらに艦砲の砲身や帆桁※5の類が突き出ていても、それは「全幅」に含めない。

全長と水線長の関係と同様に、横方向にも全幅と水線幅という2種類の数字がある。舷側が垂直に切り立った艦なら全幅と水線幅は同じだが、最近はステルス

※2　エンタープライズ（CV-6）
ヨークタウン級空母の2番艦。他の同型艦は戦没したが本艦は戦後まで生き残り、第二次世界大戦中の活躍と相まって名を挙げた

※3　龍驤
日本海軍が建造した小型空母。同型艦はない。軍縮条約の制約からサイズが抑えられ、一方で能力を高めようとしたために性能上の無理が生じたのは否めない

※4　フューアリアス
英海軍が建造した浅海面用・大口径砲装備の巡洋艦を、空母に改造したもの。能力的には限りがあったが相応に活躍、戦没せずに戦後まで生き延びた

※5　帆桁
帆船で帆を張るための部材。マストから左右に延ばす形で設けて、そこに帆を張る

化を図るために舷側を傾斜させている艦が多い。たいていの場合には下向きに傾けているから、全幅とは上甲板の幅で、水線幅より広くなる。

一方、ズムウォルト級のように舷側が上向きに傾斜した艦の場合には、上甲板の幅は水線幅より狭い。この形だと、全幅とは水線幅のことになる。なお、全幅は英語だと〝maximum width〟あるいは〝maximum beam〟という。

では、空母型の艦はどうなるか。たいていの場合、飛行甲板をできるだけ広くとろうとするものだから、主船体の幅より飛行甲板の幅の方が広い。その極致が米海軍のスーパー・キャリア※6で、飛行甲板の幅を目一杯広くとり、それを支えるために左右に大きな張り出しを設けている。

もちろん、この場合の全幅とは飛行甲板の幅ということになるが、主船体の幅、あるいは水線部の幅とは数字が違いすぎるため、「全幅××m」（これは飛行甲板の最大幅）、「水線幅△△m」と併記することが多い。英語だと、水線幅は〝hull〟（船体）、飛行甲板幅は〝flight deck〟（飛行甲板）と但し書きがある。

なお、全長を船体の最大幅で割った数字を「L／B」（それぞれ、LengthとBeamの頭文字）という。この数字が大きいほど船体は細長く、小さいほど船形が肥えることになる。速度を高めるにはL／Bが大きい方が有利だが、復元性を高めるにはL／Bは小さい方が有利だ。水上戦闘艦だと、L／Bは8〜10ぐらいにすることが多い。

上甲板を広くとるための裏ワザ

といったところで、余談をひとつ。甲板の面積が広い方が、利用可能なスペースが増えるので使い勝手がよい。特にヘリコプターを初めとする各種の航空機を発着させるときには、発着に使用する甲板は少しでも広い方が、操縦する側にとっては気分が楽になる。

※6　スーパー・キャリア
航空母艦のうち、特に大型のものを指す言葉。事実上は米海軍の空母のうちフォレスタル級以降のものと同義

では、船体の幅を広げればいいではないか……。と考えそうになる。ところが、そうするとL／Bが小さい肥えた船形になってしまい、速度性能に影響する。

その点、双胴船や三胴船にすれば、横に並べた複数の船体をまたぐ形で甲板を設けるので、抵抗を増やさずに広い甲板面積を確保できる。その典型例が、米海軍のインディペンデンス級沿海域戦闘艦（LCS：Littoral Combat Ship）だ。同級の写真を見ると分かるが、ヘリ発着甲板だけでなく、その前方の格納庫も充分な横幅を確保できている。

深さと吃水

お次は高さだ。といっても艦船の場合、水面上の最大高が問題になるのは入港時に橋の下をくぐる場合ぐらいで、問題になりやすいのはむしろ、吃水線の下がどれぐらい水に浸かっているかだ。それが吃水で、英語では〝draught〟という。

吃水とは、船底と吃水線の間の高さのことだ。ただし注意しなければならないのは、第1回で取り上げた各種の排水量である。いうまでもなく、空荷の時と、燃料・水・武器弾薬を満載したときでは、後者の方がフネが重くなってその分だけ沈むため、吃水が大きくなる。したがって、厳密にいえば「吃水が何メートル」といった場合、どの状態における吃水なのかという但し書きが必要だ。

吃水が問題になるのは、海が浅いと座礁※7する可能性が出てくるためである。実際、大型艦が横付けできるように岸壁※8の浚渫※9工事をやって深さを増す必要が生じることは、よくある。逆に、「そこは水深が浅いので、本艦の吃水では接岸できません（または通航できません）」ということも起きる。

と、これだけで話が済めばいいのだが、水線下でもっとも低い部分が船底とは限らないからややこしい。たいていの水上戦闘艦はソナー・ドームが船底より下に突き出しているので、そちらの数字に注意する必要がある。船底までの吃水の数字だけ見て安心していると、入港・接岸した途端にソナー・ドー

※7　座礁
艦船が海底に乗り上げて動けなくなったり、損傷したりする事故。水深が吃水よりも浅いと発生する

※8　岸壁
艦船を横付けして、人や貨物の上げ下ろしをできるようにするための港湾施設。陸岸を直線状に形作る

※9　浚渫
海底をさらって深く掘り下げたり、平らに均したりする工事。艦船が座礁せずに通航・接岸するために不可欠

2013年、フィリピン沖のトゥバタハ岩礁海中公園のサンゴ礁に座礁した掃海艦「ガーディアン」（写真／US Navy）

ムを海底にぶつけて壊す事態になりかねない。なお、ソナー・ドームは吃水には含めないようである。

その吃水とは別に、深さという数字もある。これは上甲板から船底までの高さを示す数字で、英語では〝depth〟という。もちろん、深さは吃水より大きい（深さが吃水より小さいフネがあったら大変だ）。

そして、深さと吃水の差はすなわち、船体のうち水面上に出ている部分の高さということになり、これを乾舷という。英語では〝freeboard〟だ。乾舷が小さいと耐航性※10に影響するが、河用砲艦※11、あるいはかつての米海軍のモニター※12みたいに、乾舷が極端に少ない艦はある。

※10　耐航性
艦船が洋上を航行する際に、どれぐらいまで厳しい条件に耐えられるかという指標。ただし、定量的な基準値があるわけではない。荒れやすい外洋を航行する機会が多い艦は、高い耐航性が求められる

※11　河用砲艦
揚子江のような大河で使用するための軍艦で、吃水は浅く、比較的コンパクトな船体を持つ。その一方で上部構造は大きめになり、特徴的な外見を備える

※12　モニター
南北戦争中にアメリカの北軍が考案した軍艦。乾舷を小さくして被弾の可能性を減らし、そこに装甲で護った砲塔を載せた

第7回 マストと煙突

今回のお題は「マスト」と「煙突」だ。煙突は、原子力艦以外は必須のアイテムで、熱気や煙を吐き出すことから扱いが難しい。なぜ両者を一緒に扱うのかは本文で。

マストの形状いろいろ

帆船時代※1には、マスト（mast）は帆を張って推進力につなげる重要な存在だった。そもそもマストとは「帆柱」という意味である。しかし、エンジン付きのフネが一般的になってからは、センサー機材・アンテナ・見張台などを設けるプラットフォームという役割に変わってきた。しかも、単に上向きの棒や塔を建てるだけでなく、その途中から前後あるいは左右に張り出しを設けて、アンテナを設置したり、旗旒信号を掲げたりする。

特にレーダーの出現は、マストに大きな影響を及ぼした。大型で高性能のレーダーを搭載しようとすれば、それを支えるマストは必然的に頑丈にしなければならない。レーダーの種類や数が増えて、捜索レーダー※2だけでなく射撃管制レーダー※3をいくつも載せることになれば、なおさらだ。

もっともシンプルで分かりやすいのが、棒を1本立てただけのポールマスト（pole mast）、日本語では棒檣（ぼうしょう）だ。現代でも、小型艦艇では使用例が少なくない。フネが小型で、マストに載せるものが少なければ、これでも用が足りる。

しかし、載せるモノが増えてくるとポールマストでは耐えられないので、左右から補強材を付け加え

※1　帆船時代
エンジン付きの艦船が出現するより前、帆船が主力だった時代のこと。1780年代の蒸気船登場によって数を減らしていった

※2　捜索レーダー
レーダーのうち、広い範囲（普通は全周）を監視するためのもの。探知可能距離は長め

※3　射撃管制レーダー
レーダーのうち、砲やミサイルを撃つために目標を捕捉追尾したり、ミサイルを誘導したりするためのもの。高い精度が求められる一方、探知可能距離は短め

た三脚マスト（三脚檣〝tripod mast〟）の出番になる。海自の掃海艇※4は、以前は棒檣で済ませていたが、最近はもっと複雑な構造のマストに変わってきている。

しかし、三脚檣でも中心になる棒は1本だけで、載せられるモノには限度がある。レーダー設置のために広いスペースを確保して、かつ、強度を持たせて振動にも強くしようとすると、複数の鋼材を組み合わせてトラス構造※5を構成する、いわゆるラティスマスト（lattice mast）になる。これは海自の護衛艦でなじみ深いタイプのマストだ。

強度と軽さを両立しようとした変わり種が、20世紀初頭の米海軍の戦艦で多用されていた籠マスト（cage mast）。文字で説明するよりも、写真を見る方が分かりやすいだろう。新宿のコクーンタワーに似ていなくもない。

すがしま型掃海艇のマスト。今となってはめずらしいポールマストに左右から補強を付けたクラシカルな三脚マストだ。最新のえのしま型は基部が二股に分かれ強化されている
（写真／Jシップス）

手前はこんごう型のラティスマスト。奥はあきづき型の塔型マスト。今後は塔型マストがスタンダードになるだろう
（写真／Jシップス）

米戦艦アリゾナの籠マスト。こんな形状のマストを装備した戦艦を多数建造したのは米海軍だけだろう。あまり使い勝手はよくなかったのか、戦間期から順次改装を進めていた（写真／US Navy）

※4　掃海艇
海中に仕掛けられている（かもしれない）機雷を処分するためのフネ。機雷を騙して起爆させるための道具を積んでいる

※5　トラス構造
縦横と斜めの棒材を組み合わせて三角形を形作る構造。こうすると軽くて強い構造ができる

そして最近では、ステルス性に配慮して形状を単純化する目的で、外部に骨組を露出させるラティスマストの代わりに、骨組を内蔵して外板を張った、塔型マストにする事例が増えてきている。形状面の工夫として、側面から見ると上部構造物の前面と傾斜角を揃えて、レーダー電波の反射方向を限定するようにするのが通例だ。また、断面形状を菱形にしたり角を落としたりして、レーダー電波の反射方向を限定する工夫をしている。

ちなみに、艦橋を塔状構造物にしないで中央に太い柱を通し、その周囲から複数の補強材で支えるようにしたのが、日本の戦艦で多用された檣楼（ろしょう）である。そこにプラットフォームを取り付けて、艦橋や見張所や射撃指揮所などを設ける仕組み。見た目はマストではないが、構造的にはマストと似た部分がある。

どこから排気する？ 煙突いろいろ

帆船では無用の長物だが、エンジン付きのフネでは排気を出すために煙突（"funnel"または"stack"）が不可欠だ。だから、位置は機関室の真上が基本だ。ただし蒸気タービン艦の場合、タービン※6ではなくボイラー※7室の上になる。空母の場合、飛行甲板のスペースを確保する方が優先されるので、煙路を横に曲げて艦橋構造物に煙突を組み込むことが多い。

機関室が1ヶ所なら煙突はその上に1つだけ設ければよいが、たいていの場合、排煙の発生源となるエンジンやボイラーは複数あり、抗堪性への配慮から、それを複数の機関室に分けることが多い。複数の排気をひとつの煙突にまとめてもよいが、そうすると艦内で煙路が場所をとる。だから、煙突は複数になる艦が多い。といっても現代ではせいぜい2本だが、昔は3本煙突とか4本煙突とかいった艦もたくさんあった。

なお、排気の量が比較的少ないディーゼル推進※8で、かつ艦があまり大きくない場合には、煙突や

※6　タービン
羽根車のこと。艦艇では、羽根車に水蒸気を吹き付けて回転力を生みだす「蒸気タービン」とほぼ同義

※7　ボイラー
蒸気タービン機関で使用する水蒸気を発生させる装置。燃料を燃やす空間に、真水を入れたパイプを通して加熱する

※8　ディーゼル推進
ディーゼル機関で走る艦船のこと。ディーゼルとは内燃機関の一種。ガソリン・エンジンと違って吸入・圧縮するのは空気だけで、そこに軽油を噴射して爆発・燃焼させる。騒音・振動の面では不利だが燃費が良いため、艦船では多用される

煙路のスペースを節約するため、上に煙突を立てる代わりに舷側に排気口を出してしまう場合がある。もちろん排煙によって舷側が汚れるので、排気口より後ろの舷側を黒く塗っていることが多い。日本でも古い掃海艇や、今でも海保※9のはてるま型※10やひだ型※11巡視船※12などがこの手を使っている。

煙突に求められる課題

煙突の課題は2点ある。まず、高温で、ときには煙を含むことがある排煙によって、気流が乱れたり、視界が妨げられたり、アンテナなどの機材が傷んだりする事態を防ぐこと。だから、設置する場所、形状、高さが問題になる。煙突の直後にマストを立てないのは、排煙によるアンテナの傷みを防ぐためだ。

日本海軍の戦艦が煙突を後ろに曲げたのは、排煙が逆流して艦橋が蒸されてしまうのを防ぐためだった。また、大戦中の日米の空母や揚陸艦で外方に傾斜した煙突を設けている艦があったが、これは熱風で後方の気流が乱れて、発着艦の妨げになるのを抑えるためだ。

かつての日本空母では、煙突を飛行甲板直下の舷側に下向きに取り付けて、排煙を海水で冷却してい

後部から見たこんごう型の第1煙突。煙突の熱はステルス性の面から問題となるので、必ず冷却装置がセットになっている。写真右下に見えるルーバーの中には巨大なファンが回っており、煙路を冷却している（写真／Jシップス）

※9　海保
海上保安庁の略。海の秩序を守るための法執行機関で、国土交通省の下にある

※10　はてるま型
海上保安庁の1,000トン型巡視船。アルミ製の半滑走型船体にディーゼル機関とウォータージェットを組み合わせて30ktの速力を発揮できる

※11　ひだ型
海上保安庁の2,000トン型巡視船。鋼製の半滑走型船体にディーゼル機関とウォータージェットを組み合わせて30ktの速力を発揮できる。はてるま型よりも重武装で40㎜機関砲を持つ

※12　巡視船
海上保安庁みたいな海洋法執行機関が使用するフネのこと。丸腰ではなく、機関銃ぐらいは積んでいることが多い

た事例もある。これは、熱気が吹き上がって発着艦の妨げになる事態を防ぐ狙いによる。

最近では、赤外線※13誘導ミサイルや赤外線センサーによる探知を抑制するために、煙突に排煙冷却のための仕掛けを設けることが多くなった。水冷にすると大掛かりになって大変なので、周囲の冷えた空気を混ぜて温度を下げる方式が一般的だ。

なお、排気だけでなく吸気系も忘れてはいけない。特に吸排気量の大きいガスタービン艦では、上部構造物に大きな吸気口を設けるとともに、海水やゴミなどの侵入を防ぐフィルターを備え付けている。

マスト+煙突=マック

マックといってもパソコンではない。マストと煙突（スタック〝stack〟）を一体化した塔型構造物のことである。頑丈で広いスペースを確保できるマストを構築しようとするとマストは大きくなって場所をとるし、それと煙突を別々に設置すると、さらに場所をとる。それなら両者を一体にしてしまえというわけだ。

マックの場合、塔型構造物の中に煙路が通っていて、それが途中から横に突き出て、そこから排煙する。その排煙の影響を受けない（または影響が少なそうな）場所に、レーダーや通信機のアンテナを設置する。

マックの上部を黒く塗っていることが多いのは、排煙で汚れるからだ。ただし、海自ではマメに黒塗りにしていたが、欧州諸国では灰色のままにしていることもある。美意識の違いだろうか。

身近なところでは、海自のヘリ護衛艦※14しらね型がマックを使っていた。前部マックを見ると、最上部のラティスマストが載っている部分の直下・後ろ上方に向けて排気口が突き出ている様子が分かる。

米海軍でも、すでに全艦退役したベルナップ級ミサイル巡洋艦※15やノックス級フリゲートは典型的な

※13　赤外線
いわゆる電磁波の一部。熱の伝搬に関わっていることから、赤外線を探知することで熱源を捉えられる

※14　ヘリ護衛艦
いわゆる護衛艦のうち、ヘリコプターの搭載・運用に重点を置いた艦のこと。俗にDDHと呼ばれる

※15　ベルナップ級
米海軍がレイヒ級に続いて9隻を建造したミサイル巡洋艦（当初はミサイル・フリゲイト）。艦対空ミサイル発射機をひとつに減らし、5インチ砲を艦尾側に載せたのが主な相違点

マック構造で、マック上部の両側面から円筒状の排気口が突き出していた。

ただし、ガスタービン艦になって煙突が大型化したため、最近ではマックは使われないようで、現役にある艦もほとんどが艦齢の古いベテラン艦ばかりである。

マスト・煙突から見る艦型識別

実は、マストや煙突の形状・本数は、艦型識別における重要な要素である。たとえば現役の海自護衛艦なら、前後に2本マストがあったらあさぎり型だし、そっくりさんのあたご型※16とこんごう型※17もマストが傾いていれば前者で、垂直に突き立っていれば後者だ。

煙突の数も軍艦のシルエットに大きく影響しており、実際かつては「3本煙突の駆逐艦」とか「4本煙突の巡洋艦」とかいった形容がなされることもあった。

戦史を紐解けば、過去には敵の艦型識別を邪魔しようとして贋煙突を立てた事例はいくつもある。贋構造物を設置するよりも贋マストの方が簡単そうだが、細いマストは遠距離になると背景に溶け込むし、見た目のインパクトと欺瞞効果を考えると、煙突ぐらいの大物でないと効果はないようだ。もっともこれはレーダー万能ではなく、有視界での戦闘が主流だった古き佳き時代の話ではある。

しらね型の「マック」。煙突とマストが一体になっていて、マストの基部の脇に突き出た部分が煙突の排煙部。マックは戦後1960年代までしばらく流行ったが、今は完全に廃れた（写真／Jシップス）

※16　あたご型
海上自衛隊における第二世代のイージス護衛艦。ヘリコプター格納庫を追加した点と、ステルス設計を深度化した点が主な相違点。近年、弾道弾迎撃能力を追加した。2隻がある

※17　こんごう型
海上自衛隊における第一世代のイージス護衛艦。ヘリコプター格納庫は持たず、対空戦に特化した設計。就役後に弾道弾迎撃能力の追加を実施した。4隻がある

第8回 船体の素材

「軍艦行進曲」の歌詞に「護るも攻むるもくろがねの〜」という一節がある。そこで歌われているように、艦艇を形作る素材の主役はくろがね、つまり鉄（iron）である。

基本は鋼材

ただし、鉄といっても元素記号Feの純粋な鉄ではない。普通、艦艇で用いられる素材は、鉄に微量の炭素を付加した鋼材（steel）である。「鉄鋼」という言葉があることでお分かりの通り、「鉄」と「鋼」は別物なのだ。

艦艇に限ったことではないが、金属素材は軽くて丈夫である方が望ましい。素材がヤワだと、変形や破壊を防ぐために分厚い部材を使用しなければならなくなり、それは必然的に重量増加につながる。船体や上部構造を形作る素材が重くなれば、その分だけ兵装などに割り当てられる重量が減ってしまう。また、装甲防御を施す場合でも、軽くて丈夫な素材ができれば、その分だけ装甲板を薄くできる。つまり、軽くて丈夫な素材を開発することは、艦艇の戦闘能力を高めるために不可欠の要素なのである。

素材と熱処理

「といっても所詮は同じ鉄がベースだし、みんな同じでしょ？」と考えてしまいそうになるが、それは大間違い。添加する炭素やその他の金属素材の多寡と構成、熱処理やその他の加工の違いといった要素によって、鉄の性質は大きく違ったものになる。

たとえば、加熱した鋼材に水を浴びせて一気に冷却する場合と、自然に冷ます場合と、風を当てて冷ます場合では、得られる鋼材の組織や性質が異なるものになる。一般的な傾向として、急冷するよりもゆっくり冷やす方が、粘りのある素材ができる。しかも、こうした熱処理の際に何度まで加熱するかによっても、性質が異なるものになる。さらに、水圧機を使って外部から圧力をかけることで、締まった、かつ均等な組織を作ることもできる。

添加する素材の方も多種多様、炭素が多いか、少ないかというだけでなく、ニッケル（Ni）、マンガン（Mn）、クロム（Cr）、モリブデン（Mo）、銅（Cu）など、さまざまな金属の添加が試されてきた。ベース素材以外に別の金属素材を添加した金属のことを合金（alloy）というが、艦艇の場合、同じ艦でも部位によって、それぞれ異なる金属組成の合金鋼を用いることが多い。

こうした事情により、艦艇の設計・建造に際しては、「堅くて変形しにくい一方で、いったん壊れるとバラバラになってしまう」鋼材と、「やや変形しやすいが、その分だけ粘り強い」鋼材の使い分けが必要になる。装甲板なら前者の方が好都合……と考えそうになるが、いきなり砕けてしまっても具合が悪いので、実際には粘りが求められる。敵弾が命中したときの衝撃を受け止めなければならないからだ。

鋼材の作り方

艦艇の船体や上部構造は「板材」「形材」「棒材」の組み合わせで作られている。「形材」とはさまざまな断面形状を持つ細長い部材の総称で、L字型をした「山形鋼」、エの字型をした「I形鋼」、凸型をした「T形鋼」、コの字型をした「溝形鋼」などがある。これらはいずれも、鋼材の塊を圧延機にかけて、所要の形に変形させる方法で作られる。

そのほか、鋳鋼（cast steel）を使用することもある。いわゆる「鋳物」で、型の中に溶けた鋼材を流し込んで作る。複雑な形状を持ち、フネによって形状が異なる部材は規格品では対応できないから、鋳鋼を使う。たとえば、艦尾の艦底に突き出た推進軸を支えているシャフト・ブラケットは鋳鋼製だ。

鋼材の加工と接合

強度の問題だけでなく、加工のしやすさも問題である。加工といっても、平面から曲面に変形させるとかいう類の話だけではない。接合する際に溶接ができるか、別の方法を使うか、という問題もある。基本的に、硬い鋼材ほど加工が難しく、平面のまま使わなければならない。戦艦「大和」「武蔵」の舷側に取り付けていた装甲板がその一例で、船体の側面を斜めの平面に形作り、そこに外側から分割した装甲板を当てて、ボルトで固定していた。

また、潜水艦の船殻で使用する鋼材は軽くて丈夫でないと困るものの極めつけだが、そういう性質を優先した結果として、溶接（welding）が難しくなった。熟練した溶接工でなければ、潜水艦で使用する鋼材の溶接はできない。しかも潜水艦の鋼材の場合、いきなり溶接するのではなく、まず溶接部を予熱してから作業にかかるというから大変だ。

アルミ合金

鋼以外に艦艇で用いられる金属素材というと、アルミ合金がある。これも素のアルミニウム（Al）をそのまま使うのではなく、さまざまな金属素材を添加したアルミ合金素材を用いる。アルミ合金で使われる金属素材というと、銅（Cu）、亜鉛（Zn）、マグネシウム（Mg）、珪素（Si）、ニッケル（Ni）といったものが挙げられる。ちなみに、航空機の機体構造材として著名なジュラルミンも、アルミ合金の一種である。

艦艇の場合、上部構造やマストをアルミ合金で作る事例が少なくない。これは、上の方にある構造物が重くなると重心が上がり、復元性を悪化させる（傾斜したときに元に戻りにくくなって転覆につながりやすい）という理由があるからだ。

ただしアルミ合金は鋼と比べると火災に弱い傾向があるため、注意が必要である。海上自衛隊ではは つゆき型の7番艦まで上部構造をアルミ合金製にしていたが、8番艦から鋼製に改めた（そのため基準排水量が100トン増えた）。以後の護衛艦もずっと鋼製である。米海軍でも、タイコンデロガ級巡洋艦の上構はアルミ製だが、アーレイ・バーク級駆逐艦は鋼製に改めた。

といってもアルミが全廃されたわけではなく、近年だとフリーダム級沿海域戦闘艦は船体が鋼製、上部構造がアルミ合金製である。なにせ45ノットの速力を出すには軽く作らなければならないので、使えるところはアルミ合金にしたわけだ。

同じ沿海域戦闘艦でもインディペンデンス級は船体までアルミ合金製だし、ミサイル艇も同様である。軽さの要求が優先されると、こうなる。

アルミ合金も鋼と同様に、使用する金属素材の組

軽さを優先した沿海域戦闘艦「インディペンデンス」はアルミ合金製の船体だ（写真／US Navy）

海上自衛隊のおやしお型潜水艦。軽くて丈夫な鋼材を利用するため、潜水艦の船体建造には熟練した溶接技術が必要だ（写真／Jシップス）

成や熱処理などの違いにより、強度が高いものもあれば、粘り強いものもある。溶接に適したものもあれば、適さないものもある。

その他の素材

アルミ合金以外では、炭素繊維複合材の使用例もある。有名なのはズムウォルト級駆逐艦の上部構造だ。複合材料（composite material）とは、強度を出すための「心材」の部分と、それを固めて成形する素材を組み合わせたものの総称。炭素繊維複合材の場合、炭素繊維の糸を組み合わせて織った布を、エポキシ樹脂などの樹脂で固める方法で作られている。

目立たないところでは、銅合金が使われる場面がある。典型例がスクリューで、基本は青銅（ブロンズ〝bronze〟）、つまり銅と錫（Sn）の合金だ。さらに、青銅にマンガンを加えたマンガン青銅、あるいはアルミニウムを加えたアルミ青銅といったものも使われている。これらに限らず、海水に直接接する部分は腐食に強くなければお話にならないので、海水腐食に強い銅合金の使用例が多い。

現在では使われなくなった船体構造・上部構造の素材として「木」がある。第二次世界大戦の頃には、艦艇の上甲板は板張りが普通だった。船体そのものは鋼製でも、上甲板の部分はその上に細長く切った木の板材を敷き詰めていた。

ただし国によっては、内装材として木材を使用していることがある。日本やアメリカは太平洋戦争中に火災でさんざん苦労させられた経験があるため、「艦内に可燃物は厳禁」ということで木材は使用していない。しかし欧州諸国では、そういうわけでもないようだ。

【コラム】軍艦の分類

軍艦といってもいろいろあるが、20世紀以降の軍艦を大きく分けると、以下のようになるだろう。

● **水上戦闘艦** (surface combatant) ……武器を積んで他の誰かと戦う艦
● **航空母艦** (aircraft carrier) ……航空機を積んで、浮かぶ移動式飛行場となる艦
● **揚陸艦** (landing ship) ……兵員や車両を積むとともに陸揚げを行い、敵地を分捕るための艦
● **潜水艦** (submarine) ……海中に潜んで敵国の艦を沈めようとする艦
● **機雷戦艦艇** (mine warfare vessel) ……機雷（機械水雷）を撒く艦と、その機雷を取り除こうとする艦
● **補助艦**（特務艦 "auxiliary"）……これらの艦の任務遂行を支えるための、縁の下の力持ちいろいろ

水上戦闘艦の分類

このうち水上戦闘艦はさらに、大きい方から順番に以下のような区分がある。

● **戦艦** (battleship)
● **巡洋戦艦** (battle cruiser)
● **重巡洋艦** (heavy cruiser)
● **軽巡洋艦** (light cruiser)
● **駆逐艦** (destroyer)
● **フリゲート** (frigate)
● **コルベット** (corvette)

昔は、艦の規模、搭載する大砲の口径、防禦力のレベルといった要素によってこれらの艦種を分けていたが、今はその区別の基準がなくなってしまった。サイズにしても、駆逐艦よりフリゲートの方が大きかったり、巡洋艦より駆逐艦の方が大きかったりといった下克上は日常的に起きている。結局のところ、「当事者がこういっているから艦種は○○だ」という以上の意味はなくなってしまった。

実のところ、海上自衛隊がいうところの「護衛艦」が、いちばんしっくりくるかもしれない。しかしこれも、空母みたいな見てくれをした「ヘリコプター護衛艦」がいる御時世だから、どうも怪しい感じがする。

水上戦闘艦といえば現代では海上自衛隊の護衛艦をイメージするのがしっくりくるだろう（写真／Jシップス）

空母の分類

空母にもいろいろな分類がある。まず、基準として固定翼機を搭載する「空母」があり、そこから、発着艦方式の違いによってバリエーションができた。

- **航空母艦**（aircraft carrier）……搭載機をカタパルトで射出して、着艦拘束装置で回収する
- **V／STOL空母**（V/STOL carrier）……搭載機は短距離滑走離陸して、垂直着陸する
- **STOBAR空母**（STOBAR carrier）……搭載機は短距離滑走離陸して、着艦拘束装置で回収する
- **ヘリ空母**（helicopter carrier）……固定翼機を搭載せず、ヘリコプターだけを運用する

航空母艦「ハリー・S・トルーマン」（写真／US Navy）

昔はこれ以外にも、サイズ違いによる分類（軽空母 light carrier）、あるいは用途による分類（護衛空母 escort carrier、対潜空母 anti-submarine carrier）といったものもあった。

潜水艦の分類

潜水艦の分類は用途と動力の2種類がある。用途は「攻撃型」「弾道ミサイル搭載型」「巡航ミサイル搭載型」、動力は通常型と原子力。これらの順列組み合わせである。

- **攻撃型**（submarine）……潜水艦や水上艦との交戦が目的
- **弾道ミサイル潜水艦**（ballistic missile submarine）……弾道ミサイルの運用が目的
- **巡航ミサイル潜水艦**（cruise missile submarine）……対艦・対地攻撃用巡航ミサイルの運用が目的

※原子力推進の場合、英語では「～nuclear-powered submarine」という。

攻撃型原子力潜水艦「バージニア」（写真／US Navy）

揚陸艦の分類

揚陸艦の種類は、搭載する兵員や車両などをどうやって

陸揚げするかによって決まる。昔からあるのは、艦が搭載する揚陸艇(landing craft)に積み替えて送り出す方法だが、最近はヘリコプターなどで運ぶ方法が多くなってきた。

●**ドック型揚陸艦**(dock landing ship)……艦尾にドックを設けていて、そこから揚陸艇を送り出す

強襲揚陸艦「ワスプ」(写真／US Navy)

●**ヘリコプター揚陸艦**(helicopter landing ship)……空母みたいな形をしていて、ヘリコプターで兵員などを運ぶことに特化している

●**強襲揚陸艦**(landing assault ship)……空母型だがドックも備えていて、海空の双方から揚陸が可能

●**戦車揚陸艦**(tank landing ship)……艦が自ら海岸にのし上げて、艦首から車両を直接上陸させる。最近はあまり流行らない

機雷戦艦艇の分類

機雷戦艦艇は、「機雷を撒く艦」と「機雷を取り除く艦」に大別できる。

●**掃海艇**(minesweeper)……機雷をだまして起爆させることで、機雷を取り除く艦

●**機雷掃討艇**(minehunter)……機雷を見つけてひとつずつ破壊する艦

●**機雷敷設艦**(mine layer)……機雷を敷設する艦。最近は潜水艦や航空機を使う方法が主流なので廃れた艦種

掃海艇「あいしま」(写真／海上自衛隊)

補助艦(特務艦)の分類

これは大変だ。あまりにも種類が多い。まず、「何かを補給するための艦」には以下のような種類がある。

●**給油艦**(oiler)……洋上で他の艦に燃料を補給する艦

●**給兵艦**(ammunition ship)……洋上で他の艦に弾薬を

補給する艦

●**給糧艦**（store ship）……洋上で他の艦に糧食を補給する艦

●**補給艦**（replenishment ship）……燃料も弾薬も糧食も補給できる艦。目下の主流

次に、「情報収集を担当するための艦」。対象は仮想敵国の場合と、自然の場合がある。

●**海洋観測艦**（oceanographic research ship）……海水の温度や塩分濃度、海流など、海に関するあれこれを調べる

●**測量艦**（surveying ship）……海底地形を調べる

●**音響測定艦**（ocean surveillance ship）……仮想敵国の潜水艦が出す音を聴知して、音そのもののデータを集めたり、潜水艦の接近を知らせたりする

●**ミサイル追跡艦**（missile range instrumention ship）……弾道ミサイルをレーダーで追尾する艦。自国のミサイルも仮想敵国のミサイルも対象になり得る

●**情報収集艦**（intelligence gathering ship）……仮想敵国のレーダーや無線通信に関する情報を集める艦。盗聴がお仕事

その他の特務艦の例として、以下のものがある。

●**母艦**（tender）……他の艦に対して、乗組員の休養や武器・物資の補給といった機能を提供する艦。潜水母艦がポピュラーだが、他にも駆逐艦母艦や掃海母艦がある

●**工作艦**（repair ship）……戦闘被害を受けた艦を母国まで戻さなくても済むように、出先で修理を行うための艦

補給艦「ましゅう」

海洋観測艦「しょうなん」

第2章● 船を動かす、留める装備

第9回 機械室と補機室

フネを動かすためには、人と「機械」が必要である。まずは、フネの動力源を中心に取り上げてみよう。

主機と補機

我々の日常生活では、電力もガスも水道も外部から供給を受けている。当たり前のことと思っているが、それは陸上に固定設置された建物だからできることだ。海の上を自由に動き回れる軍艦や商船などは、動き回るための動力源を自前で持ち歩かなければならない。軍艦なら武器を動かす動力源も必要になるし、艦上で生活するには熱源や清水の供給も必要だ。海の上にいるから海水なら無尽蔵にあるが、そのままでは飲用や洗浄用などの水としては使えない。

そういった、動力源などにまつわる装置を収容する区画が、いわゆる機関室（machinery room）。そして、機関室に設置された各種の機器を扱い、保守するのが機関科、海上自衛隊でいうところの第3分隊である。

機関科が扱う機器のうち、フネが走るために使用するのが主機、要するにエンジンである。「しゅき」と読む場合と「もとき」と読む場合がある。海自では「もとき」と呼ぶことが多いようだ。なぜか海軍ではエンジンのことを「機械」と呼ぶので、「主機械」を縮めて、こういう名称になる。

それに対して、電力・水蒸気・清水など、フネの航行以外のところで必要とするものを供給するのが

海自で最後の蒸気タービン護衛艦だった「くらま」。すでに退役している(写真／Jシップス)

補機(auxiliary machinery)である。航行とは別の補助的な機能(といっても、なくなると困るのだが)を担当するから補機だと覚えればよい。

通常、主機は「機械室」、補機は「補機室」と別々の区画に収容する。いずれも被弾損傷によって一度に全滅してしまったのでは困るので、複数の区画に分けて分散配置するのが普通だ。これについては後述する。

このほか、フネが向きを変えるために使用する舵を動かす、舵機(steering engine)がある。「かじき」ではなく「だき」というが、これは機能上、機関室ではなく艦尾の舵機室に収まっている。人力で動かせるようなサイズと重量ではないので油圧で動かすのだが、そうすると、その油圧を供給する必要が生じる。それには油圧ポンプが必要で、これも機械室か補機室に納まり、なにかしらのエンジンで駆動する。

主機の種類

詳しい話は次回に取り上げるとして、まず主機の種類を整理しておこう。これを書いておかないと、補機の動力源の話につながらなくなる。

蒸気タービン（steam turbine）……ボイラーで発生させた水蒸気をタービン（羽根車）に吹き付けて動力を生み出す。かつては主流だったが、海上自衛隊では現在1隻も残っていない。なお、横須賀にいるアメリカ海軍第7艦隊の旗艦「ブルーリッジ」が蒸気タービン推進だ。原子力推進の艦ではボイラーが原子炉に変わるが、そこから先は同じだ。

ディーゼル（diesel）……一般の自動車や鉄道の動力源としてもおなじみ。船舶用は大型にできるのでディーゼルの強みが活きており、効率が高くなり、経済性もよい。

ガスタービン（gas turbine）……航空機用のジェット・エンジンと似た構造だが、排気ガスを噴射して推力を得る代わりに、それを使ってタービンを回すことで回転力を生み出し、スクリューを回す。海自の護衛艦は大半がこれだ。

ディーゼルやガスタービンはエンジンが単体で機関室に鎮座するが、蒸気タービンはボイラーとタービン、それと使用後の水蒸気を冷やして水に

むらさめ型のLM2500ガスタービンエンジン。ゼネラル・エレクトリック社のエンジンで、見た目は完全にジェットエンジン（写真／Jシップス）

船体艦尾にある舵機室。一番奥に、舵につながる太いシャフトがある。いざという際に人力で動かすための設備もある（写真／菊池雅之）

エンジンは大きなカバーに収まっており、のぞき窓から状態を見ることもできる。奥に見える太いダクトが、艦外からつながる吸気口（写真／菊池雅之）

むらさめ型はメーカーの異なるガスタービンエンジンを2機ずつ搭載している。こちらはロールス・ロイス社のスペイSM1C（写真／菊池雅之）

戻すための復水器（condenser）が必要になる。なお、艦艇の燃料はエンジンの種類に関係なく軽油を使用する。もっぱらディーゼル・エンジンで使用する関係から、軽油のことも英語ではdieselという。

補機のいろいろ① 発電機

補機の一番手は発電機（generator）である。近年の水上戦闘艦はウェポン・システムで使用する電力がどんどん増えているので、同じ護衛艦でも発電能力は桁違いに増えている。

「むらさめ」の発電用ディーゼルエンジン。現代の戦闘艦艇にとって発電能力は重要な要素になる（写真／菊池雅之）

たとえば海自のヘリコプター護衛艦の場合、しらね型は1500kWの発電機が2台で合計3000kWだったが、ひゅうが型は2400kWの発電機が4台で合計9600kW、なんと3・2倍に増えている。ちなみに海自が出した数字によると、ひゅうが型の発電能力は「家庭3200戸分」だそうである。

では、その発電機をどうやって動かすか。蒸気タービン艦の場合、ボイラーで発生させた水蒸気でターボ発電機を動かすのが普通だ。つまり、スクリューではなく発電機につながった蒸気タービンがあるわけで、ボイラーは航行と発電という、2種類の仕事をしていることになる。

それに対して、ディーゼル艦はディーゼル発電機、ガスタービン艦はガスタービン発電機を搭載することが多い。主機と発電機の種類が揃っている方が、機関科にとっては扱いを統一できて都合がよさそうだ。もっとも、ガスタービン艦でディーゼル発電機を併用している事例もある。静粛性と経済性のバランスで選択肢が決まるわけだ。

最近、米海軍のズムウォルト級駆逐艦やイギリス海軍のデアリング級（45型）ミサイル駆逐艦のように、統合電気推進（integrated electric propulsion）を使用する艦が出てきている。これは「航行用」「艦内用」と別々に発電機を搭載する代わりに、両方を引き受けられる大容量発電機を搭載して、必要に応じて配分を調整するものだ。全速航行するときは航行用の主電動機に電力を回し、交戦の際には武器系統に電力を回す。

補機のいろいろ② 造水装置

補機の二番手は造水装置だ。海水なら周囲に無尽蔵にあるが、そのままでは飲料水として使えないし、料理がみな塩味になってしまっては具合が悪かろう。生活用水だけでなく、エンジンの冷却に使う水も必要だし、蒸気タービン艦ならボイラーで使用する水を補充する必要もある。

清水タンクを用意して、出航前に水を積み込む方法も考えられないわけではないが、それを使い果たしたら「もはやそれまで」である。だから艦上で淡水（真水）を作り出す装置が必要になる。淡水を作り出す方法は、大きく分けると2種類ある。

まず、蒸留する方法がある。火を焚いたり主機の廃熱を使ったりして海水を熱し、発生した水蒸気を冷やせば、塩分が抜けて水だけが残る。ただし、発生した塩分を回収して捨てる仕組みが必要になる。

もうひとつは逆浸透膜を使用する方法で、RO（Reverse Osmosis）ともいう。水は通すが、イオンや塩類など、水以外の不純物は透過しない性質を持つ膜を使

補機室に並ぶ造水装置。艦内で真水を作ることはできるが、節水は船乗りの基本中の基本である（写真／菊池雅之）

用して淡水を得るものだ。たとえば、米海軍がアクアケム（Aqua-Chem）という会社に発注した逆浸透式造水装置は、日量3万6000ガロン（約137t）の造水能力があるという。他のメーカー、あるいは他国でも逆浸透式造水装置の製作・導入事例がある。

なお、造水装置があれば無尽蔵に水を使ってよいということはなく、節水は船乗りの基本である。使えるところは海水で済ませるのが普通だ。たとえば、火災を消すときに使用するのは海水だし、調理場のディスポーザーでゴミを流すのも海水、海自では航行中の風呂に張るお湯も海水である。

補機のいろいろ③　空調やボイラー

補機の双璧は発電機と造水装置だが、それ以外にも補機はある。たとえば、空調装置がそれだ。艦内の居住環境を快適に保つというだけでなく、コンピュータやネットワーク機器が過熱して故障するようなことがあっては困るので、そういう観点からいっても空調は不可欠な機器となっている。

動作原理は家庭用のエアコンと大差ないが、スケールはだいぶ違う。それに、空調機器を設置した場所から艦内各所にダクトを引っ張らなければならない。軍艦に乗ると、通路や各区画の頭上に空調用のダクトが通っているのが丸見えになっていることが分かる。

ときどき、艦の空調装置では能力が足りずに家庭用のエアコンを増設している艦がある。あまり暑くない国のフネが暑いところに行くと、往々にしてこうなる。海自の掃海艇が1991年にペルシア湾に出動したときがそうだし、ロシア海軍のウダロイ級駆逐艦※1が家庭用エアコンを増設していたこともある。

前述したように、海自には蒸気タービン推進の護衛艦は引退して消えてしまったが、ガスタービン推進の護衛艦でも風呂を沸かしたり、調理場の蒸気釜を作動させたりするため小さなボイラーを搭載している。直火を使用するより水蒸気で熱する方が安全なためだ。

※1　ウダロイ級駆逐艦
1980年12月から1999年12月にかけて13隻が就役した駆逐艦。最初の12隻は大型対潜艦と呼ばれる対潜重視の艦で、最後の1隻は対潜ミサイルを対艦ミサイルに変更した

第10回 艦艇用主機と複合推進

続いて、艦を動かす力の源である、「主機」に関連するさまざまな話を取り上げよう。横文字が飛び交う、意外に分かりにくい世界だ。

主機の種類

水上艦が航行する際に発生する抵抗のうち最大のものは、船体が水を押しのけて進む際に発生する造波抵抗だ。造波抵抗はおおむね、速度の3乗に比例して大きくなるので、速度が2倍になれば造波抵抗は8倍になる。それ以外にも抵抗の源はあるが、占める比率は小さい。

その結果、速度と主機出力の関係も、造波抵抗と同じ傾向になる。つまり、同じ艦でも速度を2倍にすれば8倍の出力が要るし、反対に速度を半減すると所要出力8分の1で済む。このことが、主機の選択や複合推進という考え方に影響している。

前回でも触れたように、艦艇用の主機を大きく分けると「ディーゼル」「ガスタービン」「蒸気タービン」の3種類がある。それぞれに特徴があり、得手・不得手がある。

ディーゼル……燃費がいいが、小型で大出力を得るのは難しい。また、騒音と振動が比較的激しく、暖気に時間がかかり、即応性に欠ける。

ガスタービン……暖気が早く、騒音や振動が少ない。出力の増減に対してレスポンスがいい。その一方で、低速になると燃費が悪い。

蒸気タービン……高出力を得やすい。蒸気を発生させるためのボイラーと、そこから駆動力を生み出すタービンを別々に用意しないといけないため、場所をとる。また、蒸気が上がるまでに時間がかかるので、即応性に欠ける。燃費もよくない。

電気モーターで推進する

これらの機関が直接スクリューを回すのではなく、発電機を回す方式もある。そこで得た電力で動く電動機が、スクリューを回す仕組みだ。こうすると騒音発生源になる減速ギアボックスが不要になるほか、エンジンを常に経済的な回転数で回しておけるので、燃費がよくなる。

ディーゼル・エンジンで発電機を回すディーゼル・エレクトリックと、ガスタービン・エンジンで発電機を回すガスタービン・エレクトリックが主流だが、昔は蒸気タービンを使うターボ・エレクトリックもあった。

ディーゼル・エレクトリックの典型例として挙げられるのが、通常動力の潜水艦だ。

コンバイン“O”“A”

普通なら、主機は同じ種類で揃えるものだ。1基で所要の出力を得られなければ数を増やす。特にディーゼル推進艦はその傾向が強く、ときには6基、あるいは8基も搭載する事例まである。

しかし近年の水上戦闘艦では、複数の種類の主機を搭載して、低速時と高速時で使い分ける方法が主流になった。これを「複合推進」（combined propulsion）といい、組み合わせる機関の種類と使い分けの方法に応じて、さまざまな略称がある。いずれも「CO■A□」または「CO■O□」という表記になる。

　最初の「CO」は〝Combined〟、つまり複数の種類の機関を組み合わせているという意味だ。その後の「A」は「And」、「O」は「Or」である。低速時に使用する機関（巡航機）と高速時に使用する機関（ブースト機）が別々で、どちらか一方しか作動しない場合には「O」になる。対して、低速時には巡航機を使い、一定以上の速度に加速するとブースト機が加勢する場合には、両方とも同時に使うので「A」になる。

　そして、「■」には巡航機、「□」にはブースト機の種類を示す、1～2文字のアルファベットが入る。その内容は以下の通りだ。

D：ディーゼル
G：ガスタービン
S：蒸気タービン
DL：ディーゼル・エレクトリック
GL：ガスタービン・エレクトリック

複合推進の事例いろいろ

　ヨーロッパの水上戦闘艦に多いのはCODOG（COmbined Diesel Or Gas turbine）。つまり低速時はディーゼル、高速時はガスタービンと使い分ける方式だ。低速時の燃費改善を重視した選択だが、騒音・振動対策が必要になる。高速時にディーゼルとガスタービンを併用するCODAG（COmbined Diesel And Gas turbine）方式の事例もあるが、主流ではない。

　対して日本やアメリカでは、COGAG（COmbined Gas turbine And Gas turbine）、つまり巡航機

むらさめ型は異機種のガスタービンを混載するCOGAG。ロールス・ロイス製とゼネラル・エレクトリック製のガスタービンエンジンを2基ずつ搭載する（写真／菊池雅之）

もブースト機もガスタービンにして、低速時には一部を、高速時には全部を動かす方式が多い。この場合、巡航機とブースト機を同一機種で揃えると取り扱いや整備は楽になるが、所要出力が激減する低速時には、巡航機が出力過大になって効率がよくない。

前述したように、速度が半減すれば所要出力は8分の1で済むから、巡航機を小型にする方が無駄がない。しかし、艦のサイズや速力の要求次第では、ブースト機が加勢しても全速航行時の馬力が足りなくなる可能性がある。だから、所要出力と使えるエンジンの出力を基にして、使用する機種を決める必要がある。

同一機種COGAGの例としては、米海軍のスプルーアンス級※1、アーレイ・バーク級、タイコンデロガ級※2、海自のこんごう型やあたご型が挙げられる。いずれもゼネラル・エレクトリック※3のLM2500※4を4基使う。あきづき型も同一機種COGAGだが、こちらはロールス・

※1　スプルーアンス級
米海軍が冷戦後期に建造した、対潜重視の駆逐艦。将来余裕を重視したため、サイズの割に武装は少なめだが、後日の増強が可能になった。31隻を建造、全艦が退役済み

※2　タイコンデロガ級
スプルーアンス級の船体にイージス戦闘システムを載せた、世界初のイージス艦。27隻を建造、5隻が退役して22隻が現役にある

※3　ゼネラル・エレクトリック
アメリカの電機メーカーだがジェット・エンジンの分野でも大手。第二次世界大戦中にターボ過給器を手掛けたのがその発端

※4　LM2500
C-5ギャラクシー輸送機のTF39エンジンを転用して作られた艦船用ガスタービン機関。日本ではIHIがライセンス生産している

海上自衛隊初のオールガスタービン推進艦だったはつゆき型。巡航機とブースト機を別にするCOGOGを採用していた（写真／柿谷哲也）

ロイスのスペイSM1C※5を4基使っている。

異機種COGAGの例としてはむらさめ型やたかなみ型※6があり、いずれも巡航機がスペイSM1C、ブースト機がLM2500で、それぞれ2基ずつを搭載している。異なるメーカーのエンジンを組み合わせた異機種COGAGというところが異色だ。

すべてガスタービンだが巡航機とブースト機を別にする、COGOG（COmbined Gas turbine Or Gas turbine）推進の例もある。海自のはつゆき型がそれで、巡航機はロールス・ロイスのタインRM1C※7、ブースト機はロールス・ロイスのオリンパスTM3B※8を2基ずつ持ち、速度に応じて切り替える。

なお、ガスタービン同士ではなくディーゼル同士として、巡航機とブースト機を使い分けるCODOD（COmbined Diesel Or Diesel）方式、あるいは巡航機にブー

※5　スペイSM1C
ロールス・ロイスの航空機用ジェット・エンジンを転用して作られた艦船用ガスタービン機関。SM1Aの改良型

※6　たかなみ型
むらさめ型の改良型で、5隻が建造された。ミサイル発射機の構成変更と艦載砲の大口径化が主な変更点だが、さらに途中から情報処理能力の強化が図られている

※7　タインRM1C
ロールス・ロイスの航空機用ジェット・エンジンを転用して作られた艦船用ガスタービン機関。日本では川崎重工がライセンス生産している

※8　オリンパスTM3B
超音速旅客機コンコルドで知られる、ロールス・ロイスの航空機用ジェット・エンジンを転用して作られた艦船用ガスタービン機関

スト機が加勢するCODAD（COmbined Diesel And Diesel）方式の事例もあるが、あまりメジャーではない。

変わったところでは、イギリスのカウンティ級駆逐艦※9や82型駆逐艦※10が、蒸気タービンにガスタービンを加勢させるCOSAG（COmbined Steam And Gas turbine）方式を使っていた。

増えてきた電気推進

水上戦闘艦ではCODOG、COGOG、COGAGあたりが主流だが、近年、巡航機をディーゼルやガスタービンではなく電気推進にする事例が増えてきている。これは、低速時の騒音減少と燃費の改善が狙いだ。ディーゼル・エンジンが動いていることに変わりはないが、スクリューに直結するのでなければ、設置場所や騒音・振動対策の自由度は増す。

そのきっかけとなったのが英海軍の23型フリゲート※11で、低速時の巡航機はディーゼル・エレクトリック、高速時はそこにブースト機のスペイSM1A※12ガスタービン2基を加勢させる、CODLAG（COmbined Diesel-eLectric And Gas turbine）方式を使っ

現代的な電気推進艦の嚆矢となったイギリスの23型フリゲート。CODLAGを採用し、燃費を向上させ、低速時の騒音も減少した（写真／UK MoD）

※9　カウンティ級駆逐艦
英海軍が1962年11月から1970年7月にかけて8隻を就役させた防空艦。主兵装は国産のシースラッグ艦対空ミサイルで、異様に大がかりな発射機が特徴

※10　82型駆逐艦
英海軍が1973年3月に就役させた防空艦で、「ブリストル」1隻のみ。新型のシーダート艦対空ミサイルを主兵装とする。このミサイルは、次のシェフィールド級（42型）に引き継がれた

※11　23型フリゲート
英海軍が冷戦崩壊後に就役させた、対潜重視の汎用水上戦闘艦。16隻が就役、3隻がチリに売却されて13隻が現役にある。日本にも何回か姿を見せている

※12　スペイSM1A
ロールス・ロイスの航空機用ジェット・エンジンを転用して作られた艦船用ガスタービン機関。日本では川崎重工がライセンス生産している

一風変わったCOSAGを採用していたイギリスのカウンティ級駆逐艦。イギリス海軍が初めて導入したミサイル駆逐艦だった(写真／US Navy)

アメリカの新型強襲揚陸艦アメリカ級は、ディーゼル・エレクトリックとガスタービンを切り替えるというCODLOGを採用した。推進方式は艦種の役割に最適なものが選択される(写真／US Navy)

ている。

米海軍のワスプ級強襲揚陸艦のうち、8番艦の「マキン・アイランド」(LHD-8)、それと後続のアメリカ級では、低速時の巡航機がディーゼル・エレクトリックで、高速時はLM2500ガスタービンに切り替える、CODLOG(COmbined Diesel ELectric Or Gas turbine)方式を使用している。ガスタービンが「加勢する」のではなく「切り替わる」ところが23型と違う。揚陸艦は低速航行している時間が多いので、そこでディーゼルを使うことで燃費改善を図っている。

海自のあさひ型護衛艦※13やまや型ミサイル護衛艦※14では、低速時にはガスタービン発電機の電力で推進用電動機を回すガスタービン・エレクトリックを使い、高

※13　25DD
あさひ型護衛艦のこと。25は計画年度が平成25年度だったことによる。2隻が建造された

※14　27DDG
まや型護衛艦のこと。27は計画年度が平成27年度だったことによる。1隻が就役したばかりで、さらに2番艦が来年にも就役の見込み

護衛艦建造における推進システムの変遷

（図／防衛省「護衛艦建造における技術的変遷」より）

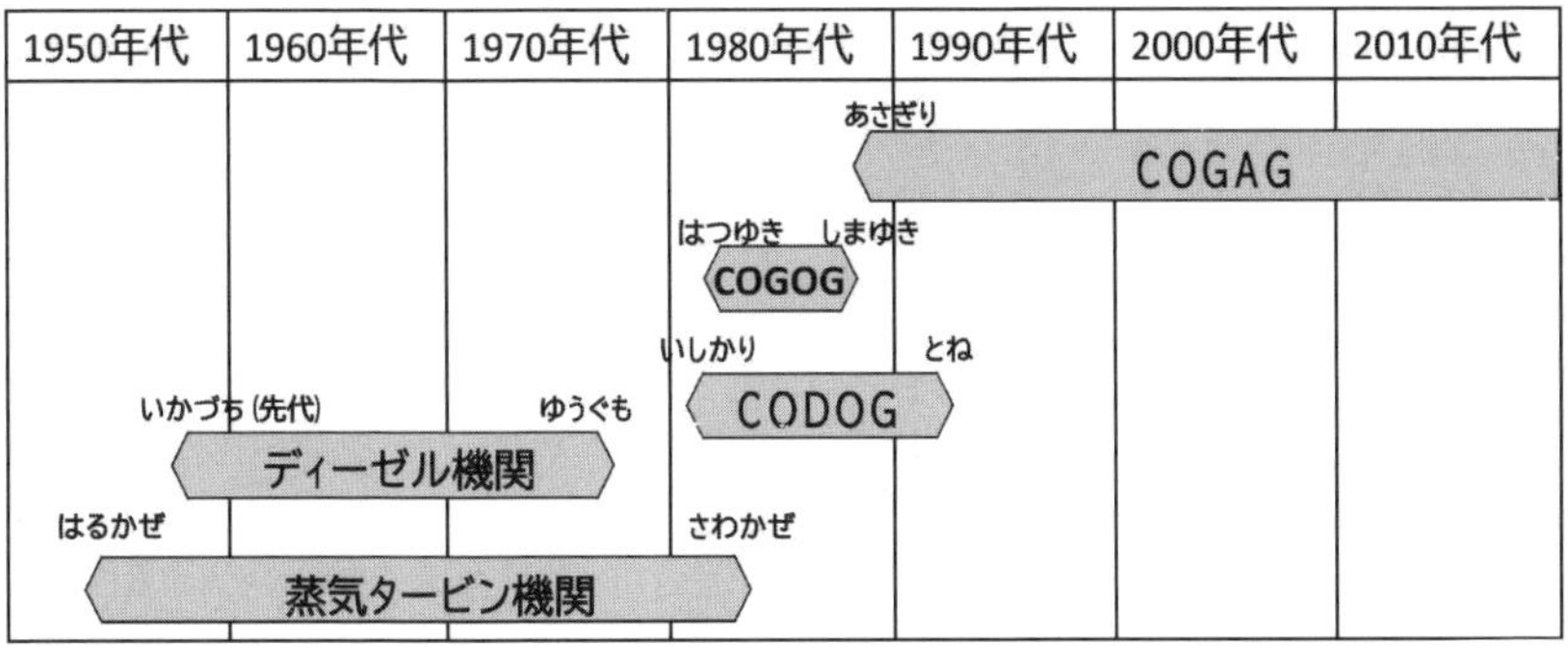

2019年に竣工した海上自衛隊のあさひ型護衛艦2番艦「しらぬい」。
GOGLAG方式を採用している（写真／海上自衛隊）

速時にはＬＭ２５００ガスタービンを加勢させる、ＣＯＧＬＡＧ（COmbined Gas turbine eLectric And Gas turbine）方式を採用している。低速航行時の騒音低減と燃費低減効果を期待したのだろう。

第11回 機関の配置

艦艇の機関と推進器※1は複数が多い

商船だと、かなり大きなフネでも機関は1基だけ、それとペアを組むスクリューもひとつだけ、ということが少なくない。機関はフネの価格の中で少なくない比率を占めているはずで、それがひとつで済むなら安上がりである。

ところが艦艇の場合、商船と比べると高速性の要求が強く、その分だけ機関出力の所要が大きい。また、戦闘被害のことを考えると、機関とスクリューがひとつずつでは一発で身動きがとれなくなってしまうので、複数欲しいという話になる。一般的には2軸、つまりスクリューを2つ並べることが多いが、大型艦になると4軸に増える。また、珍しい例外として3軸になることもある。

機関関連諸室の名称

フネが自力で走るためには機関（エンジン）が必要である。その機関を収容する区画のことを、機関室あるいは機械室というのは前述の通りだ。

ディーゼル機関やガスタービン機関を使用する場合、それを機関室に据え付けるだけで済むから、わかりやすい。しかし、機関を構成する要素が複数あると、違う名前の区画が加わる。

たとえば蒸気タービン推進艦では、水蒸気を発生させるボイラー（罐）を収容する区画は罐室または缶室（読み方はいずれも「かんしつ」）、その水蒸気を羽根車に当てて推進力を生み出すタービンを収容

※1　推進器
エンジンで動かし、艦船を推進するために使用する機器の総称。スクリュープロペラが主流だが、他にもいろいろある。84ページで詳しく解説

する区画は機関室、と呼び分けている。原子力推進艦だと、罐室が原子炉室に変わる。

推進軸が複数ある場合、左舷のそれと右舷のそれを駆動する機関を呼び分けなければならない。そこで、「左舷機」「右舷機」という言葉が登場する。片舷に複数の推進軸と機関がある場合、さらに「内舷」「外舷」の区別が加わる。

このほか、発電機室がある。その名の通りに発電機を収める区画で、艦内で使用する電力を供給するためのもの。発電機については先に述べた通りだ。主機と同様に、一発で全滅してしまっては困るので、艦艇では発電機も複数据え付けている。

ただし、発電機以外の機器、たとえば海水から真水を作る造水装置や空気圧縮機といった機器もあり、それらと発電機をひとつの区画にまとめてしまうこともある。その場合には補機室と呼ぶ。

そして、これらの機器を制御したり、動作状況を監視したりするための区画として機関操縦室がある。操縦室といっても担当するのは機関だけで、舵は担当外。艦橋からの指令を受けて、指示された速力で機関を動かす作業を司っている。

では、これらの区画をどう配置するか。それがこの項の本題。

単一機関室

機関室がひとつしかなければ、配置も何もあったものではない。推進軸がひとつしかない艦は必然的にこの形になる。

経済性重視の商船ならいざ知らず、艦艇で一軸の艦があるのか？と疑問に思われそうだが、実は意外とある。かつて、米海軍のフリゲートはみんな1軸推進だったが、これから出てくるFFG（X）は例外で、2軸推進のフリゲートとなる。もっとも、米海軍のフリゲートは相応に高い速力が求められるため、推進軸はひとつでも機関は複数あった。ペリー級の場合、LM2500ガスタービンが2基あった。

このほか、横須賀ではなじみ深い指揮統制艦ブルーリッジ級も1軸推進である。ただしこちらは蒸気タービン機関だ。

しかし、機関や推進軸が複数ある場合でも、すべてを同じ区画にひとまとめにしようと思えば可能だ。ところが艦艇は商船と違い、戦闘被害の発生を想定しなければならない。一撃ですべての機関が使えなくなると困る。そのため、機関と推進軸が複数ある場合には、何らかの形で複数の区画に分けることが多い。

パラレル配置

パラレル配置は読んで字のごとく、同じ位置の左舷側に左舷機を収容する区画を、右舷側に右舷機を収容する区画を、それぞれ配置する。

戦艦「大和」級は基本的にこの配置だが、4軸あったので、左外舷機・左内舷機・右内舷機・右外舷機が横並びになっていた。ただし同艦は蒸気タービン艦だから、それとは別に罐室が必要で、それは機関室の前方にまとめてあった。こちらは、前後方向に3区画、左右方向に4区画、合計12の罐室があった。

ガスタービン機関を使用する艦では、燃費効率の観点から、低速航行用の機関（巡航機）と高速航行用の機関（ブースト機）を別々に用意するのが一般的。そして、低速航行用の機関群と高速航行用の機関群をそれぞれ前後に振り分けて、中間に配置した減速ギアボックスにつなぐと、パラレル配置と呼ぶ。

海上自衛隊の護衛艦はつゆき型がこれで、艦尾側の第3機械室には巡航機のタインRM1Cガスタービンを2基、艦首側の第1機械室にはブースト機のオリンパスTM3Bガスタービンを2基、それぞれ配置している。その中間の第2機械室は、両者がつながる減速ギアボックスが収まる区画。ちなみに、発電機はディーゼル機関を使用しており、第3機械室でRM1Cと同居させている。

この方法はシンプルで分かりやすく、機関区画の前後長を短くまとめやすい。また、左右の推進軸の長さが揃う。その代わり、戦闘被害対策の観点からすると好ましくない部分がある。機械室が被弾損傷あるいは浸水すると、左右両舷を受け持つ機関がまとめて使えなくなってしまう可能性があるからだ。

しかし小型艦では大きなスペースをとれないので、今でもパラレル配置が一般的だ。

シフト配置

被弾損傷時の影響を抑えるために考え出されたのが、大型の艦艇ではポピュラーなものとなっているシフト配置。その名の通り、複数の機関を前後にずらして並べている。

海上自衛隊のあさぎり型護衛艦では、スペイSM1Cガスタービンを4基搭載して左右舷に2基ずつ振り分けているが、左舷側の推進軸を受け持つ機関室は前方、右舷側の推進軸を受け持つ機関室は後方、と前後にずらしている。同級の場合、機関配置に合わせて煙突の位置も左右にずれているので分かりやすい。しかし、こんごう型以降の護衛艦では煙突を中心

たかつき型護衛艦4番艦「ながつき」。蒸気タービン艦でシフト配置にすると罐室が前後に離れ、煙突も前後に別々に立てることが多くなる。たかつき型は1967年から配備され、2003年まで活躍した（写真／海上自衛隊）

線上にまとめるようになった。

この配置では、一発の被弾で両舷機がまとめてやられてしまう可能性が低くなるので、生残性の観点からすると有利である。その代わり、機関関連区画の前後長はどうしても長くなる傾向にある。なお、前後に分けた機関室の間には、補機室や機関操縦室を配するのが一般的だ。

蒸気タービン艦でシフト配置にすると、罐室が加わるので話がややこしくなる。タービンだけ前後に振り分けても、そこに水蒸気を供給するボイラーがやられてしまっては意味がない。そこで、罐室と機関室をセットにして前後に振り分けることが多い。

たとえば、「缶機缶機」という形態がある。この場合、「右舷機の罐室・右舷機の機械室・左舷機の罐室・左舷機の機械室」という意味だ（左右が逆になることもある）。海上自衛隊の艦だと、かつてのたかつき型護衛艦やたちかぜ型ミサイル護衛艦が、「缶機缶機」のシフト配置を採用した蒸気タービン艦だった。

機関配置は外からでも見当がつく（こともある）

こうした機関配置、艦艇を専門に扱う媒体ならちゃんと書いてくれることが多いが、外から見ただけでもある程度の見当はつく。

シフト配置にして前後に機関室を振り分けた場合、離れた複数の機関からの排気をひとつの煙突にまとめようとすれば、必然的に煙路が長くなってしまって場所をとる。だから、それぞれの機関室の直上に煙突を置く方が無駄がない。結果として、同型の煙突が前後に離れて立っていればシフト配置の可能性が高い。逆に、煙突がひとつしかなければパラレル配置の可能性が高い。

蒸気タービン艦でシフト配置にした場合、罐室が前後に離れるため、煙突も前後に別々に立てることが多くなる。たかつき型もたちかぜ型も、このパターンだ。ガスタービン艦でも、パラレル配置のはつゆき型はひとつの太い煙突で済ませているが、あさぎり型以降の汎用護衛艦は2本の煙突を離して立てている。

はつゆき型護衛艦11番艦「あさゆき」。ガスタービン艦でも、パラレル配置のはつゆき型はひとつの太い煙突で済ませている。はつゆき型は1982年から今も現役だ（写真／海上自衛隊）

あさぎり型6番艦「せとぎり」。あさぎり型以降の汎用護衛艦は2本の煙突を離して立てている。あさぎり型は1988年から就役している（写真／海上自衛隊）

第12回 推進器の種類

動力付きのフネには推進器、つまりエンジンが生み出した動力を推進力に変える手段が不可欠である。水面下にあるので普段は見えないが、意外とバリエーションが豊富でおもしろい部分だ。

オーソドックスな推進器　スクリュープロペラ

もっともポピュラーな推進器といえば、いわずと知れたスクリュープロペラ（screw propeller）である。主機から海中に伸びた回転軸（推進軸）の先端に「ボス」と呼ばれる部材があり、そこに羽根を取り付ける。羽根の枚数は3枚、5枚、7枚といったあたりがポピュラーだ。

羽根には角度（ピッチ）が付いているため、スクリューを回転させると周囲の水を後方に向けて流す動きが生じる。その結果として、フネを前方に推進する力が生じる。その推進力によってフネが前進すると、スクリューに取り付けた羽根の先端が描く軌跡は螺旋状になる。

では、前進から後進に進行方向を変えるにはどうするか。羽根の取付角が固定されている場合、スクリュープロペラの回転方向を変える必要がある。蒸気タービン推進の艦では、他のタービン（羽根車）とは逆の方向に回転する後進タービンがあり、後進の際にはそちらに蒸気を送る方法を用いる。こうした方法が成り立つのは、もともと複数のタービンを使用している蒸気タービンだからだ。

ディーゼルやガスタービンの場合、後進専用の機関を設置すると、場所をとりすぎて割に合わない。基本的には自動車の変速機と同じように、歯車装置を使って逆回転させるが、今はもっと簡単な方法がある。

　それが可変ピッチプロペラ（variable pirch propeller）だ。その名の通り、羽根の角度を変える仕組みをボスに組み込んだスクリュープロペラで、推進軸の回転方向を変えることなく、ピッチを変えるだけで前進も後進もできる。

　なお、羽根の素材はブロンズ（青銅。銅と錫の合金）やアルミ合金がポピュラーだ。乾ドック※1にでも入らない限り、ずっと海中に浸かりっぱなしだから、腐食に強い材質でなければ困る。

電動機型が最近の主流　ポッド式推進装置

　スクリュープロペラを使用する場合、推進軸は船体を貫通して外に出る必要があるので、その部分から艦内に水が入ってこないように防水する必要がある。しかも推進軸の回転を妨げてはならないので、意外と難しい部分だ。また、推進器とは別に舵を設けなければ方向変換ができない、という問題もある。

　その問題を解決するために登場したのが、ポッド式推進装置（アジマススラスタ〝azimath thruster〟）だ。紡錘型のポッドを船尾のカットアップ部にぶら下げて、全周回転できる構造になっている。

横須賀地方総監部正門近くに展示されている護衛艦「あまつかぜ」のスクリュープロペラ。がっしりした造りで、固定ピッチだ（写真／Jシップス）

アーレイ・バーク級のスクリュープロペラ。5枚プロペラで、羽根の角度が変えられる可変ピッチプロペラになっている（Photo／US Navy）

※1　乾ドック
艦船修理施設のひとつで、海岸を掘り下げて構築する。門扉を閉鎖して排水することで、喫水線より下にアクセスできることから、船体整備の際には不可欠

ブルー・リッジ級のスクリューシャフト。高速で回転する推進軸は船体を貫通しているため、貫通部分は回転を妨げず、かつしっかりと防水する必要がある(Photo／US Navy)

推進器の回転数や羽根のピッチを変えれば速度の変更が可能で、ポッドの向きを変えると針路の変更が可能だ。

スクリュープロペラと舵が別々にある場合、舵に水流が当たることで方向変換が可能になる。そのため、低速になると舵の効きが悪くなる問題がある。しかしポッド式推進装置は推力線の向きを直接変えるため、低速でも方向変換を行いやすい利点がある。

ポッドに取り付けたスクリュープロペラを回転させる方法は2種類ある。ひとつは船体内に主機を設けて、シャフト※2を通じて駆動する方法。モーターボートなどで使用している船外機のうち、上半分が船体内にあり、下半分が船体から海中に突き出ているのだと考えれば理解しやすい。この場合、主機の設置スペースは推進器の直上に近い部分にする必要がある。その代わり、主機の種類は自由に選択できるし、主機の設置スペースを確保するのは容易だ。

もうひとつは最近の主流となっている、ポ

※2　シャフト
推進軸のこと。一端にスクリュープロペラを付けて、反対側にエンジンをつなぐ

ッドの中に電動機を収容してスクリュープロペラを直接駆動する方法。吸排気や燃料供給の仕組みを作り込んで、かつ自由に回転できるようにするのは困難なので、電線をつなぐだけで済む電気推進が必須となる。

推進軸があると、その延長線上に主機を置かなければならないので、それが設置場所を制約してしまう。その点、ポッド式推進装置は推進軸のために船内のスペースを食われることがないし、主機は発電専用だからどこに設置してもよい。

問題は、電動機の出力が大きくなるとポッドも大型化してしまうことで、それゆえに「許容できるポッドのサイズ」が出力の限界を決めてしまう。そのせいか、高速性能を求められる水上戦闘艦における使用事例はないようだ。しかし、高速性能よりも操船のしやすさが重視される、タグボート※3やクルーズ客船ではポピュラーな推進器になっている。

なお、米海軍のO・H・ペリー級ミサイルフリゲートは、ひとつしかない推進軸とスクリュープロペラが使えなくなった場合に備えて、艦橋直前の船体内に昇降式の小型ポッド式推進装置を内蔵している。主機が使えなくなったときに、そのポッドを海中に降ろして電動機を駆動させることで、低速ながら自力航行を可能にしている。

機動性と高速が特徴 ウォータージェット

高速性能が求められる艦艇では、ウォータージェット（waterjet）を使用する事例がある。船底から海水を吸い込んで船体内のダクトに取り込み、そこに設けたプロペラを主機で駆動することで海水を後方に噴出させる。すると、その反動でフネが前進する。

方向変換の際には、そのウォータージェット自体の向きを変える。ポッド式推進装置やシュナイダープロペラ※4と同様に、推進力の向きを直接変換するため、機敏な操船が可能であり、低速でも向きを

※3　タグボート
艦船の入出港に際して、接岸のために押したり、離岸のために引き出したりするフネ。小さいが力持ち。火災を外から消すための放水装置を備えていることもある

※4　シュナイダープロペラ
艦船用推進器の一種。水平方向に回転する円盤から下部に複数の羽根を生やして、その羽根の角度を変えることで任意の方向に推進力を発揮できる。90ページで詳しく解説

はやぶさ型ミサイル艇のウォータージェット推進器。左右の方向変換に加えて、後ろにバケットを降ろすことで逆推進も可能（写真／筆者）

変えやすい。

しかし構造上、角度変換が可能な範囲は限られており、後進の際に前方に向けるほどのことはできない。そこで後進の際には、噴射口の後ろに設けてある「バケット」と呼ばれる部材を降ろして、噴出した海水の流れを前方に曲げてやる方法を使う。

水中翼船※5やジェットフォイル※6は船体が海面から浮き上がる構造なので、スクリュープロペラを使うと、船体から海中まで長い推進軸を伸ばさなければならない。その点、ウォータージェットなら浮き上がった船体の後部から後方に向けて海水を噴出する形になるので合理的だ。

軍艦だと、小型のミサイル艇で使用事例が多い。海上自衛隊のはやぶさ型※7では、3基のガスタービンにそれぞれウォータージェットを組み合わせて、艇尾に3基のウォータージェットを並べている。

海上自衛隊でも傭船※8しているインキャット社のウェーブピアサーや、米海軍の沿海

※5　水中翼船
船体で浮力を発揮する代わりに、水中翼で浮力を発揮して船体を水面上まで持ち上げる方式のフネ。高速化に有利だが、速度を上げないと浮上できない

※6　ジェットフォイル
ボーイングが手掛けた水中翼船で、社内名称はモデル929。ジェット機用のシステムを活用している点が特徴。日本でも少なからぬ数が就航している

※7　はやぶさ型
海上自衛隊の第二世代ミサイル艇。最初の1号型は水中翼船だったが、本級は単胴の滑走型船形を採用した

※8　傭船
海軍が民間のフネを、あるいは民間の海運会社が別の会社のフネを、おカネを払って雇い入れて、自身のために運用すること

域戦闘艦（ＬＣＳ）※9、海上保安庁の高速巡視船でもウォータージェットを使用しているが、これは高速力を求められたため。高速性能を求められる艦艇では、スクリュープロペラを使用すると、キャビテーション※10という現象が発生して、騒音・振動・破損の原因になりやすい（この話は後述）。その点、ウォータージェットの方が具合がよい。

　変わったところでは、ＡＡＶ７※11を初めとする水陸両用装甲車でも、ウォータージェットの使用例がある。装甲車の中にはスクリュープロペラを車体後部の左右に装備している事例もあるが、充分な推進力を発揮できる大きなスクリュープロペラを設置するのは難しい。そのため、浮上航走が表芸となる水陸両用装甲車では、ウォータージェットが一般的だ。

ウォータージェットは、独特な航跡を引く。艇尾からは、激しく海水を噴出しているのがよく見える（写真／Jシップス）

ミサイル艇「くまたか」の左舷ウォータージェット。付け根部分の左右に設けた油圧シリンダで、ウォータージェット自体の向きを変えて旋回させる（写真／筆者）

※9　沿海域戦闘艦（LCS）
米海軍が冷戦終結後に、沿岸域での不正規戦が増えると見込んで計画した高速の水上戦闘艦。ただ、あまり安くならなかった上に開発が難航、近年の情勢にも合わなくなってきて、52隻の予定が三十数隻で打ち切られる

※10　キャビテーション
水中でスクリュープロペラを回転させたときに、羽の後方で気泡が生じて騒音・振動・損傷を引き起こす現象

※11　AAV7
米海兵隊で使用している水陸両用装甲車。陸上では履帯で走るが、水上でも浮上航行が可能で、その際にはウォータージェットで推進する

第13回　推進器と推進軸

前回に続き、バリエーション豊富な推進器の中でも極め付きなシュナイダープロペラや、スクリュープロペラにまつわるあれこれについて取り上げる。

シュナイダープロペラとサイドスラスター

ポッド式推進装置と同様に推進と操舵を兼ねるものとして、シュナイダープロペラがある。船体下面に回転する円盤を設けて、そこに縦向きの羽根を何枚も生やしたものだ。円盤が回転すると、羽根が揚力を発揮して推進力を生み出す。

ただし、羽根のピッチが固定されていると、すべての羽根が生み出す推進力が互いに向き合って相殺されてしまうので、身動きがとれない。そこで、円盤の回転によって変わる羽根の位置に応じて、ピッチ（羽根の角度）を変えるようになっている。円盤が一周する間に、ピッチが周期的に変化する。その変化の向きや度合を変えることで、任意の向きに、任意の量の推進力を生み出すことができる。

推進力の向きを直接変える構造のため、ポッド式推進装置と同様に、低速でも方向変換を行いやすい利点がある。その一方で、推進力を発揮するのは推進力の軸線に近い羽根だけで、軸線から離れた羽根は推進力を発揮しなくなる。つまり艦が前進している場合を例にとると、最前部に位置する羽根と最後部に位置する羽根が、もっとも大きな推進力を発揮する。一方で、左端部と右端部に位置する羽根は、ほとんど推進力を発揮しない。つまり、すべての羽根がフルに推進力を発揮できるわけではないから推進効率が悪い。

そのため、外洋を高速で航行するには向かず、低速で機敏な操縦を求められるタグボートや、細かい操船が必要になる海洋観測艦（船）※1で使用している。

大型船ではタグボートの力を借りずに自力で岸壁に横付けできるように、サイドスラスターを設ける場合がある。水線下に左右に貫通する穴を開けて、そこに横向きのスクリュープロペラを納めたものだ。海自艦艇ではおおすみ型輸送艦のような装備例もあるが、大型艦の接岸だけではなく、ほかにも用途がある。

例えば海自の潜水艦救難艦※2は、救命艇（DSRV）※3を用いた救難時など、正確な艦位※4を保持

シュナイダープロペラの羽根。これが回転して推進力を生みだす（写真／VOITH）

シュナイダープロペラの装備状況。非常に独特な推進器で、戦闘艦艇ではまず見かけない（写真／VOITH）

新「ちよだ」の艦首には左右両舷を貫通してバウスラスターが装備されている。潜水艦救難艦では定番の装備だ（写真／菊池雅之）

※1　海洋観測艦
海水・海流・海底地形といった海洋のあれこれを調べて、データをとるための艦。特に潜水艦の任務遂行には不可欠

※2　潜水艦救難艦
沈没して動けなくなった潜水艦から、乗組員を救出するための艦。救出用の仕掛けを海中に下ろす方式と、救命艇を出す方式がある

※3　救命艇DSRV
潜水艦救難艦が使用する救命艇。相手が海中の潜水艦なので、救命艇も海中を航行できるものが必要になる

※4　艦位
艦の位置を意味する言葉。普通は緯度・経度で示す

しなければならないため、バウスラスター※5を組み合わせた自動艦位保持装置を装備している。掃海艦も掃海を行った海域を厳密にしなければならないので、GPSによる精密航法装置、自動操艦装置と艦首側のバウスラスター、艦尾側のスターンスラスター※6とを組み合わせて、艦位を保持するようになっている。その場で戦車のように回頭することも可能だ。

プロペラの形状とキャビテーション

スクリュープロペラで使用する羽根の形状は多種多様だが、特徴的なのが潜水艦で、回転方向に対して後退角を付けて三日月のような形になっている、いわゆるスキュード・プロペラ（skewed propeller）を使用する。これは、キャビテーション（cabitation）の抑制が目的だ。

スクリューが高速で回転すると、羽根の後方に圧力の低い場所ができて、そこで水が蒸発して気泡が発生する。その気泡に海水が入り込んだときに騒音や振動が発生するが、それをキャビテーションという。羽根に極端な後退角をつけるのは、圧力の低い場所ができる事態を抑制するためだ。

その羽根の形状や、羽根の製造工程は重要なノウハウだ。そのため、ドック※7入りや進水式※8など、潜水艦のスクリュープロペラが海面上に露出する場面では、カバーをかけて形状を秘匿するのが一般的だ。

また、騒音を封じ込める目的で、スクリュープロペラ全体を筒の中に入れてしまう形態もあり、ポンプジェットなどと呼ばれる。最近の潜水艦で導入事例が多いが、以前から魚雷では多用されていた。

実は、スクリュープロペラは小型のものを高速回転させるよりも、大型のものを低速回転させる方が効率がよい。とはいえ、サイズには限度があるので、どの程度のサイズで、どの程度の回転数にするかが、設計者を悩ませるポイントとなる。

※5 バウスラスター
艦船に横方向の推進力を持たせるスラスターのうち、船首側に設置するもの

※6 スターンスラスター
艦船に横方向の推進力を持たせるスラスターのうち、船尾側に設置するもの

※7 ドック
日本語では船渠という。新規建造用のドックと、既存の艦船を入れて修理するためのドックがあるが、どちらも海に面した陸地を掘り下げて構築するのは同じ

※8 進水式
新規建造した艦船が、いわば「鉄の塊」から「フネ」に変わる際の行事。船台建造ではまさに進水だが、ドック建造では事前に注水しているため、いささか盛り上がりに欠ける

船体の内と外をつなぐ推進軸

スクリュープロペラは当然ながら海中に置くが、それを駆動する主機は船体内にあるので、両者を結ぶ仕掛けが必要になる。それが推進軸（〝propeller shaft〟または〝drive shaft〟）で、基本的にはムクの金属の塊から削り出したものだ。

機関室に水が入ってきては困るから、推進軸が船体から外に出る部分（船尾管）では、推進軸がスムーズに回転できて、かつ水が入らない仕組みが必要になる。しかも、船体の曲げや捻れなどで船体と推進軸とスクリュープロペラの位置関係が変わるため、多少の動きは許容できなければならない。シンプルなようでいて、実は難しい部分だ。

船体後部下面はカットアップといって上向きに切れ上がった形にするから、その切れ上がった部分の途中から推進軸が外に顔を出す。そしてスクリュープロペラは船体の後端部に近いところに設置するので、推進軸が海中に露出している部分は意外に長い。大型艦ほどカットアップ部が長いので、推進軸の露出も多くなる。しかも大型艦は大馬力を受け止めるために推進軸が太くて重い。

そこで、船体から下にシャフト・ブラケットと呼ばれる部材を伸ばして、その先端に設けた筒で推進軸を受けて支えている。もちろん、その筒も推進軸が円滑に回転できる構造になっていなければならないが、船尾管と違って水密にする必要はない。

ニミッツ級原子力空母の推進軸。船体から突き出る二股のシャフトブラケットによって、推進軸が支えられているのが分かる（写真／US Navy）

当然ながら、主機、減速装置、船尾管、シャフト・ブラケットが一直線になっていなければ、推進軸が通らない。そこで艦船の建造に際しては、船体が出来上がってきたところで、前述の部材が一直線に並んでいるかどうかを確認する、「軸心見通し」という作業を行う。

外から見ているだけでは分からないが、巨大な鉄の塊である船体は、直射日光や気温の影響で伸縮する。軸心見通しの検査は、その影響を受けづらい深夜にやるのが普通だという。測定には精確さが求められるので、光源とスリットを組み合わせて細い光を出したり、直進性が強いレーザー・ビームを通したりする。

大馬力で増える推進軸の数

クルマのエンジン出力が大きくなると、タイヤひとつで負担しなければならない馬力が増えるため、2輪駆動よりも4輪駆動の方が負担が減って有利となる。実は艦船の推進器にも似たところがある。大馬力の大型艦では推進軸を増やして、推進器あたりの負担出力を適正範囲に保っているのだ。

機関は値が張る装備のひとつなので、数を減らす方が安価にできる。そのため小型の艦艇では1軸推進で済ませるが、1軸だと回転する推進軸の反トルクによって船体が傾いてしまう。2軸推進なら、左右の推進軸をそれぞれ逆方向に回転させることでそれを打ち消すことができ、反トルクの問題を解決できる。

米海軍では、駆逐艦以上は2軸推進だが、フリゲート※9や、指揮統制艦ブルーリッジ級※10、潜水母艦エモリー・S・ランド級※11などが1軸推進だ。反トルクの問題に対処するため、オリバー・ハザード・ペリー級ミサイルフリゲートでは、舵を中心線上ではなく、少しずれた位置に設置した。涙滴型の潜水艦も1軸推進だが、こちらは縦舵・横舵の角度を首尾線に対して少し斜めにして、反トルクを打ち消している。

※9　フリゲート
艦種分類のひとつ。時代によって意味が違ってきているが、第二次世界大戦後は基本的に、駆逐艦より小型の汎用水上戦闘艦を指すことが多い。しかし現在では、駆逐艦との実質的な差異はない

※10
指揮統制艦ブルーリッジ級
もともと揚陸指揮艦として建造された艦で、2隻がある。それぞれ第七艦隊と第六艦隊の旗艦を務めている。イオージマ級ヘリコプター揚陸艦の船体を流用した

※11
潜水母艦エモリー. S. ランド級
潜水艦に対する補給・休養支援を実施する潜水母艦のひとつで、このクラスは攻撃型原潜の支援を担当している。以前はミサイル原潜を担当する潜水母艦もあった

タイコンデロガ級巡洋艦のスクリュー。2軸で2枚舵。両舷のスクリューを見ると、左右で逆方向に回転するようになっている（写真／US Navy）

なお、推進軸を二重にして内外でそれぞれ逆方向に回転させる、いわゆる二重反転プロペラにすれば反トルクの問題は生じない。艦船での使用例は滅多に聞かないが、魚雷ではポピュラーな方式だ。

米海軍の原子力空母のように大きくなると4軸推進である。変わったところでは、第二次世界大戦中のドイツ海軍の主力艦に3軸推進の事例が多く、戦艦ではビスマルク級※12やシャルンホルスト級※13、巡洋艦ではアドミラル・ヒッパー級※14が3軸推進だった。砕氷艦「しらせ」※15も初代は3軸推進だったが、今の2代目は2軸だ。

※12　ビスマルク級
第二次世界大戦中のドイツ海軍で活躍した戦艦。38cm砲を8門装備する。2隻を建造したが、いずれも戦没

※13　シャルンホルスト級
第二次世界大戦中のドイツ海軍で活躍した巡洋戦艦。28cm砲を9門装備する。2隻を建造したが、いずれも戦没

※14　アドミラル・ヒッパー級
第二次世界大戦中のドイツ海軍で活躍した重巡洋艦。20cm砲を8門装備する。3隻を建造したが、2隻は戦没、1隻は戦後に原爆実験の標的になった

※15　砕氷艦「しらせ」
海上自衛隊が運用する南極観測支援用の砕氷艦で、初代は1982年11月に就役、2008年7月に退役した。続いて登場した同名の2代目は、2009年5月に就役。いずれも毎年、日本と南極の間を行き来している

第14回 速力の指示と速力標

自動車や電車や飛行機は、操縦（運転）を担当する人が、直接速力を加減している。ところがフネだけは事情が違う。軍艦はどのように速力を変更し、それを指示するのか。

フネでは数字で指示しない

国によって事情が違う可能性があるので、ここでは海上自衛隊（と日本海軍）を前提にして話を進める。

自動車や電車や飛行機だと「km／h」あるいは「ノット（1kt＝1・852km／h）」といった単位で速度を加減するが、海自の艦艇の速力指示は、そうではない。映画・小説・漫画、あるいは観艦式※1や体験航海※2で見聞きした方もいらっしゃるだろうが、「原速」とか「第○戦速」とか「全速」とかいう言葉を使う。

基本的に「原速＝12kt」「半速＝9kt」「微速＝6kt」「最微速＝3kt」となる。では、原速より速い方はどうかというと、「強速＝15kt」「第一戦速＝18kt」。以下、「最大戦速」まで3kt刻みで数字が増える。最高速度が30ktの

観艦式での自衛艦をよく見てみると、どの艦も速力信号標を上下させている。写真の「てんりゅう」が掲げている速力信号標は「原速」12ノットのようだ（写真／Jシップス）

※1　観艦式
英語ではfleet review。国民や国のトップに対して、海軍の偉容を見せる展示行事。見せる側の艦を停泊させる場合と、走らせる場合がある

※2　体験航海
海軍が募集などの目的で、部外者を艦に乗せて実施する航海。普通は日帰りで実施する

フネなら「第二戦速（21kt）」「第三戦速（24kt）」「第四戦速（27kt）」「最大戦速」となる。これがミサイル艇だと、なんと第九戦速まであって、それからようやく最大戦速だ。

実はさらに、最大戦速の上に「それぞれの艦が出し得る最大の速度」を意味する「一杯」という指示もある。

「赤」と「黒」

海の上では道路と違って、実際の速度と計器に現れる速度が一致しないことがある。艦船には測程儀（ログ）※3という機械が付いていて、これが速度を教えてくれるのだが、表示するのは周囲の海水と比較した速度である。だから、潮流がなければ測程儀の表示と実際の速度はおおむね一致するが、たとえば追波を受けていると、測程儀は実際の速度より遅い数字を出してしまう。

単独行動している場合には、多少のズレはあっても大きな問題にならないかも知れないが、複数の艦が陣形を組んで行動することが前提の軍艦では話が違う。しかも、船体の汚れや付着物、吃水の違い（燃料や弾薬を消費すればフネは軽くなるので、吃水が減る）といった要因も速度に影響する。

そこで、速力の微調整が必要になる。その際に使うキーワードが「赤」と「黒」だ。これはスクリューの回転数（rpm、つまり分単位の回転数）を微妙に下げたり上げたりする指示で、「赤」は「回転を落とせ」、「黒」は「回転を上げろ」という意味になる。スクリュー回転数150rpmで航行していた場合、「赤10」なら10回転ダウンだから140rpmに落とす。「黒20」なら170rpmに上げるというわけだ。

ただいまの操艦者名知らせ！

そこで単縦陣※4を組んで航行しているうちの2番艦を想定してみよう。1番艦が「単縦陣、針路090（東）、速力12kt（つまり原速）」と指示してきたら、2番艦はそれに合わせて1番艦の後に付く

※3　測程儀
艦船で使用する航法機器のひとつで、対水速力と航行距離の情報を得られる。出発点からの針路と航程に基づいて現在位置を推測する、推測航法には不可欠の道具

※4　単縦陣
艦艇の陣形のうち、すべてのフネを縦一列に並べるもの

ことになる。海上自衛隊の場合、標準的な間隔は５００ヤード（約４５０ｍ）だそうだ。

そのとき、1番艦との距離を携帯測距儀で測る海士がいる。そして操艦者は、「近づきまあす」と報告が来たら「赤」、「離れまあす」と報告が来たら「黒」の指示を出す。

ところが、これが簡単ではない。フネの操舵や速力変換は、最初はなかなか反応しないが、いったん反応し始めると今度は止めるのが難しい。クルマみたいに「キュッと曲がってキュッと止める」とは行かない。

だから、「近づきまあす」に対して「赤20」と指示したら、今度は速度が落ちすぎて「離れまあす」となり、今度は「黒10」なんていうことになりかねない。そうやって速度を上げたり下げたりしていると、当然ながら1番艦との間隔は接近したり離れたりしてみっともない。

近付きすぎて、それでも行き脚が落ちないときには、ぶつけるわけにはいかないから、面舵[※5]か取舵[※6]をとって単縦陣の列外に出ざるを得ない。すると1番艦から「ただいまの操艦者名知らせ！」とお叱りの信号が飛んでくる（かもしれない）。

司令からお叱りが来なくても、あまり下手な操艦ばかりしていると、乗組員から「山船頭」と綽名をつけられる可能性もある。

速力通信機（テレグラフ）

ここまでは艦橋での話である。しかし実際に機関を動作させるのは機関操縦室という区画で、艦橋からは離れた場所にある。だから、艦橋から機関操縦室に対して、速力や「赤」「黒」の指示を伝達する手段が必要になる。

それが速力通信機（テレグラフ）だ。かつてはレバーを動かして任意の速力の欄に指針を合わせることで信号を伝えていたが、最近の護衛艦はボタン式が多い。たとえば、艦橋で「前進原速」のボタンを

※5　面舵
右に曲がるように舵を取ること

※6　取舵
左に曲がるように舵を取ること

押すと、機関操縦室の速力通信機盤では「前進原速」のランプが点灯するので、それに合わせて機関を操作して、適切なスクリュー回転数に持っていく。「赤黒」の指示も同じで、速力通信機の指示に合わせて機関操縦室で機関を微調整する。ちなみに、どうしてこんな回りくどいことをするのかというと、昔の蒸気タービン機関では、構造上、艦橋から直接操作できなかったからだ。そこで「指示を出す場所」と「指示を受けて実際に制御する場所」が分けられ、それをずっと引き継いでいる。しかし、ガスタービン主機やディーゼル主機なら、艦橋の操舵手席にレバーをつけて直接制御させることもできるし、実際、そういう艦もある。

「あたご」の艦橋。舵輪左手に見える速力通信機がボタン式となっている。一般公開時には不用意に触ったりしないように透明なカバーがかけられていた（写真／柿谷哲也）

「あたご」の機関操縦室。エンジンの回転数を制御する機能と、エンジンの動作状態を監視するための計器類をひとまとめにしてある。同じ部位の同じ意味でも、メーカーによって用語が異なることがあるという（写真／柿谷哲也）

速力信号標・回転信号標・速力信号灯

「軍艦は複数で陣形を組んで行動するのが基本」と書いた。では、速力の指示を僚艦にどうやって伝達するか。無線を使えば簡単だが、敵に傍受されないように無線の使用を控えなければならない場面もあるので、なにか別の手が必要だ。

そこで海上自衛隊では帝国海軍から引き継いだ独特のアイテムとして、「速力信号標（速力マーク）」と「回転信号標」を使っている。

速力信号標は、赤い網でできた籠みたいな形をしている。これを左右両舷の掲揚索※7にひとつずつ取り付けてあり、艦橋後部の旗甲板から上げ下げする。籠が上向きなら前進、下向きなら後進。さらに左右の籠の位置の組み合わせによって、前述した速度の指示を出すことができる。設置場所の関係で「どこからでも見える」とはいかず、基本的には後に続行する艦に対して速力を示すものだ。

では、回転信号標は何をするものか。こちらは例の「赤」「黒」の指示を出すためのもので、速力信号標と一緒に、右舷側には黒標（つまり回転アップ）、左舷側には赤標（つまり回転ダウン）を2枚ずつ用意してある。2枚の位置の組み合わせにより、5刻みで0〜40の範囲の指示を出せる。

ところが、速力信号標にしろ回転信号標にしろ、目視できる日中でなければ使えない。そこで夜間は速力信号灯を使う。これは艦橋に設置したスイッチで点灯あるいは点滅させる灯火で、ヤード※8に青灯と赤灯が設置してある。青は前進、赤は後進の指示を意味しており、点灯パターンによって速力の区別をつけることができる。

速力信号燈の点灯パターン例

点灯パターン	意味
赤 点灯	停止 0kt
青1回点滅	微速 6kt
青2回点滅	半速 9kt
青3回点滅	原速 12kt
青4回点滅	強速 15kt
青 長点灯＋1回点滅	第一戦速 18kt
青 長点灯＋2回点滅	第二戦速 21kt
青 長点灯＋3回点滅	第三戦速 24kt
青 長点灯＋4回点滅	第四戦速 27kt
青 点灯	最大戦速

※7 掲揚索
国際信号旗などの旗を取り付けて、上げ下げするためのワイヤー

※8 ヤード
もともとは帆桁のことだが、現代の艦艇では、マストから左右に張り出した部材を意味する。アンテナの設置や、旗旒信号のための索の取り付けに用いる

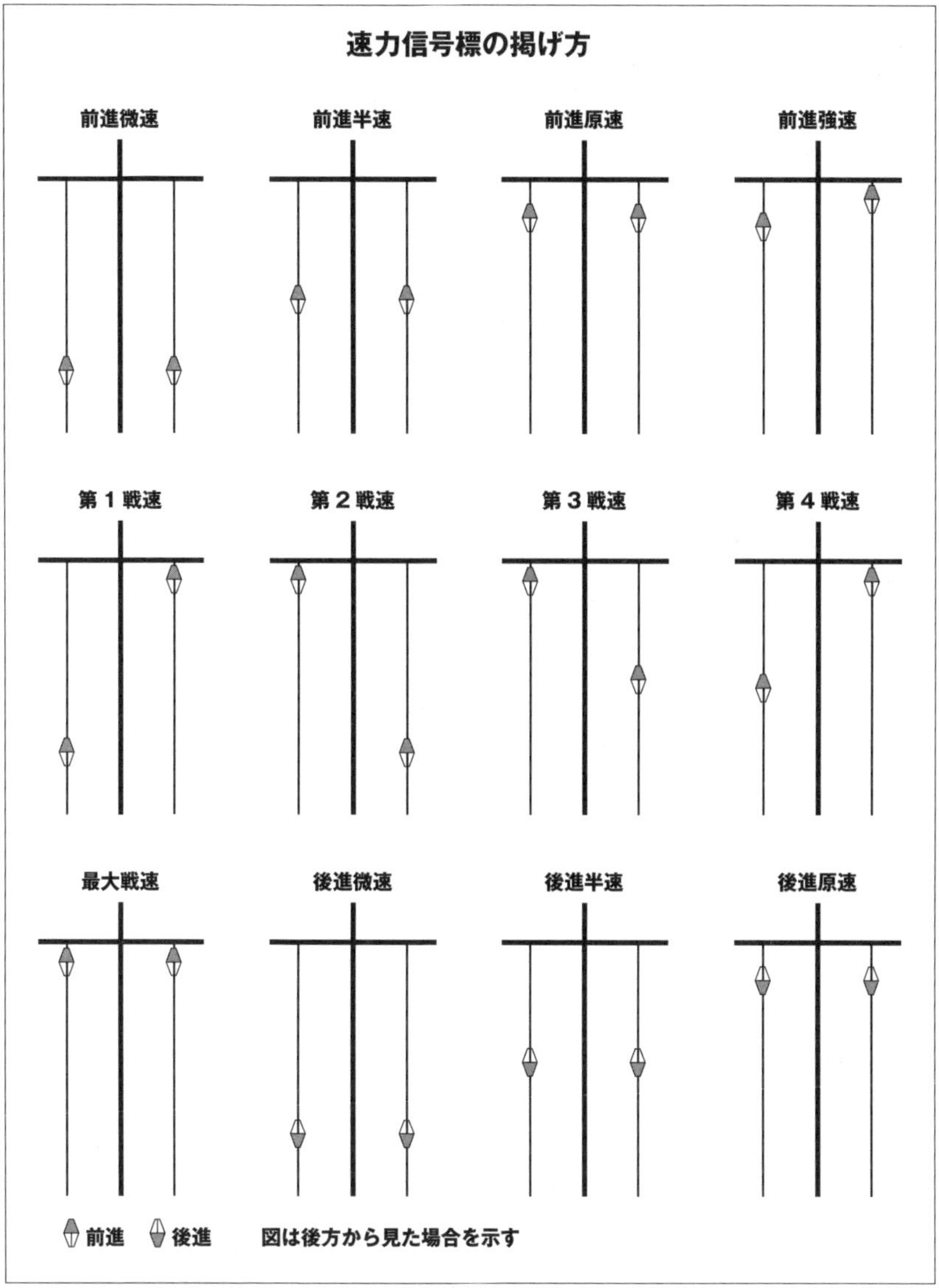
速力信号標の掲げ方
前進微速
前進半速
前進原速
前進強速
第１戦速
第２戦速
第３戦速
第４戦速
最大戦速
後進微速
後進半速
後進原速
前進
後進
図は後方から見た場合を示す

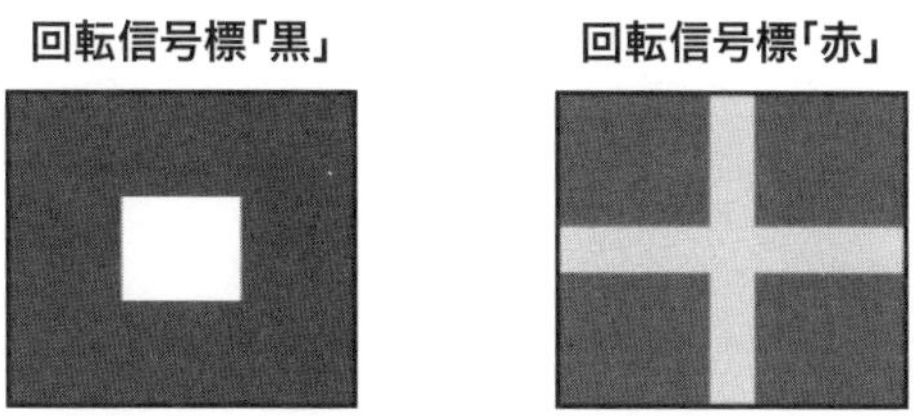
回転信号標「黒」
回転信号標「赤」

かように軍艦の速力の表し方はなかなか難しい。だが、速力信号標や回転信号標の意味を知っていると、艦がどのような意図のもとに隊列を組んでいるのか分かるようになるだろう。

「はたかぜ」の速力信号標。赤いフレームの中に網でできた籠を入れたような形をしている。その脇には回転信号標「赤」が見える（写真／Jシップス）

「いずも」のマスト背面にある速力信号灯。3つ並んだ灯火のうち、左舷側が赤灯、右舷側が青灯になっている（写真／Jシップス）

第15回 錨と錨甲板の諸設備

軍艦に限らず、船を象徴するアイテムといえば「錨」（anchor）だ。海軍に限らず、錨のモチーフは定番中の定番といえよう。しかしこの錨、意外にバリエーション豊富なのである。

錨の構造

船が岸壁や桟橋に横付けするときには、ロープで艦を陸上につなぎ止める、いわゆる繋留（係留とも書く。英語ではmoore）を行うことで艦を動かないように固定する。しかし、陸地から離れた洋上に碇泊※1する場合には、別の固定手段が必要だ。そこで錨が登場する。錨を降ろして碇泊することを錨泊（anchorage）という。錨泊を行う場所、つまり錨地も〝anchorage〟という。

もちろん、大型艦になるほど、大きな錨と長くて重い錨鎖（anchor chain）を必要とする。たまたまデータがあったので数字を出すと、イギリスで建造中の空母「クイーン・エリザベス」※2は重さ13ｔの錨を備えており、錨鎖は全長１３００フィート（３９６ｍ）、重量90ｔだそうだ。

錨は通常、艦首両舷に1個ずつ、合計2個を備える。ただし、艦首下部にバウソナーのドームが突き出ている水上戦闘艦では、それを避けるために違う配置になる。通常、左舷あるいは右舷の先端近くに1個、それと艦首先端に1個となる。

米海軍の艦を例にとると、タイコンデロガ級は右舷と艦首、アーレイ・バーク級は左舷と艦首の組み合わせだ。海自の護衛艦は左舷と艦首の組み合わせが多い。海自でもはつゆき型やあさぎり型は両舷に

※2
空母「クイーン・エリザベス」
英海軍がインヴィンシブル級の後継として2隻を建造した空母。航空機の搭載・運用能力を強化したため、英海軍史上最大の大型艦になった。F-35Bの搭載が前提

※1　**碇泊**
艦船が錨を降ろして、ひとつところにとどまること。停泊と書くこともある。桟橋や岸壁には接岸しない。いわゆる沖止めにおける形態のひとつ

錨を設けた一般的な配置だが、これは同級がバウソナーを持たず、船底設置のハルソナーを使っているからだ。

錨の形にはさまざまな種類がある。分かりやすいのは、左右にストックと呼ばれる棒が突き出て、その先端にアンカーヘッド（錨爪）を設けたストックアンカー。しかし自衛艦でよく見かけるのは、下部のクラウン（錨冠）から上に向けてアームが突き出たAC‐14型ストックレスアンカーだ。

小型艦だと軽くできる利点を買ったのか、左右に棒状のストックが突き出て、その上にアームが突き出たダンフォースアンカーを使うこともある。アーレイ・バーク級は、艦首にAC‐14アンカー、左舷側にそれより小型のダンフォースアンカーを備えている。

なお、錨の中央に配置して錨鎖につながる部材はシャンク（錨幹）という。

護衛艦「てるづき」の典型的なAC-14ストックレスアンカー。アドミラルティー型とも呼ばれ、現在の護衛艦の主錨はすべてこのタイプ。古い護衛艦はホールス型と呼ばれるバルドーアンカーを使っていたようだ（写真／Jシップス）

インド海軍の補給艦「シャクティ」の主錨。見慣れない形だが、プール型ストックレスアンカーだろうか？（写真／筆者）

掃海艇「はつしま」は、ダンフォースアンカーを備える。海自の小型艦はこのタイプが多い（写真／Jシップス）

揚錨機と錨鎖庫

錨鎖は船体の側面、あるいは艦首に設けられたホース・パイプを通って、いったん上甲板最前部の錨甲板に引き上げられる。そこに錨鎖の巻き上げを担当する揚錨機（windlass）などの設備があり、そこから今度は錨鎖管（chain pipe）を通って艦内の錨鎖庫（chain locker）に通じる。

錨を上げた状態では、錨鎖は錨鎖庫に納まっており、錨甲板に設置した金具で固定してある。揚錨機には回転する錨鎖車が付いていて、その下部に錨鎖に合わせた形の凹みを側面に設けた巻胴部がある。これを電気モーターや油圧モーターで回すと、錨鎖が引き上げられる。

揚錨機を初めとする突出物が多く、しかも太い錨鎖が這い回っているため、錨甲板ではうっかりつまづいて転んだりすれば怪我をしかねない。だから一般公開のときには立入禁止になる（それがマニア層から錨甲板が注目されない一因かも知れない）。

軍艦の場合、揚錨機は縦軸のキャプスタン型を使用するのが一般的だ。円筒形の揚錨機が錨甲板に突き出していて、錨鎖がそれを取り巻いている。一方、商船では横軸型の揚錨機を使うのが一般的だ。これをウィンドラス型というが、縦軸・横軸に関係なく揚錨機を一括して「ウィンドラス」と呼ぶ場合もある。

錨の上げ下げ

錨を海底に投入する操作を投錨（anchoring）という。他の艦船の通航を阻害しない場所で、個々の艦ごとに錨泊場所を指定する。そこに微速で接近して錨を降ろし、錨鎖を繰り出す。

錨はそれ自身の重みがあるから、揚錨機のロックを外して錨鎖車が自由に回転できる状態にしておいて、固定用金物をハンマーで叩いて外せば勝手に落下する。そして、揚錨機に取り付けたブレーキ、あるいは錨鎖管が錨甲板に出てくる場所に設けた抑鎖器を使って錨鎖の動きを止める。

このとき、バウソナーを持つ護衛艦は前進投錨すると錨鎖をソナー・ドームにぶつけて壊してしまうので、いったん錨泊場所を行き過ぎてから、後進で投錨する。商船でも、小型のフネでなければ後進投錨が一般的だという。

一方、投入した錨を引き上げる操作のことを揚錨あるいは抜錨という。こちらは巻胴部と錨鎖車を接続して、艦内にある電気モーターや油圧モーターを使って錨鎖車を回すことで錨鎖が引き上げられる。引き上げた錨鎖には海底の泥が付着しており、そのまま収容すると錨鎖庫がドロドロになってしまうので、揚錨は錨鎖を水で洗い流しつつ行う。

錨の働きと把駐力

錨を降ろすと、アームやストックが海底に食い込む。それによって発揮する抵抗力が錨泊の際に艦を動かないようにする——のではない。実は艦の動きを止めるのは、錨そのものよりも、むしろ錨と艦を結ぶ錨鎖の方だ。錨と錨鎖の両方が海底に接したり食い込んだりすることで、抵抗力を発生する。その抵抗力を把駐力と呼ぶ。

帝国海軍の教本では、繰り出す錨鎖の長さは通常時で水深の3倍に90を足した数、荒天時には水深の4倍に145を足した数、と定めていた。たとえば水深25mなら、通常時は25×3＋90＝165m、荒天時は25×4＋145＝245mだ。前者の場合、165mから水深の分を差し引いた140m（実際には、さらに海面から甲板までの高さも差し引かれることになるが）ぐらいの錨鎖が、海底に横たわることになる。錨鎖のサイズは事前に分かっているから、投錨時に錨鎖を何連だけ繰り出したか数えていれば、繰り出した錨鎖の長さを計算できる。

イージス護衛艦「あたご」の錨甲板。手前に2個突き出しているのが揚錨機。右側の錨に対応するホース・パイプは、舷側ではなく艦首に向かう（写真／Jシップス）

普通、錨は艦首から降ろすが、荒天時にはそれだけだと艦が振られて錨の位置を中心にして回ってしまう可能性があるので、艦尾から副錨を降ろすこともある。こうすると前後2ヶ所で艦を固定するので、安定性が向上する。また、艦首で複数の錨を降ろすこともある。どういった場面でどういう風に錨を使うかは、過去の経験に基づいて決める。

錨や錨鎖の把駐力でも対抗しきれないぐらいに海が荒れると、いわゆる走錨が発生して、波に艦が押し流されてしまう。いったん走錨が始まると、錨の姿勢はなかなか元に戻らないので艦を止めるのは難しいし、引きずられて暴れている錨鎖を巻き上げるのも難しい。青函連絡船「洞爺丸」の遭難でも、走錨が発生して収拾がつかなくなった後で座礁・転覆した。

第16回 繫留用機材

前回述べた、錨を打って行う碇泊を「錨泊」という。続いて、岸壁に横付けする「繫留」を取り上げてみよう。「けいりゅう」と読み、係留と書くこともある。

ボラード（係船柱）

岸壁に繫留する際には、艦を索（いわゆる舫綱）で岸壁に固定する。といっても、索をくくりつける場所がなければ固定できないから、艦の上甲板と岸壁のそれぞれに、ボラード（bollard）、あるいは係柱（けいちゅう）、係船柱・繫船柱（けいせんちゅう）と呼ばれる太い棒を設けている。艦の方は2本で1組だが、その理由は後述する。

艦上のボラードは1ヶ所ではなく、両舷にそれぞれ複数の用意がある。そのボラードと索を使って複数箇所で固定するのだが、「前もやい」「後もやい」「横

繫留中の護衛艦「あたご」と「みょうこう」。複数の索で艦を岸壁のボラードに結びつけている（写真／筆者）

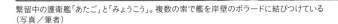

もやい」「斜めもやい」といった具合に、もやう際には複数の形態の中から適切なものを選択する。

艦を接岸しても、岸壁にボラードがなければ繋留できないため、ボラードの配置や艦のサイズを考慮しながら繋留場所を決める必要がある。一般的な方法は岸壁と平行に艦を繋留する方法だが、ときには斜めにすることもある。

繋留の手順

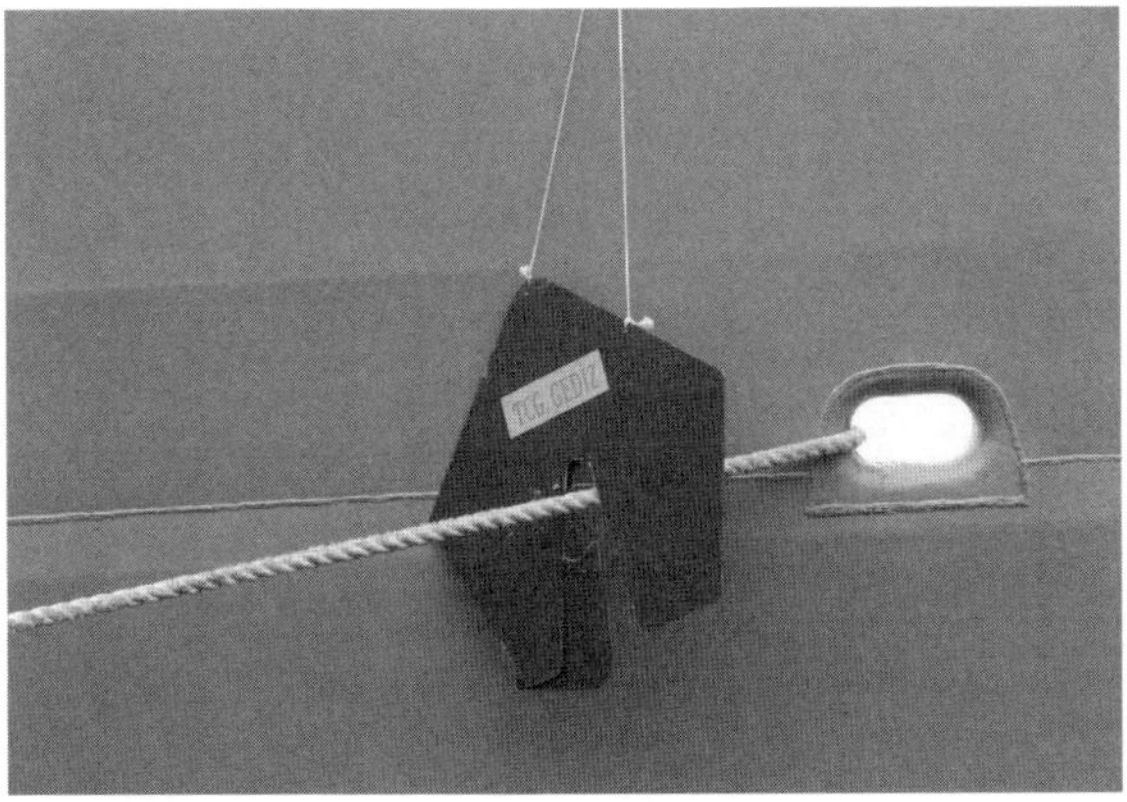

トルコ海軍のフリゲート「ゲディズ」が使っていたネズミ返し。たいてい、艦名入りのネズミ返しを常備しているようだ（写真／筆者）

繋留の際には、まず艦を岸壁に寄せていく。岸壁に接近したところで、艦が岸壁に接触して傷つくことがないように、艦と岸壁の間にクッションとなる防舷材（ぼうげんざい）を入れる。ゴムの塊、あるいはゴムなどで作った大きな風船状のタイプが一般的だ。

岸壁に防舷材を固定設置してある場合もあるが、必ずあるとは限らない。また、後述する串刺し繋留（目刺し繋留ともいう）が行われることもあるので、艦のサイズに合わせた防舷材を別途、用意している。

そして、艦から岸壁に向けて索を投げるのだが、索の端は輪になっており、岸壁の側ではそれをボラードにひっかける。続いて、艦の側で人力、あるいは機械を使って索を巻き上げていく。

索が完全に緊張したら、艦の側の索を、2本のボラードを使って交差するように巻き付けて固定する。このため、艦側のボラードは2本1組にする必要があるわけだ。

もちろん、艦をどのように岸壁に寄せるかによって、もやいをとる場所は変わる。動かないようにガッチリ固定するため、艦側のボラードと岸壁のボラードを単に最短距離で結ぶのではなく、斜めに長い索を渡して固定する場面も出てくる。なお、余った索は邪魔にならないように巻いて甲板の上に置いておくのだが、ただ巻くのではなく、手の込んだ巻き方を見せてくれる艦もある。

艦のサイズや形状によって、船体の動きやすさは違う。たとえば、大型艦の方が風圧側面積が大きい分だけ、風に押し流されやすい。そういう事情があるため、船体横向き抵抗を事前に計算しておいて、それに合わせて索の太さや長さ、舫をとる場所を決定する。

繋留の際には、不可欠なアイテムがもうひとつある。索を通って陸上から招かれざる客が艦内に闖入してこないように、ネズミ返しを設置するのだ。ただの板を使っていることもあれば、艦名や紋章を描き込んだネズミ返しを用意していることもある。国や艦によって意外とバラエティがあるので、注目してみたいアイテムだ。

さまざまな繋船用器具

前述したように、ガッチリ固定するためにわざと斜めに索を張ることがあるが、そうすると、船体の角などで索が擦れてしまう可能性がある。せっかく索を張って艦を固定しても、その索が傷んで切れてしまったのでは意味がない。また、艦から岸壁に向けて繰り出した索が通る場所は、キチンと規制しておく必要がある。

そこで登場するのがフェアリーダー（fairleader）とデッキ・ローラー（deck roller）。いずれも、索が通るための案内金具で、甲板の縁に設置する。

フェアリーダーは丸い穴が開いた金具で、その穴に索を通す。もちろん、索が接する側は丸めてあり、索が擦れないようになっている。

デッキ・ローラーは、2個向かい合わせたΓ字型の金具、あるいは∩型の金具と、索が接する側に設けたローラーの組み合わせで構成する。ローラーがあるから、索が擦れて傷むことはない。

このほか、索を巻き取るためのリールがある。ただのリールではなく、勝手に索が繰り出されないようにブレーキが付いている。昔は露天甲板に設けていたが、そうすると索が風雨にさらされて傷むので、今は艦内にリールを設けて、そこから上甲板に索を繰り出す方式が一般的になった。

艦を繋留する際に使用するボラードとは別に、内火艇を係止しておくとか、舷外に防舷物を吊るとかいった場面で索を固定するために、突起を設けることがある。これには、丸棒が生えているビット（bitt）と、T字型の金具が生えているクリート（cleat）がある。なお、2本でペアになっているものをボラード、1本だけで構成するものをビット、とする説もある。

表に出ない繋留装置

潜水艦にとって最大の悪は「音を出すこと」である。だから騒音を出さないようにするためにさまざまな工夫がな

掃海艇「えのしま」の二つ並んだボラードに索が巻き付けられ、そこから伸びた索がフェアリーダーを通り、岸壁のボラードにつながっている。余った索のまとめ方が見事だ（写真／筆者）

されているが、それは繋留機材も例外ではない。水上艦なら上甲板に露出しているボラードやフェアリーダーも、潜水艦では余計な突起を作らないために格納式になっている。

どういう仕組みかというと、ボラードやフェアリーダーを取り付けた板材に回転軸が付いていて、出航して用無しになったらクルンと回転して収納する。すると表面は平滑になるというわけだ。もちろん、舫綱も専用の倉庫に格納してしまう。

もうひとつ、表から見えないところに繋留装置があるのが、ひゅうが型やいずも型みたいな空母型の

護衛艦「いせ」の索を巻き取るリール。最上甲板である飛行甲板から一層下に備え付けられている(写真／筆者)

護衛艦「いずも」のような空母型の艦は、最上甲板を飛行甲板に明け渡し、繋留装置は下のレベルに収納している。開口部ごとにデッキ・ローラーを設置してあるようだ(写真／筆者)

潜水艦「うんりゅう」のクリート。潜水艦は外形を滑らかにして騒音を抑えるため、繋留装置を回転式の板に取り付けてあり、使わないときは回転させて収容する(写真／筆者)

試験艦「あすか」と護衛艦「やまゆき」、補給艦「ときわ」の串刺し繋留。3隻の間に防舷材を挟んでいる様子や、索が3隻をつないでいる様子が見てとれる（写真／筆者）

艦。上甲板は最前部まで飛行甲板になっているから、そこに繋留装置や錨甲板を設けるわけにはいかない。そこで上甲板より下の船体内部に繋留装置や錨甲板を設けて、繋留時に使用する索は側面の扉を開いて繰り出すようになっている。開口部が狭いから、岸壁に索を繰り出す作業は難しそうだ。

串刺し繋留とブイ繋留

海上自衛隊では日常的な光景だが、岸壁の数がフネの数と比べて少ない場合、串刺し繋留が行われる。つまり、岸壁に繋留した艦の外側に、さらに別の艦を横付けして繋留する。場合によってはさらにその外側に別のフネが加わり、3隻で目刺しになることもある。

もちろん、2隻目、3隻目の艦は岸壁のボラードにはアクセスしづらいから、舫をとる相手は岸壁のボラードではなく、隣接する僚艦のボラードになる。

また、錨泊でもなければ、岸壁での繋留でもない形態として、ブイ繋留がある。ブイ（buoy）とは海上に設けてある浮標だが、単にプカプカ浮いているのではなく、海底に固定してある。標識としてブイを設けるケースが多いが、艦をブイにつないで繋留する場合もある。

そのブイ繋留を行う場合、相手は1ヶ所しかないから、岸壁に繋留するときみたいに、複数の索を使ってつなぐわけにはいかない。そこで艦首から錨鎖を繰り出して、それをブイに接続する。つまり錨泊で錨を打つ代わりに、錨鎖をつないだブイが錨の代わりを務めるわけだ。帝国海軍では、隣の僚艦に転勤することを「ブイ・ツー・ブイ」といったそうだが、これはブイ係留に語源があるのではないだろうか。

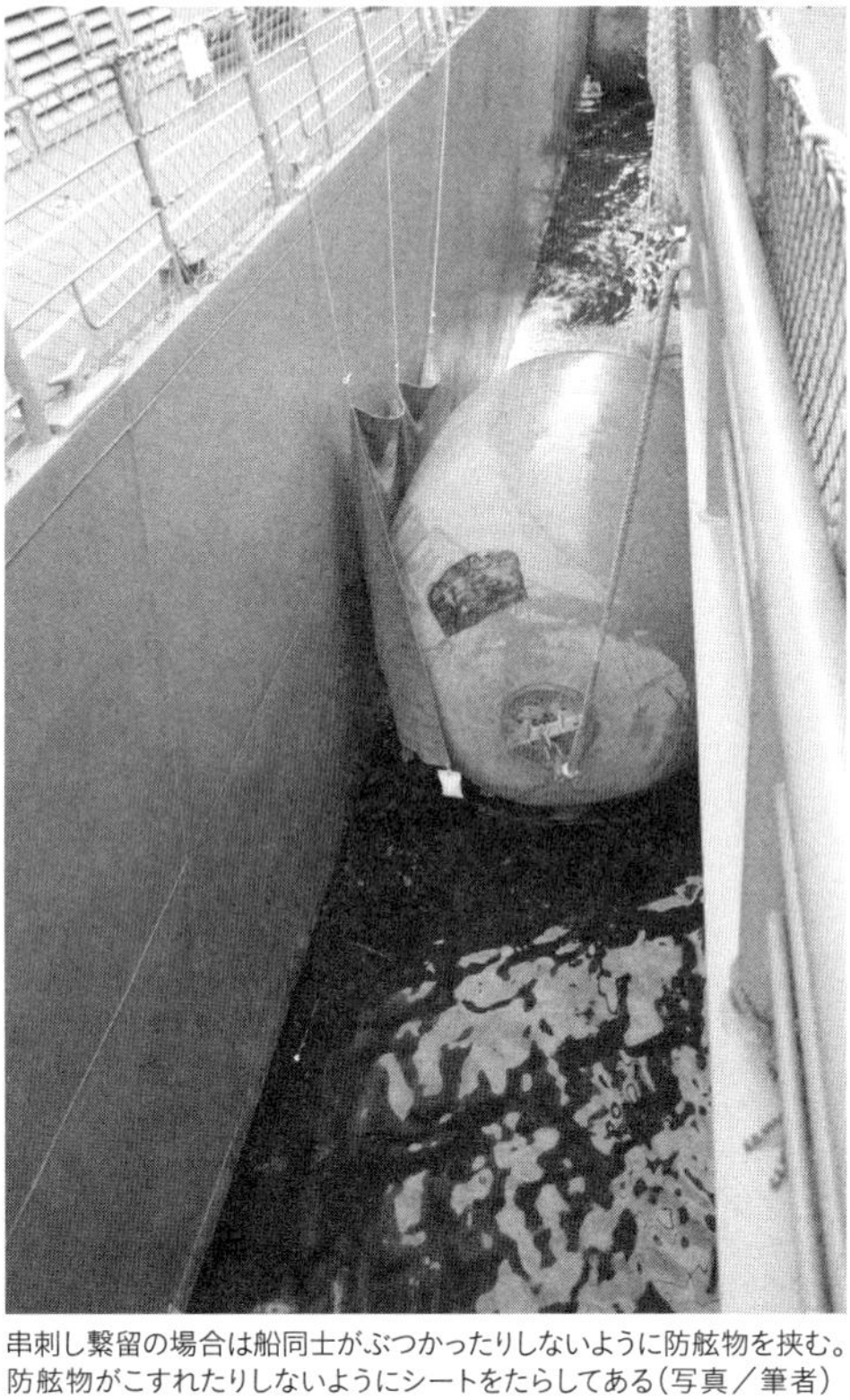

串刺し繋留の場合は船同士がぶつかったりしないように防舷物を挟む。防舷物がこすれたりしないようにシートをたらしてある（写真／筆者）

第3章●艦艇の搭載兵器

第17回 艦艇の武器

武器の搭載方法

軍艦は「いくさブネ」であるから武器を搭載しなければ仕事にならない。しかし漫然と搭載すればよいというものでもない。どこに何をどう積むかが問題だ。

射界の確保と背負式配置

昔の軍艦なら、砲熕兵器（ほうこうへいき／大砲・機関砲・機関銃の類）と爆雷投射器や魚雷発射管ぐらいだったが、現代の軍艦が搭載する兵装ははるかに多様化している。ミサイル発射機ひとつとっても、種類もサイズもいろいろだ。ただ、ミサイルであれ砲弾であれ、なにかを撃ち出すところは共通している。ということは、撃ち出す際に妨げになるようなものがあっては困るのだ。いわゆる「射界の確保」という課題である。

たとえば、砲を複数並べる場合を考えてみよう。舷側に武器を並べれば、少なくとも障害物はない。帆船時代の軍艦に始まり、第一次世界大戦の後ぐらいまでは、舷側に砲を直接、あるいはそれぞれ独立した砲塔に格納して並べる艦が多かった。後者を砲廓式（casemate）といい、横須賀の「三笠」で現物を見ることができる。

横須賀に保存されている「三笠」。写真左手に突き出しているのがケースメート式の副砲。埋め込み式の砲塔だ（写真／Jシップス）

「はたかぜ」の艦首単装ミサイルランチャー。奥に見える5インチ砲は射界を確保するため、背負い式に一段高く装備されている（写真／Jシップス）

日本海軍の重巡洋艦「鳥海」。艦橋前には主砲が3基並んでいる。2番砲塔だけが背負式で一段高くなっているのが分かる（写真／US Navy）

しかしこれでは片舷にしか撃てないので、両舷に砲を用意しないといけないし、大口径化の妨げにもなりそうだ。そこで、中心線上に旋回砲塔を並べる方式が主流になった。すると砲塔が前後に並ぶので、艦首方向・艦尾方向に撃つ際に自艦の砲塔が邪魔になる。

そこで、砲塔の設置高さを変えて段違いにする、いわゆる背負式配置ができた。ただし、これができるのは2基までだ。日本海軍には高雄型※1や利根型※2など、前甲板に3～4基の砲塔を並べた巡洋艦がいくつもあったが、その砲塔すべてを背負式にすると高さが上がりすぎる。そこで2番砲塔だけ高くして、3番砲塔以降は上甲板レベルに戻した。当然、3番砲塔以降は前方向きの射界が制限されるがやむを得ない。砲戦の際には側方に向けて撃つのが普通だが、戦術状況次第では前後に向けて撃つこともあるので、悩ましいところである。

その辺の事情はミサイル時代の現代も変わらない。背負式配置にして射界を確保している艦があるかと思えば、複数の兵装を同一レベルに並べて射界の制限を甘受している艦もある。

その点、ミサイル用の垂直発射システム（VLS：Vertical Launch System）※3は、頭上が開けていれば使えるので便利だ。むらさめ型護衛艦のように、煙突と上構の間にVLSを設置している例すらある。その代わり、撃ったミサイルが迅速に方向転換

※1　高雄型
日本海軍の重巡洋艦で、4隻が建造された。以前の重巡と比較すると重厚さを増した環境構造物に特徴があり、それ故に人気もある

※2　利根型
水上機の運用能力に重点を置いた日本海軍の重巡洋艦で、2隻が建造された。主砲を艦首に集約して、艦尾をすべて水上機の搭載・発進スペースに回した点が特徴

※3　垂直発射システム
ミサイル発射機を構成する形態のひとつで、縦向きに収めたミサイルを直接撃ち出すもの。弾庫がすなわち発射筒である。外部に露出する機器がないことから破壊されにくく、速射性もある。略してVLSともいう

タイコンデロガ級は艦首と艦尾に1基ずつ5インチ砲を装備。両砲とも広い射界を確保し、ミサイルはVLS化して射界の問題を解決している。ただし、それなりに高コスト化してしまうのはやむを得ない(写真／US Navy)

できるようにする必要が生じるため、RIM-162 ESSM（Evolved Seasparrow Missile）※4のように推力偏向装置を備えるミサイルが出てきた。

シングルエンダーとダブルエンダー

海自のDDGは、たちかぜ型まで艦尾にSAM※5発射機を積んでいたが、はたかぜ型は前甲板に積んだ。そのため「射撃指揮装置」ことミサイル誘導レーダーの配置も艦尾向きだったり艦首向きだったりと異なる。つまり、SAMでカバーできる範囲が艦によって違う。はたかぜ型はたちかぜ型※6とペアで行動し、前後の射界を確保するという意図もあった。

SAM発射機が1基だからそういうことになるが、米海軍のレイヒ級ミサイル巡洋艦※7はダブルエンダー、つまり前後にSAM発射機を搭載した。こうすれば全周をカバーできる。しかし、武器を積むためのスペースには限りがあるから、SAM発射機を増やせば他の面にしわ寄せがいく。

※4　RIM-162 ESSM
シースパローの後継として開発された、レイセオン・テクノロジーズ製の艦対空ミサイル。広域防空用ではないが、古い広域防空用SAMよりも射程は長い。最新のブロック2はアクティブ・レーダー誘導になる

※5　SAM
艦艇用語としては、艦対空ミサイルのこと。地対空ミサイルも同じSAMという

※6　たちかぜ型
「あまつかぜ」に続いて3隻が建造されたミサイル護衛艦。逐次改良が図られたが、艦対空ミサイル・システムはターターDで、同時多目標交戦能力は高くなかった

※7　レイヒ級
米海軍が9隻を建造した防空艦。当初はミサイル・フリゲートに分類されていたが、後に巡洋艦に改められた。テリアSAMの連装発射機を前後に搭載する。退役済み

レイヒ級の場合、ミサイル万能論の時代に造られたせいもあってか、艦載砲がなくなってしまった。次のベルナップ級は艦載砲を復活させたため、前甲板にSAM発射機、後甲板に砲塔を載せた。

しかし、原子力巡洋艦のカリフォルニア級※8とヴァージニア級※9、そしてイージス※10巡洋艦のタイコンデロガ級は、SAM発射機も艦載砲もダブルエンダー配置だ。重量とスペースが許せば、こういう贅沢（?）ができる。

ただし、原子力巡洋艦2クラスは艦載砲とSAM発射機が同一レベルで、しかも中心寄りに砲を配置したため、前後方向の砲の射界は制約された。タイコンデロガ級は砲を前後端に配置したため、こちらの方が砲の射界は広い。5番艦から垂直発射システム（VLS）化して発射機が突出しなくなったので、さらに余裕ができた。

艦内スペースの確保

たいていの武器はデッキの上だけでなく、船体や上構の内部でも場所をとる。だから、デッキの上と下の両方に所要のスペースを確保しなければ、武器を積むことはできない。

艦載砲の場合、砲塔（turret）の真下に円筒状の旋回部があり、そこに砲弾を並べたラックが組み込まれている。それが甲板2～3層分ぐらいのスペースを使う。

VLSの場合、弾庫すなわち発射機で、それが艦内に陣取ることになる。だから外から見ると何も見えないが、艦内はVLSが大きなスペースを食っている。

VLSではないミサイル発射機も、発射機の真下に弾庫を設けるので、やはり下部に甲板2～3層分ぐらいのスペースを必要とする。ミサイルは砲弾よりかさばるので、こちらの方が幅も高さも大きくなる傾向がある。そしてミサイルにしろ砲にしろ、下部の弾庫からミサイルや弾を送り出して、砲や発射機に装填するメカニズムも必要になる。

※10　イージス
米海軍が開発した艦載戦闘システム。ギリシア神話で女神アテナが持つ、アイギスという盾にちなんだ命名だが、AEGIS(Advanced Electronic Guidance and Instrumentation System)という意味の頭文字略語でもある

※9　ヴァージニア級
米海軍が4隻を建造した原子力推進の防空艦。ターター/スタンダードSAMの連装発射機を前後に搭載する。退役済み

※8　カリフォルニア級
米海軍が2隻を建造した原子力推進の防空艦。ターターSAMの単装発射機を前後に搭載する。退役済み

海自の護衛艦や米海軍の巡洋艦・駆逐艦の多くは、艦対艦ミサイルの発射筒を直接、架台の上に載せている。これなら艦内に食い込む問題は起こらないが、搭載できるミサイルの数は発射筒と架台の構造に制約される。数が少ない対艦ミサイルだからできる芸当だ。

と思ったら、台湾海軍にはスタンダードSAM※11を発射筒に入れて上甲板に載せた艦があった。やむにやまれぬこととはいえ、なんだか無理がある。

フラットとスポンソン

小口径の機関砲※12、あるいはファランクスCIWS（Close-In Weapon System）※13のように艦内に食い込まない兵装は、搭載場所に関する自由度が大きくなる。兵装の重量を支えられるだけの強度を持たせた張り出し（フラット〝flat〟という）を設けて、その上に載せれば済む。

たとえばはつゆき型護衛艦は、上構の両舷にフラットを設けてファランクスを載せている。イギリス海軍の42型ミサイル駆逐艦も、フォークラン

こんごう型の4連装SSM発射筒。現代の水上戦闘艦では、この単純なランチャーが主流だ（写真／Jシップス）

※11　スタンダードSAM
レイセオン・テクノロジーズ製の艦対空ミサイル。ブースター・ロケットの有無、誘導方式の違い、用途の違いから多様なモデルがある。SMはStandard　Missileの略

※12　機関砲
機関銃と同じ機能を持つ武器だが、もっと大口径。一般には20㎜以上のものを機関砲と呼ぶが、日本海軍では25㎜まで機銃と呼んでいた

※13　ファランクスCIWS
対艦ミサイルを迎え撃つために開発された武器で、航空機用の20ミリ・ガトリング機関砲を旋回俯仰が可能な砲架に載せて、捜索レーダーと射撃管制レーダーを組み合わせたもの。別名R2D2

ド紛争※14の戦訓を受けてファランクスを載せることになり、これまた上構の両舷にフラットを増設した。

空母型の艦だと、最上甲板はできるだけ飛行甲板として使いたいので、対空防御兵装などはその外側に、一段下げて設置することが多い。なぜ一段下げるのかというと、飛行甲板と同レベルに兵装が突出していると飛行作業の邪魔になるからだ。

そこで兵装を搭載するための張り出しが必要になるのだが、下方から支えを設けた頑丈な構造にするのが普通だ。これを「スポンソン」(sponson)というが、意味は「張り出し」だからそのまんまだ。

もちろん、兵装が大きく、重くなるほど、スポンソンも大掛かりになる。米海軍のフォレスタル級空母※15は竣工当初、前後の両舷に5インチ砲の単装砲塔を2基ずつ載せていた。艦載砲の砲塔は下部に弾庫スペースを必要とするから、大掛かりなスポンソンが側面に突出した。

後に5インチ砲を降ろしたときに、艦首側のスポンソンは撤去した。ところが、ファランクスCIWSを載せるために小型のスポンソンを改めて設置した事例まであるからややこしい。ちなみに艦尾側はというと、5インチ砲を降ろした跡地にシースパローSAM※16の発射機を載せたため、スポンソンはそのまま残った。

余談だが、空母型の艦で上甲板の一部を切り欠いて兵装設置スペースを設けた場合にも、スポンソンと呼ぶようである。これは身近な例でひゅうが型、いずも型が挙げられよう。

あさぎり型のCIWS。本型は「はつゆき」の発展型であるため、装備位置もほぼ同じ。艦橋トップを拡大するような形で両舷にフラットを設け装備している（写真／Jシップス）

※14　フォークランド紛争
南大西洋にある英領フォークランド紛争の領有をめぐり、イギリスとアルゼンチンの間で1982年4～6月に発生した戦争。アルゼンチン軍が上陸・占領したが、英軍に奪還された

※15　フォレスタル級空母
米海軍が初めて建造した「ジェット機時代の空母」であり、いわゆるスーパー・キャリアの一番手。甲板配置の改良や原子力化といった違いはあるが、ニミッツ級までつながる系譜の始祖にあたる

※16　シースパロー
スパローⅢ空対空ミサイルを転用して作られた、個艦防空用の艦対空ミサイル。セミアクティブ・レーダー誘導

第18回 艦載砲

今の艦載兵器の中心はミサイル（誘導弾）だが、かつての主役だった艦載砲も、依然としてなくなってはいない。ただし、その役割は移り変わってきている。

艦載砲の用途と構造

かつては艦載砲が唯一の武装であり、「主砲」※1「副砲」※2「高角砲」※3といった具合に、さまざまな口径のものを多数搭載していた。しかし現在は、対空・対艦はミサイルに任せて、限定的な対空戦と対水上戦、そして対地の交戦が艦載砲の主な仕事である。平時の警備任務では、警告射撃という大事な用途もある。

すると、大口径も数も必要なく、搭載数はせいぜい1～2門というところ。砲の口径（砲身の内径＝弾の外径。英語では〝caliber〟）も小さくなり、今は3インチ（76・2㎜）と5インチ（127㎜）が主流だ。ただし、イギリスでは4・5インチ（114㎜）、フランスでは100㎜、旧ソ連では130㎜、といったバラエティもある。いずれにしても、昔の高角砲程度のサイズである。

砲とは、装薬（charge）※4と呼ばれる火薬を爆発させたときに発生する燃焼ガスのエネルギーを使って、弾を撃ち出す武器である。そのための仕掛け一式が、細長い中空の筒の中に収まっていて、これを砲身（barrel）という。砲身の内側には、弾を回転させて弾道を安定させるための旋条（ライフリング rifling）が施されている。

※1　主砲
戦艦や巡洋艦が搭載する各種艦砲のうち、最大の口径を持つ、主として対艦交戦用の砲を指す言葉

※2　副砲
戦艦や巡洋艦が搭載する各種艦砲のうち、二番手の口径を持つ補助的用途の砲。主として対艦交戦用だが、対空用の高角砲を兼ねたケースもある

※3　高角砲
戦艦や巡洋艦が搭載する各種艦砲のうち、対空用の砲。口径は小さく、連続発射速度が速い。用途の関係から、高い仰角を持たせている点が特徴

※4　装薬
砲熕兵器で砲弾を撃ち出すために使用する火薬のこと。煙を発すると視界を妨げるため、無煙火薬が使われる

Mk.45 5インチ砲は日米の水上戦闘艦の標準的な砲になった感がある。アーレイ・バーク級フライトⅡA以降が装備するMod4は長砲身62口径となり、ステルスシールドを備えた。あたご型以降の海自護衛艦が装備するのも同型である（写真／US Navy）

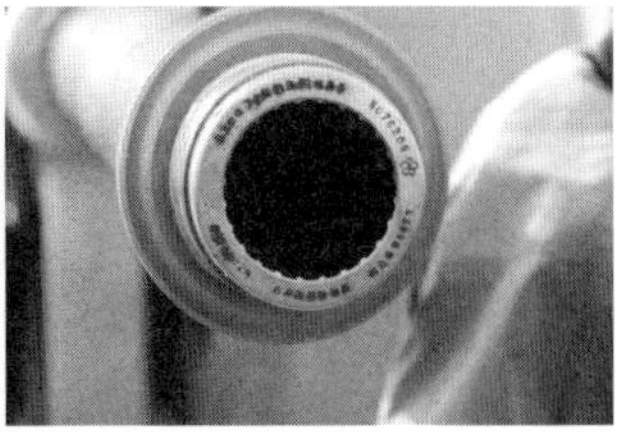

あさぎり型の装備する62口径76mm単装速射砲の砲口。弾を回転させ、弾道を安定させるためのライフリングが施されていることがよく分かる（写真／Jシップス）

こんごう型のOTOメララ54口径127mm単装速射砲。Mk.45より速射性が高く、対空性能に優れる。現場ではMk.45より本砲の継続的な使用を望む声もあった。砲塔基部支筒の頑丈そうな造りに注目（写真／Jシップス）

Mk.45 5インチ砲の砲尾。薬莢式の砲弾を使用するので鎖栓式。発砲すると砲身は写真左手に見えるレールに沿って後方へ反動で下がるが、駐退機がその反動を和らげ、復座機によって元の位置に戻る
（写真／US Navy）

あたご型の給弾室。砲塔直下にあたる。手前に見えるのが5インチ砲弾とその薬莢。演習弾だが、その大きさの目安になるだろう
（写真／Jシップス）

厳密にいうと、後端部にある装薬のためのスペースは薬室（chamber）という。砲弾は、砲弾と装薬が一体になっているものと、別々になっているものがある。

一体式は拳銃や自動小銃の弾と同じで、砲弾と、装薬を入れた薬莢（case）が一体になっており、それを装填すると薬莢が薬室の位置に来る。それに対して分離式は、まず砲弾を薬室の先に装填してから、装薬を薬室に装填する。大口径の砲になると、弾も装薬も大きく重くなるため、分離型が主流になる。

口径と砲身の長さの比率を示す言葉も、ややこしいことに口径（caliber）といい、基本的にはこの数字が大きい方が砲身が長く、弾速が速くなる傾向がある。海上自衛隊で使用している砲の場合、76・2㎜砲は62口径、127㎜砲は54口径と62口径がある。54口径127㎜砲であれば、略して「127㎜／54」と書く。

砲に弾や装薬を装填するため、後尾には開閉可能な尾栓が設けられており、装填が済んだら閉鎖する。その尾栓には2種類あり、弾の構造によって使い分ける。

まず、ネジ状の金属材を噛み合わせる隔螺式（かくらしき）があるが、厳密にいうとネジではない。ネジのように見える凸凹の部材は装薬が爆発したときの圧力に耐えるための構造で、薬室の側と尾栓の側と、交互に並ぶ形になっている。両者が互い違いになる位置で尾栓を閉めてから少し回転させると、凸凹の部材が噛み合って完全に閉鎖される。

それに対して、金属部材を単純にスライドさせるだけの鎖栓式（させんしき）もあるが、これは薬莢式の砲弾でなければ使用できない。薬莢式の砲弾では、装薬が爆発したときの圧力を薬莢が受け止めるので、尾栓は薬莢が外に飛び出してこないように押さえる機能があればよいのだ。

また、尾栓の後方には弾と薬莢を装填するための仕掛けが必要になる。手動装填なら、弾と薬莢を載せるトレイがあれば済むが、肉体的負担が大きい上に発射速度が上がらない。そこで今の艦載砲は、機械を用いて自動的に装填を行う。装填の際には砲身の俯仰角を所定の角度に戻す方式と、俯仰角に関係なく装填できる方式がある。大口径砲になると必然的に前者になるが、現在の艦載砲ではそのような大口径砲はない。

ＯＴＯメララの76㎜スーパー・ラピッド砲※5は、毎分１２０発の発射速度があるとされる。つまり、０・５秒ごとに「尾栓を開く↓薬莢式の砲弾を装填↓尾栓を閉める↓砲を目標に指向↓発砲」というサイクルを繰り返している。一般公開イベントで76㎜砲の弾をご覧になった方なら、「あの重い砲弾を、そんな速く装填するのか」と驚くのではないか。

砲架と砲塔

ゴロンと転がっている砲身に弾を込めるだけでは、狙った方向に指向して撃つことができない。第一、拳銃や自動小銃と違い、艦載砲の砲身は大きくて重いので、人が手に持って撃てる代物ではない。そこで、砲を支持するとともに、旋回・俯仰を可能にする、砲架という構造が必要になる。

まず、砲の両側面に回転軸（砲耳、trunnion）を取り付ける。それを砲架（carriage）に設けた軸受で支持すると、砲の俯仰が可能になる。砲架の構造と周囲のスペースによって俯仰可能な角度（俯仰角）の範囲は異なるが、対空用途を想定した砲は上空にいる敵機を撃てるように、仰角を大きく取るように設計する。このほか、砲を撃ったときに発生する反動（recoil）を吸収するため、駐退器（recoil brake）と呼ばれる部品がある。要するに一種のショック・アブソーバー※6である。

しかしこれだけでは旋回ができない。帆船時代の艦載砲は車輪付きの砲架を甲板に並べていたが、その後、旋回式の砲塔（turret）を用意して、そこに砲架を組み込むようになった。そして、旋回式の砲塔は円筒形の筒、つまり支筒で支えられている。

支筒には上から下に向けて砲塔の重量がかかるだけでなく、砲を撃ったときの反動が横方向にかかる。また、航行時に船体にかかる力が原因で船体が歪んだり曲がったり捻れたりしたときに、支筒が変形す

※5
76㎜スーパー・ラピッド砲
イタリアのOTOメララ（現レオナルド）が開発した76ミリ艦載砲の発射速度を、毎分80発から120発に引き上げたモデル

※6　ショック・アブソーバー
日本語では緩衝器。ピストンによって押された作動油が一方の区画から他方の区画に移動する際に小さな穴を通ることで、外部から加わる力を徐々に受け止める機能を発揮する

ると砲の旋回ができなくなる。だから、支筒は外部から加わる力に耐えられるだけの強度が必要で、かなり頑丈に作られている。護衛艦が搭載している砲の砲塔基部をのぞいてみると、周囲から補強材がとりついている様子が分かる。そこに上から、砲架と揚弾・給弾機構で構成する旋回部を一体にしたものを載せて、支筒が支えている。

そして、砲、砲架、揚弾・給弾機構などといった道具立て一式をカバーで覆うと、砲塔ができあがる。昔の戦艦は砲塔のカバーが装甲板になっていたが、今は軽量化のためにガラス繊維強化樹脂のカバーで済ませることがほとんどだ。

なお、砲塔を設置する場所は前甲板の中心線上が一般的で、もっとも広い射界を得られる。しかし、設置スペースの制約などから別の場所に設置せざるを得なくなり、射界が限られてしまうこともある。

弾庫と火薬庫

艦載砲というと想起するのは、外側に出ている砲塔と旋回部だが、実はその下に隠れているメカがある。弾火薬庫と揚弾筒である。

弾薬庫という言葉は陸上施設でも使われていてなじみ深いが、前述のように、艦載砲の弾には砲弾（shell）と装薬（charge）が別々になっているものもある。一体になった薬莢式なら弾薬庫だが、別々になっている場合、弾を収容する弾庫と装薬を収容する火薬庫は別々である。両者を総称して弾火薬庫という。

砲弾の炸薬（explosive）は、信管（fuze）を取り付けて、それが作動するまで起爆しない建前だが、装薬は話が違う。火薬庫に敵弾が飛び込んできて爆発したら、一緒に誘爆して大惨事となる。弾庫も火薬庫も主船体の内部に設けるのが普通で、昔の戦艦であれば、それを装甲板で囲んでガッチリ防禦していた。それでも、火薬庫に被弾して轟沈した艦はたくさんある。

弾庫にしまい込んである弾と、火薬庫にしまい込んである装薬は、揚弾筒または揚弾機と呼ばれる、一種のエレベーターを使って砲塔に上げる。それぞれ通り道は別々で、砲塔に上げたところで合流する。そして、弾に信管を取り付けて装填して、それに続いて装薬を装填する流れとなる。

しかし、今の艦載砲はたいていが薬莢式だから、弾を揚弾筒で砲塔に上げる作業と、信管を取り付ける作業だけで済む。OTOメララの76㎜砲などは砲塔直下の支筒に、ぐるりと即応弾をあらかじめ装填しておくことで高い連射性能を実現している。ただしこれを打ち尽くすと、昔ながらの人力で装填しなおさなければならない。

アーレイ・バーク級の弾薬庫。ぎっしりと弾薬が収められ、必要な弾数を即応弾として揚弾筒周りに運び込んで使用する（写真／US Navy）

OTOメララ62口径3インチ砲は砲弾が一体となっており、砲塔直下に用意されているマガジンに即応弾を装填しておくことで、毎分120発もの速射性能を実現している（写真／US Navy）

第19回 艦載砲の射撃管制

前回は艦載砲の構造について取り上げたが、艦載砲を撃つためには射撃管制が必要だ。艦載砲は、撃った後は弾まかせだから、最初に正しく狙いをつけないと命中しない。

目標を狙って撃っても当たらない

自分が止まっている状態で、止まっている目標を撃つのであれば、目標を照準器で狙って撃てば命中する。もちろん、飛距離が長くなると弾は真っ直ぐ飛ばず、徐々に落下してくるので、それを計算に入れなければならない。

ところが、艦載砲の射撃は事情がだいぶ違う。少なくとも砲を搭載している艦の方は走りながら撃つのが普通だし、艦同士の撃ち合いなら相手も走っている。撃った弾が目標のところまで到達するには若干の時間を要するから、その間に目標は先に進んでしまう。

したがって、照準器で目標を狙って撃っても当たらない。目標の針路と速力を読んで、着弾するタイミングで目標がいるはずの未来位置を計算して、そこに弾を撃ち込まなければならない。しかも、自艦も走りながら撃つわけだから、それも計算に入れない

世界最大の戦艦大和型は、世界最大の15.5m測距儀を艦橋頂部に装備していた。基線長が長ければ正確な測距が可能となるが、もちろんその分だけ大型化する（写真／US Navy）

といけない。

では、具体的にどのような手順を踏むか。まず、敵艦を発見したら捕捉・追尾する。昔は測距儀（range finder）という光学機器を使い、自艦からの方位と距離を測定した。測距儀で敵艦を捕捉・追尾し続けると、方位と距離の変化を連続的に把握できる。レーダーがあれば、その作業がもっと簡単になるし、昼夜・天候を問わない利点もある。

自艦の針路と速力、それと自艦から敵艦を見たときの方位と距離のデータがあれば、自艦と敵艦の幾何学的な位置関係が分かる。それに基づいて、的針（標的となる敵艦の針路）と的速（標的となる敵艦の速力）を割り出すことで、敵艦の未来位置を計算できる。その作業を行うために、昔は射撃盤（fire control table）という機械式計算機を使っていた。今なら射撃管制コンピュータで同じことができる。

護衛艦たかなみ型の装備する射撃指揮装置FCS-2。目標を追尾するレーダーと光学照準器を組み合わせた現代の方位盤で、主砲の5インチ砲を管制する（写真／Jシップス）

敵艦の未来位置を計算したら、そこに着弾するように砲の向きと仰角を設定すればよい。ただし実際には、風向・風速や地球の自転など、影響する要素はさらにいろいろあるので、それも取り込んで計算する。

このとき、前述したように、直接狙って撃っても当たらないので、敵艦の動きを考慮に入れた修正が必要になる。その修正量のことを苗頭という。また、未来位置を予測して付加する角度のことを見越し角（リード）、見越し角をつけて撃つ射撃を見越し角射撃、という。

砲は陸海を問わず、事前に「射表」というデータを作成してあり、仰角や装薬の量といった可変要素に応じた飛距離などのデータをまとめてある。砲を指向すべき向きや、（分離式砲弾の場合には）使用する装薬の量を決めるときに、その射表を参照する。

斉射を可能にした方位盤射撃

砲がひとつしかなければ、前述したような手順を踏むことで射撃が可能になる。しかし、昔の戦艦や巡洋艦のように砲塔がいくつもあり、それらすべてを使ってひとつの目標を狙う斉射を行うようになると、話はさらに複雑になる。なぜなら、複数ある砲の位置がそれぞれ異なるため、砲を指向すべき角度や仰角が、個々の砲ごとに違ってくるからだ。さらに、ひとつの砲塔に複数の砲があれば、同じ砲塔でも個々の砲ごとに微妙な違いが生じる可能性がある。

たとえば、敵艦と自艦が並行して航走しながら撃ち合う同航戦で、敵艦が自艦の真横にいるとする。すると、艦首側の砲塔は真横よりも少し艦尾側に振る必要があるし、艦尾側の砲塔は逆になる。そんなややこしい計算処理も必要になるのだ。

そこで考案されたのが方位盤（director）。艦橋上部の射撃指揮所[※1]に設けた方位盤で敵艦を狙うのだが、その際に個々の砲ごとの修正量を考慮に入れて、指向すべき向きを個別に割り出して砲塔に伝達する。といってもリモコンで動かすわけではなくて、砲塔の側に一種の受信機を置く。方位盤が割り出した「砲を指向すべき向き」は、砲塔にある受信機では基針の動きとなって現れる。一方、実際に砲が向いている方向は同じ受信機に付いている追針の動きとなって現れる。

砲塔の側で砲を動かして、追針と基針の位置を一致させれば、方位盤が指示した通りの向きを向いていることになる。そこで射撃指揮所にいる射手が引金を引くと、弾が出る。基針と追針の位置がずれていると、引金を引いても弾は出ない。だから砲塔の側にしてみると、ちゃんと追針を基針に追従させることがキモになる。

※1　射撃指揮所
昔の戦艦や巡洋艦で、砲術長と砲手が陣取り、主砲や副砲の照準と発射指令の発出を行っていた場所。普通は艦橋構造物の最上部に設ける

この方位盤の登場により、複数の砲を単一の目標に指向して一斉に撃てることになった。この方位盤射撃が確立したのは、第一次世界大戦の頃である。この時代の名残で、今でも砲射撃管制に使用する計算機、それと光学機器やレーダーのことを方位盤と呼ぶことがある。

対空射撃の射撃管制

ここまで述べてきたのは艦同士の砲戦だが、それ以外に高角砲や機関砲による対空射撃もある。高角砲だと、日本海軍では高射装置というものを用意していた。これは、旋回式の架台に測距儀や射撃盤を組み込んだもの。これを使って敵機を捕捉・追尾するとともに砲を指向すべき向きを割り出して、それを砲に伝達する。砲の側ではそれに基づいて、目標に砲を指向したり、信管秒時（撃ったら何秒後に時限信管が起爆するか）を設定したりして、それから撃つ。

もっと小口径の機関砲になると、機関砲のために専用の高射装置を用意することもあれば、機関砲に取り付けた照準器で射手が直接狙うこともある。どちらにしても、敵機の未来位置を狙って撃たないと当たらないのは、艦同士の砲戦と同じである。

ただ、航空機は艦艇よりもはるかに高速で動きが機敏だから、必死になって追尾して未来位置を予測しても、そう簡単には当たらない。時限信管もうまく弾と敵機が近接するタイミングに合わせて調定できるとは限らない。それを解決したのが、電波によって敵機の近接を感知して自動起爆する近接信管（ＶＴ信管）だ。

現代のファランクスＣＩＷＳ（Close-In Weapon System）になると、高速なだけでなく小型で、しかも海面すれすれを飛

アメリカの国立航空宇宙博物館に展示されているVT信管。世界初の近接信管としてマリアナ沖海戦から実戦投入され、その後日本軍機の迎撃に大きな威力を発揮した（写真／筆者）

追尾用のレーダーを組み込んだオールインワンの対空兵装として開発されたMk.15ファランクス。最新のブロックIBは光学照準器を装備し、対水上目標にも対応可能となった(写真/US Navy)

んでくる対艦ミサイルが相手である。そこで、捜索レーダーで目標を捕捉・追尾して、砲を指向する向きを決めて発砲、さらに撃った弾と目標の動きを追尾レーダーで追い続けて、外れそうなら狙いを修正する。さらに命中の確率を上げるために、発射速度が速い機関砲で弾幕を張る。

遠隔操作式機関砲

米海軍の駆逐艦「コール」※2が自爆ボートに突っ込まれて大損害を出した事件から、小型艇の脅威が広く認識されるようになった。そこで、近距離の対水上交戦用に機関銃や機関砲を搭載する艦が増えている。

海上自衛隊では、むき出しの銃架に防盾を取り付けて12・7㎜のM2重機関銃※3をマウントしているが、米海軍はBAEシステムズ製のMk・38銃架を使っている。Mk・38は遠隔操作式で

※2　駆逐艦「コール」
アーレイ・バーク級駆逐艦の17番艦。2000年10月12日にイエメンのアデン港に停泊していたとき、テロ組織「アルカイダ」の自爆攻撃によって舷側に大穴が開く損傷を被ったが、沈没は免れた。その後の修理を経て、今も現役

※3　M2重機関銃
第一次世界大戦の末期に開発され、今も改良を加えながら使われ続けている12.7㎜機関銃。艦艇では近距離交戦用の武器として使われる

電子光学センサーを備えており、昼夜・天候を問わずに監視と目標の捕捉ができる。その映像は艦橋に設けたコンソールの画面に現れるので、それを見ながらジョイスティックで狙いをつけて、25㎜機関砲を撃つ仕組み。もちろん、艦の揺れを考慮に入れた補正を行っているものと推察される。

1930年代から今も第一線で活躍しているM2 12.7㎜機銃。海自の護衛艦も搭載しており、対水上射撃は定番の訓練となっている（写真／Jシップス）

米海軍艦艇の標準的な装備となりつつあるMk.38 25㎜機関砲。Mk.15 ファランクスが対空を重視しているのに対し、Mk.38は対水上目標を重視して開発された（写真／US Navy）

アーレイ・バーク級の艦橋に装備されているMk.38のコンソール。モニターに目標を映し、ジョイスティックで射撃する。まるでゲームのような構成だ（写真／Jシップス）

第20回 誘導兵器

自艦から発射された砲弾は、砲口から離れた瞬間から狙った位置にしか命中しない。動く目標に対して、それに向かっていくのが誘導兵器だ。現在の艦載兵器はミサイルなどの誘導兵器が主力になっている。

誘導兵器の必要性

昔の海戦では遠くまで届く飛び道具がなかったので、敵艦に接舷して斬込隊が乗り込む、などという方法で戦われていた。しかし、大砲の出現によって離れた場所から敵艦に弾を撃ち込めるようになった。また、魚雷（torpedo）の出現は水中からの攻撃も可能にした。魚雷は吃水線より下に穴を開けるので、敵艦を沈めるにはより効果的だ。

しかし大砲にしろ魚雷にしろ、撃ったら後は弾まかせ。しかも、空中を飛翔する砲弾は風に流されることがあるし、海中を駛走する魚雷も海流などの影響を受ける。そしてどちらも、敵艦のところに到達するまでに若干の時間がかかるため、その間に敵艦は移動してしまう。つまり「敵艦が今いる場所」ではなく、未来の「敵艦が行くはずの場所」に狙いをつけなければならない。艦載砲がそのためにさまざまな複雑な機器を必要としているのは、先に書いた通りである。

潜水艦の長魚雷は有線誘導で、魚雷自体が敵艦を捕捉するとワイヤーをカット、後は魚雷が敵艦を追いかける。潜水艦からの一撃は、水上戦闘艦にとって最も危険な攻撃となる（写真／US Navy）

その問題を解決するにはどうすればよいか？　答えは「自ら敵艦を捕捉して、飛翔したり駛走したりする武器があればよい」。それがいわゆる誘導兵器である。艦艇用の誘導兵器を大別すると、「ミサイル」「誘導砲弾」、そして「ホーミング魚雷」がある。ミサイルと誘導砲弾は「飛びもの」で、空中を飛翔する。ホーミング魚雷はその名の通りに海中を駛走する。

艦艇用誘導兵器の嚆矢といえるのは、第二次世界大戦中にドイツやイギリスが開発した音響ホーミング魚雷であろう。これは、敵艦の機関やスクリューが発する音を聞きつけて、そちらに向かって走って行く魚雷である。もともと、魚雷は指定通りの針路・深度を維持して走る必要があるため、上下・左右に舵を切る機能があったが、単なる直進ではなく「音源に向かう」という制御を付け加えることで音響ホーミング魚雷が実現した。

一方、艦載用のミサイルや誘導砲弾が登場したのは、第二次世界大戦より後のことである。変わったところでは、誘導兵器に別の誘導兵器を組み合わせる事例もある。主として対潜用の誘導兵器を遠方まで投射する際に用いられる方法で、ロケットの先端部に、弾頭の代わりに対潜魚雷が付いている。まず、大雑把な目標地点を指示してロケットを撃ち出すと、目標地点に到達したところで先端部の魚雷を切り離す。その魚雷が海中に突入して、自ら目標を探し求める仕組みだ。

現代の水上戦闘艦は標準的な兵装として対潜用の短魚雷発射管を備えている。発射管自体は単純で、発射後は人力で再装填する必要がある
（写真／US Navy）

水上艦の短魚雷は潜水艦の長魚雷より小型で、射程も短い。短魚雷発射管からの発射は敵潜水艦が近距離にまで近づいている場合に限られる
（写真／US Navy）

ミサイルの分類と代表的な製品

	対空	対艦	対潜	対地	弾道弾迎撃
通常飛行	SM-2、シースパロー	P-15（SS-N-2ステュクス）	アスロック	—	SM-3
低空飛行	—	ハープーン、SSM-2	—	トマホーク	—
弾道飛行	—	—	—	トライデントD5	—
海中を駛走	—	各種の魚雷	各種の魚雷	—	—

誘導兵器の分類

誘導兵器のうち、もっともポピュラーなものはミサイル（〝missile〟、誘導弾または飛翔体）である。といっても、その種類は多種多様。それを分類するには、「交戦対象の違い」と「飛び方の違い」から見ていくのが合理的だ。そこで、この2つを縦横に並べて、該当する典型的な艦載型ミサイルを示したものが別表だ。項目によっては、物理的に実現不可能なもの、該当する製品がないものもあるので、それらは「－」とした。

基本的には、大口径砲と魚雷は艦対艦ミサイル（surface-to-surface missile）に、小口径の高角砲と対空機銃は艦対空ミサイル（surface-to-air missile）に、潜水艦を攻撃する爆雷は対潜ミサイル（surface-to-submarine missile）に取って代わられている。ただし、対潜兵器については近距離交戦用として魚雷も使われ続けている。小口径の艦載砲が残っているのは、限定的な対空戦や対水上戦、そして警告射撃などの出番があるためだ。

誘導武器はいずれをとっても、「目標を捕捉する機構」「捕捉データに基づいて目標までの針路を計算して、操縦指示を出す機構」「命中したときに破壊の機能を実現する、炸薬などの弾頭部」「飛翔し

トマホーク巡航ミサイルは、対地攻撃用の大型ミサイル。開戦劈頭にイージス艦から発射されるトマホークは、アメリカの戦争の象徴ともいえる誘導兵器だ（写真／US Navy）

たり駛走したりするための動力源」といった構成要素が必要になる。それらを単一の弾体にパッケージすることで、ひとつの誘導兵器ができあがる。ただし誘導砲弾の場合、推進力は砲から装薬を使って撃ち出すことで得られるので、動力源は要らない。

と書くだけなら話は簡単だが、実際に高い命中精度と信頼性を備えた誘導兵器を実現するのは難しい。誘導兵器になって新たに加わった項目である「捕捉」と「誘導制御」の機能がハードルになるからだ。そして、交戦の対象が変われば、目標を捕捉するための手段が変わる。対象が同じでも、異なる複数の捕捉手段が用いられることもあり、たとえば対空ミサイルならレーダー誘導と赤外線誘導がある。

飛行形態のうち、「通常飛行」とは持続的に動力源を作動させて、飛行機と同様に空中を飛翔するもの。そのうち、レーダー探知を避けるために低空を這うように飛ぶものは別途「低空飛行」として独立させた。巡航ミサイルや、シースキマー型※1の対艦ミサイルがこれにあたる。弾道飛行も空中を飛ぶのは同じだが、最初に向きを定めて所定の速度まで加速させると、後は動力源に頼らずに慣性で飛翔する点が異なる。

誘導兵器の構成要素

艦艇に誘導兵器を搭載するには、「弾庫」「発射機」「射撃管制システム」の3要素が必要である。なお、近年では弾庫と発射機を一体にして縦向きに並べた、いわゆる垂直発射システム（VLS：Vertical Launch System）が増えてきている。

砲熕兵器なら発射機の代わりに砲があったわけで、弾庫と発射機が存在するところは砲熕兵器も誘導兵器も共通性がある。そして、砲の照準器の代わりに誘導武器には射撃管制システムがある。交戦の対象や誘導方式が異なれば、射撃管制システムに求められる機能も変わるので、システム構成が変わる。

射撃管制システムの主な仕事としては、「目標の追尾と未来位置の予測」「行くべき場所を誘導兵器に

※1　シースキマー
海面スレスレを飛翔する対艦ミサイルのこと。探知を避けるための低空飛行だが、間違えれば海中に突っ込んでしまうので、実現は簡単ではない

指示」「誘導兵器を発射した後の誘導」となる。ただし、撃ち放しが可能なミサイルでは、発射後の誘導は行わないこともある。

実際には、誘導兵器を発射する前の作業として「目標の捕捉」があり、そのためにレーダーやソナーといったセンサー機器が必要になる。センサー機器が捕捉した情報を手作業で射撃管制システムに入力し直すのでは、時間がかかるうちに間違いが起こる可能性がある。また、複数の目標を探知したときには、どのような順番で交戦していけばよいかを決める必要もある。

そこで現代の艦艇では、「指揮管制装置」というコンピュータ・システムを用意して、そこにセンサーからの情報を取り込み、脅威度が高い目標の洗い出しや交戦順の決定を行わせる。そして、目標データを射撃管制システムに送り込む。探知～意思決定～交戦のプロセスを全自動化したシステムの典型例が、イージス武器システムである。

ミサイルのほとんどは垂直発射装置VLSから発射される。対空ミサイル、アスロックなど、さまざまなミサイルに対応できる柔軟性も利点だ（写真／US Navy）

艦対艦ミサイルのハープーンは、対艦攻撃の切り札。ただし、艦対艦の戦闘が生起する可能性は低いとして、米海軍のアーレイ・バーク級など、搭載していない艦もある（写真／US Navy）

第21回 誘導武器の種類と名称

艦載用の誘導武器には、対空、対艦、対潜の三本柱がある。それぞれどのような場面でどのように作動するのか、という話を取り上げてみよう。

長射程と短射程の組み合わせ　艦対空ミサイル※1

対空戦の飛び道具は、高角砲や機関銃・機関砲から艦対空ミサイル（SAM：Surface-to-Air Missile）に移り変わってきた。ミサイルの導入がもっとも早かった分野だが、その理由は、飛行機は速度が速く、弾を命中させるのが難しかったからである。たくさんの弾を撃ち上げて弾幕を張る代わりに、一発必中の飛び道具を実現する方がよい、という考え方だ。

ただし、海戦は昼間の好天下でばかり発生するとは限らない。すると、艦対空ミサイルには雨でも夜でも使える全天候性能が求められる。そのため、この分野の主流はレーダー誘導になった。といっても、電子技術が発達していなかった昔は、レーダー誘導のミサイルを実現するために必要な機器を、すべてミサイルの中に押し込むのは無理があった。

そこで考え出されたのが、艦側に電波の発信源を用意して、ミサイルには電波の受信装置だけを組み込む方法。ビームライド方式（beam riding）では、艦から目標に向けて照射した誘導電波に乗る形でミサイルが飛翔する。セミアクティブ・レーダー誘導方式（semi-active radar homing）では、艦から目標に向けて照射した誘導電波の反射波をミサイルが受けて、その反射波の方向に向かう形でミサイル

※1　艦対空ミサイル
航空機やミサイルといった空中の脅威を撃ち落とすために艦上から発射するミサイル。射程距離の長短により、自艦だけを護るもの、艦隊全体を護るもの、といった区別がなされる

が飛翔する。

別の方法として、指令誘導（command guidance）がある。これは、艦側の射撃指揮レーダーで目標を捕捉・追尾しつつ、その目標に向かうようにミサイルに無線で指令を飛ばすというもの。ミサイルの構造は簡素になるが、その分、艦側の射撃管制システムにかかる責任は大きい。

その後、電子技術の進歩によって、レーダーの送信機もミサイルに組み込めるようになってきた。これがアクティブ・レーダー誘導方式（active radar homing）。すると、艦側で電波の照射を続ける必要はなくなり、撃ったミサイルは放っておいても目標に向けて飛んで行ってくれる。ただし、撃った後で目標が急に針路を変える可能性もあるので、射程が長いミサイルでは指令誘導を併用して、飛翔の過程で修正指示を送るようにしている。

それとは別に、空対空ミサイル※2に導入された赤外線誘導方式（infrared homing）が、艦対空ミサイルにも持ち込まれた。これは、敵機のエンジンや機体が発する赤外線を捕捉して、その赤外線発信源に向けて飛翔するもの。ただし、赤外線を捕捉できる距離には限りがあるので、長射程のミサイルには向かない。近距離用のミサイルで用いる方法だ。

また、大型のミサイルは長射程だが小回りがきかず、小型のミサイルは機敏だが射程が短い。つまり高角砲と機関砲の関係のようなもので、両者で二重の防壁を構築する方がよいという考えになった。

こうして、艦対空ミサイルは「長射程で艦隊全体を護るレーダー誘導ミサイル」と「短射程で自艦の身だけを護る赤外線誘導ミサイルや指令誘導ミサイル」という2つのカテゴリーで構成するようになった。

長射程を可能にした電子技術 艦対艦ミサイル

対艦戦闘は昔なら戦艦や巡洋艦の大口径砲、あるいは長魚雷を使用していたが、現在は艦対艦ミサイ

※2 空対空ミサイル
航空機やミサイルといった空中の脅威を撃ち落とすために航空機から発射するミサイル。近距離格闘戦用と長距離用に大別でき、いずれも艦上への転用事例がある

日米の主力艦対空ミサイルであるスタンダードミサイルSM-2。艦隊防空を担う防空艦として建造されたイージス艦にとって、セミアクティブ・レーダー誘導ミサイルのSM-2こそ主兵装だ。現在は撃ち放しが可能なSM-6や弾道ミサイル用のSM-3などバリエーションも増えている（写真／US Navy）

アクティブ・レーダー誘導で撃ち放しが可能な次世代の艦対空ミサイルSM-6。イージス艦なら別の艦が探知した目標の情報を共有、その情報を基に攻撃することも可能になる（写真／US Navy）

セミアクティブ・レーダー誘導のミサイルは、射撃指揮レーダーから終末誘導を受ける。写真のパラボラ状のアンテナはイージス艦のSPG-62射撃指揮レーダー（写真／Jシップス）

短距離用の対空ミサイルRAMは、赤外線センサーで目標を捕捉、攻撃する。ミサイルのセンサーは携帯式対空ミサイルのスティンガーを基本にしている（写真／US Navy）

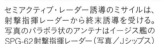

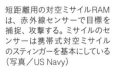

ル（ＳＳＭ：Surface-to-Surface Missile）に置き換わった。揺れながら走っている艦から撃った砲弾を、これも走っている敵艦に正確に命中させるのは簡単ではなく、誘導武器の方が確実性が高い。また、対艦ミサイルの射程距離は魚雷よりもずっと長く、命中精度も高いので、魚雷による対艦攻撃は潜水艦の専売特許になった。

当初の対艦ミサイルは、要するに無人飛行機といえる。飛行機の形をしているが無人で、弾頭と誘導装置を積んでいる。ガタイが大きく、飛翔高度が高いので、艦対空ミサイルによる迎撃は比較的容易だった。

迎撃を避けるには、ミサイルをコンパクトにして、飛翔高度を低くする必要がある。海面からの電波の反射に紛れ、レーダーによる探知を困難にするからだ。ただしそれを実現するには、海面スレスレの低空を安定して飛ぶ（シースキミング、〝sea skimming〟）必要があるため、高精度の電波高度計（radar altimeter）が不可欠となる。

誘導の方は、これも全天候下で使えないといけないので、レーダーや赤外線を使用している。ただし艦対空ミサイルと違うのは、当初からミサイルにレーダーの送信機と受信機の両方を積み込む形が主流になったこと。射程距離をできるだけ長くし、敵艦に近寄らずに交戦するためには、艦側から目標をレーダー照射しないと当たらないミサイルでは使えない。

さらに、外部からのデータがなくても測位ができる慣性航法装置（ＩＮＳ：Inertial Navigation System）※3が、ミサイルの弾体に収まるぐらいコンパクトになったことも大きい。これにより、目標の緯度・経度を入力して「そこに飛んでいけ」と指示できるようになった。そこまで飛んでいったら、後はミサ

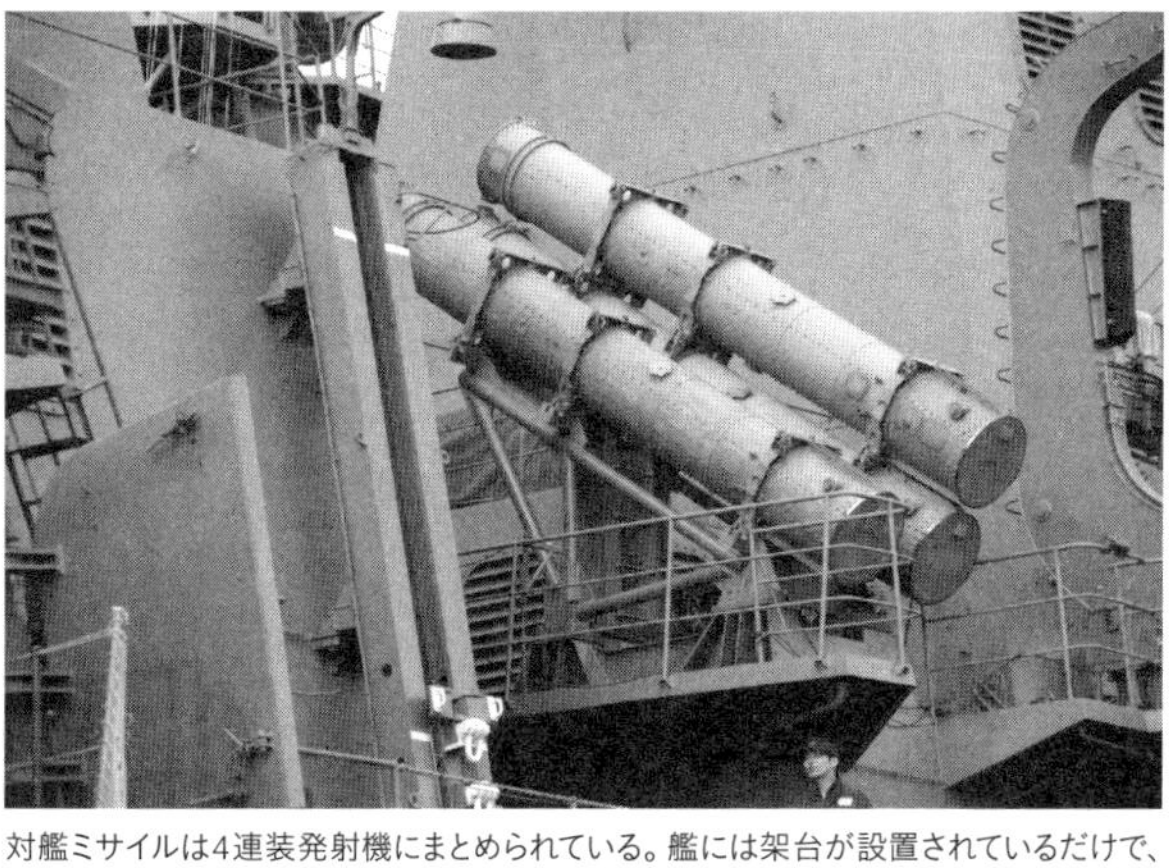
対艦ミサイルは4連装発射機にまとめられている。艦には架台が設置されているだけで、ミサイルはキャニスターに収めた状態で架台に載せる（写真／Jシップス）

※3　慣性航法装置
艦の位置を測定する道具のひとつ。艦に加わった加速度に基づいて位置を出すため、外部からの情報が不要、かつ妨害もされない。潜水艦には不可欠

アスロックは足が遅く射程の短い魚雷を、一気に敵の至近まで放り込む兵器といえる。単純に言えばロケット・モーターを付けた短魚雷である（写真／US Navy）

イルが内蔵するレーダーや赤外線センサーで捕捉・突入する。

これが、今の主流になっているシースキマー型の対艦ミサイルだ。誘導に必要な機器をコンパクトにまとめるため、ここでも電子技術の進歩は不可欠で、シースキマー型の対艦ミサイルが一般化したのは1980年代以降の話になる。

ただし、高速で突っ込めば、敵に対応のための時間的余裕を与えずに済む、という考え方もある。それが最近になって増えつつある超音速の対艦ミサイル。超音速で海面スレスレを飛翔するのは難しいので高度は高めになり、見つかりやすい。しかしスピードにものをいわせてケリをつけるというわけだ。

スピードをロケットで補う　対潜魚雷

対空、対艦といささか様相を異にするのが、対潜武器だ。相手は海中を走る潜水艦だが、レーダー電波は海中を透過しない。そこで、使える探知手段は音波のみとなる。

敵艦が発する音響に向けて駛走する音響誘導魚雷は、先にも書いたように、第二次世界大戦のときに初登場した。戦後、音響を聴知するだけでなく、自らソナー音波を発信して敵艦を捜索する魚雷もできた。ただ、魚雷がどんなに速くなっても、ミサイルと比べれば一桁遅い。すると、遠方の敵潜に向けて魚雷を発射しても、駛走している間に敵潜が探知範囲外に去ってしまう可能性が高くなる。

こうしたことから、対潜用の魚雷は長射程を求められず、小型化した。近距離の敵潜なら魚雷発射管からそのまま発射し、遠方の敵潜ならロケット・ブースターをつけて飛ばす。目標海域に到達したら魚雷を切り離して海中に放り込み、それが敵潜を捜索・交戦する。つまり、ロケット・ブースターで魚雷のスピードを補い、一気に敵の間近まで肉薄すれば、スピードの遅さは問題にならないというわけだ。その典型例がアスロック（Anti Submarine ROCket）※4である。

誘導武器の基本構成

3種類の誘導武器について概要を述べてきたが、いずれも基本的な構成は似ている。最前部に誘導装置（シーカー）、その次に破壊手段となる弾頭（warhead）、そして動力装置がある。これに誘導装置の指令に合わせて操縦するための手段を追加して、円筒形の弾体に詰め込むと誘導武器ができる。

ただし空中を飛翔するミサイルの場合、揚力を発揮しないと飛べないので、ウィングを外側に付けている。操縦手段は、誘導装置からの指令に合わせて動く複数の舵面（fin）を、多くの場合には尾端付近に取り付けている（中央部に取り付ける事例もある）。

このように機能別に独立したモジュールになっているので、一部のモジュールだけを改良する能力向上が一般的だ。誘導装置を改良すれば命中精度や耐妨害性が向上するし、動力装置を改良すれば射程が伸びる。弾頭を改良すれば破壊力が増す。

古くなったミサイルや魚雷でも、老朽化したモジュールだけ新しいものと交換すれば、また使えるものになる。その際に性能向上版のモジュールと交換すれば、再生ついでに能力もアップすることができるのだ。

※4　アスロック
対潜魚雷を遠方まで迅速に投射する目的で開発された武器で、ブースター・ロケットの先端に魚雷を取り付ける。旋回式8連装発射機を使用するモデルと、垂直発射システムを使用するモデルがある

第22回 誘導武器の戦い方

誘導武器とはいっても、単に発射すれば勝手に目標まで飛んで行き、命中するというわけではない。どこに飛ばし、誰と交戦するかを決め、指示するという一連のプロセスが必要になるのだ。

対空戦のプロセス① 目標の捜索

対空戦を例にとって、実際に艦対空ミサイルを撃つ前にどんな作業が必要になるかを見ていこう。まず、最初に必要なのは「捜索」（search）である。対空戦の場合、それを担当するのはレーダーの仕事である。2次元レーダー※1では方位と距離しか分からないが、3次元レーダー※2なら高度も分かる。ただし、自艦が搭載するレーダーだけでなく、他の艦、あるいは早期警戒機※3などがレーダーを使って得たデータを、データリンクで受け取る形もあり得る。

ここで重要なのは、単に探知目標がいるかどうかというだけでなく、個々の探知目標のベクトル、すなわち針路と速力である。これが分からないと、次のプロセスで差し障りを生じてしまうからだ。針路と速力を把握するには、一回探知するだけでは不十分で、連続的に探知・追尾する必要がある。

対レーダー・ステルス技術を適用した航空機やミサイルが有利なのは、この点だ。たとえレーダーに探知されることがあったとしても、連続的に探知・追尾されなければ、針路と速力は把握できない。その辺の事情は、海面スレスレを飛行してくるシースキマー型の対艦ミサイルも同じで、海面からの乱反射（シー・クラッター sea crutter）に紛れることができれば、連続的な探知・追尾、ひいては針路と

※3　早期警戒機
捜索レーダーを飛行機に載せたもので、高いところから広い範囲を監視できる利点がある。捜索だけでなく、交戦を指揮する機能を併せ持つ機体が多い

※2　3次元レーダー
探知目標の方位と距離に加えて、高度も分かるレーダーのこと。対空用に限って存在する

※1　2次元レーダー
探知目標の方位と距離だけが分かるレーダーのこと

速力の把握が困難になる。

なお、敵味方の識別には敵味方識別装置（ＩＦＦ：Identification Friend or Foe）を使用する。個々の探知目標に対して電波を使って問い合わせを行い、適切な応答が返ってくれば味方と判断するものだ。問い合わせを行う機器をＩＦＦインテロゲーター、応答する機器をＩＦＦトランスポンダーという。ＩＦＦインテロゲーターはレーダーと一体化している場合と、独立している場合がある。

対空戦のプロセス②脅威評価

レーダーが探知した目標のすべてが、自艦にとっての、あるいは艦隊にとっての脅威（threat）になるとは限らない。味方と判明した探知目標や、明後日の方に向けて飛んでいる探知目標は、放っておいても実害はない。問題は、艦隊の方に、あるいは自艦の方に向かって飛来する、味方ではない探知目標である。

そこで、探知・追尾によって得た現在位置・針路・速力のデータに基づき、個々の探知目標ごとに、未来位置を予測する。それにより、真っ先に艦隊、あるいは自艦のところに到達しそうな脅威がどれなのかを把握できる。もちろん、探知目標が一直線に飛行するとは限らないため、針路や速力の変化があれば、直ちにそれを受けて予測をやり直さ

対空捜索レーダーはIFFが組み込まれていることが多いが、SPY-1は固定式なので別途リング状のIFFアンテナを装備して全周をカバーしている（写真／Jシップス）

世界最高の性能を誇るイージス艦のフェイズドアレイ・レーダー、SPY-1D。4面で360度をカバーする固定式の三次元レーダーである（写真／Jシップス）

むらさめ型が装備する対空捜索用の三次元レーダーOPS-24B。回転式のフェイズドアレイ・レーダーで、日本の国産装備である（写真／Jシップス）

なければならない。

この未来位置の予測により、脅威評価が可能になる。当然ながら最初に艦隊、あるいは自艦のところに到達しそうな目標が、最も脅威度が高い。

ただし、自艦の身を護ることだけ考えていればよい「個艦防空」（ポイント・ディフェンス、〝point defence〟）と、艦隊全体を護ることを考えなければならない「艦隊防空」（エリア・ディフェンス、〝area defence〟）では、脅威評価のやり方に違いが出てくる。個艦防空なら我が身を最優先すれば済むが、艦隊防空では空母や揚陸艦などといった高価値ユニット（ＨＶＵ：High Value Unit）※4を護ることが優先されるからだ。場合によっては、自艦に向かってくるミサイルよりも、空母に向かっているミサイルを優先しなければならないということも起こり得る。

あきづき型はローカル・エリア・ディフェンスを可能とするDDとして建造された。その主任務はBMD対応中のイージス艦を守ることだ（写真／花井健朗）

SM-2を発射する米海軍のアーレイ・バーク級ミサイル駆逐艦。イージス艦の登場によって、艦隊の空からの脅威に対処する能力は飛躍的に向上したといえる（写真／US Navy）

あきづき型汎用護衛艦ＤＤで「僚艦防空」（ローカル・エリア・ディフェンス、〝local area defence〟）という言葉が出てきたが、これもまた、脅威評価の違いを意味する言葉。使用するミサイルは、他の汎用護衛艦と同じ

※4　高価値ユニット
(HVU : High Value Unit)
艦隊を構成する艦のうち、「これがないと困る」という重要な艦のこと。空母や揚陸艦のような大型艦が該当することが多い

RIM-162 ESSM（Evolved SeaSparrow Missile）で、これはたかぜ型ミサイル護衛艦DDGが持つRIM-66 SM-1MR※5より射程が長いぐらいだ。

しかし、普通の汎用護衛艦は個艦防空のみで、自艦に向かってくる脅威を最優先して脅威評価を行う。それに対しあきづき型は、近傍にいて自艦よりも優先度が高い僚艦に向かう脅威の方を優先するロジックを組んでいると考えられる。一方ミサイル護衛艦DDG※6はイージス艦も含めて、エリア・ディフェンスが主任務であるため、艦隊全体の中で重要度の高い艦を優先的に護るように脅威評価を行う。

こうして脅威評価ができると、探知した目標について「武器割当」が可能になる。

対空戦のプロセス③武器割当

「武器割当」とは、「この目標にはミサイル発射機のセル○番に収まっているミサイルを撃つ」という話。発射機の、どのセルに、どのような機種のミサイルが収まっているかが分かっていなければ、正しい武器割当はできない。飛来する対艦ミサイルに、対潜用のアスロックを割り当てても役に立たないというわけだ。

そこで、発射機に収まっているミサイルのリストと、脅威評価の結果を突き合わせて、「どの探知目標にどのセルのミサイルを撃つ」という対応表を作ることになる。

なお、脅威評価と武器割当は、指揮管制装置と呼ばれるコンピュータの仕事。そのコンピュータで走るソフトウェアの出来が、脅威評価や武器割当の結果に影響する。イージス武器システムのように、ソフトウェアの改良により、効率のよい交戦が可能になることもあるかも知れない。

対空戦のプロセス④交戦

ここまでの手順を踏むことでようやく、交戦（engagement）に向けた準備が整う。あとは、ミサイ

※5　SM-1MR
スタンダード・ミサイルのうち、ブースター・ロケットを持たない、非イージス艦用のモデル

※6　ミサイル護衛艦DDG
いわゆる護衛艦のうち、射程距離が長い艦対空ミサイルを備えて艦隊全体の防空を担当する艦のこと

ルに対して「飛んで行くべき場所」を指示したり、射撃管制レーダーを交戦相手の目標に指向して作動させたりした上でミサイルを発射すれば、交戦が可能になる。

しかし、実際の交戦では百発百中などという結果は期待できず、撃ったミサイルが外れることも当然考えられる。また、艦対空ミサイルだけでなく、電子戦装置による電波妨害（jamming）※7やチャフ（chaff）※8などによる贋目標の生成も併用するため、それによって敵ミサイルが騙されて逸れてくれるかも知れない。そこで、こうした交戦の経過を見ながら、逐次、脅威評価や武器割当の内容も見直していかなければならない。

イージス武器システムを初めとする現代の防空戦闘システムでは、交戦に伴う一連の流れは自動化されている。システムを制御するソフトウェアは、探知目標に対する脅威評価の内容を逐次更新しつつ、優先度が高い順に武器割当とミサイルの発射を行い、射撃管制レーダーを指向する作業を継続する。それが終わるのは、撃つべきミサイルがなくなった場合か、撃ち落とすべき脅威がなくなった場合か、のいずれかである。

対水上戦でも交戦のプロセスは同様

以上、対空戦を例にとって説明したが、「レーダーによる探知・追尾」「針路・速力に基づく脅威評価」「武器割当」「交戦」といった流れをたどるところは、対水上戦も同じである。ただし、艦の航行速度と、ミサイルや航空機の飛翔速度だけを比較すれば、対水上戦の方が一桁はスローになるだろう。

だが、実際には対水上戦であっても、探知目標は対艦ミサイルを撃ってくるはずだ。始まりが対水上戦でも、最終的に対空戦になだれ込んでしまう可能性は高い。

※7　電波妨害
レーダーや通信で使用する電波に対して、強力な電波を浴びせて探知や通信を妨げたり、贋電波を浴びせて欺瞞を試みたりする行為

※8　チャフ
レーダー誘導ミサイルを騙すために使用する囮で、樹脂製の薄膜の表面にアルミをコーティングして、電波を反射しやすくしている。これを容器に詰めて投射、散布する

第23回 魚雷の基本

前回までは「飛びもの」を取り上げていたので、今回からは水中兵器の話に移行する。まず、水中兵器の主役である魚雷の話から始めよう。

爆雷・機雷と異なり自力航走する魚雷

水中兵器は魚雷（torpedo）、爆雷（depth charge）、機雷（mine）に大別できる。このうち、爆雷は水上艦や航空機から海中に投下するものなので、敵潜水艦がいる場所を狙って投下しないと効果がない。また機雷は事前に海中あるいは海底に設置しておくものなので、そこに敵艦がきてくれないと効果がない。しかし魚雷は、自ら動力装置を持っていて駛走するので、こちらから敵艦のところに向かっていくことができる。

ちなみに、魚雷とは「魚型水雷」を略した言葉だ。水中で爆発する各種の武器を総称して水雷というが、そのうち自ら動力を持って走るものは魚雷だけなので、その様子を魚になぞらえたのだろうか。実際、米海軍の潜水

米海軍のMk.48。潜水艦は全長が長く、炸薬量の多い長魚雷を装備する。搭載中の様子からその大きさが分かる（写真／US Navy）

仏・伊が共同開発したMU90。電気式のポンプジェット推進で弾体尾部にスクリューは露出せず、筒の中に収まっている（写真／US Navy）

【魚雷の爆発による効果】

イラスト／おぐし篤

船体は魚雷の爆発で発生するバブルの衝撃にぶち抜かれ、すぐにつぶれたバブルに吸い込まれてへし折られる

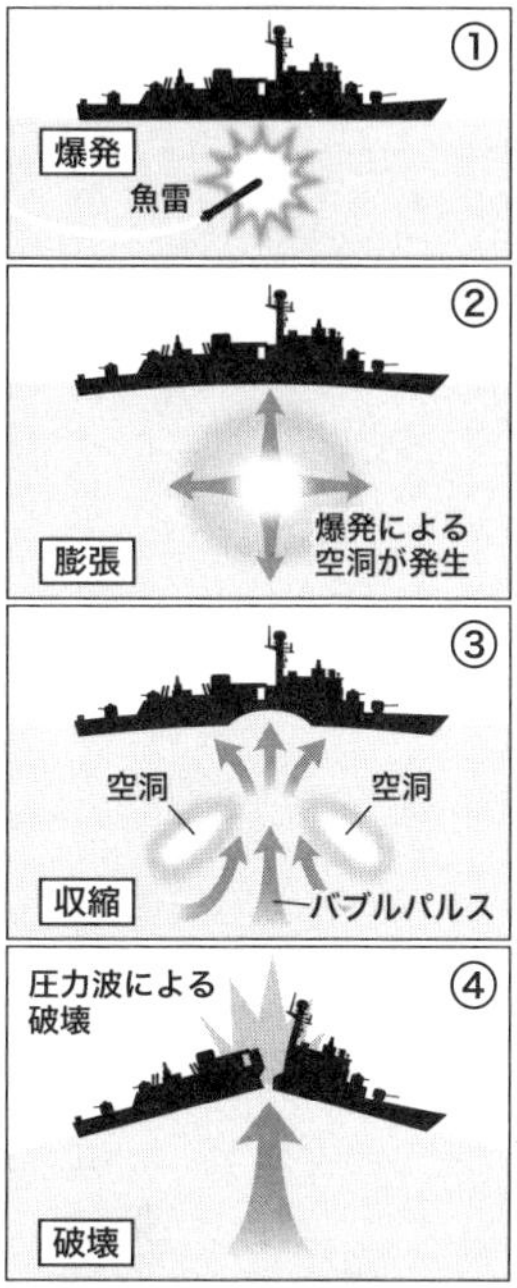

艦乗りは魚雷のことを「フィッシュ」と呼んでいる。

魚雷は円筒形で、爆発して敵艦にダメージを与える炸薬、それを起爆させるための信管、そして航走するための動力源とスクリューによって構成する。また、指定した深度を維持するための仕掛けや、針路・深度を修正するための舵も必要になる。誘導機能を備えたホーミング魚雷では、これに誘導制御機構も加わる。

艦船を沈める際に魚雷が効果的なのは、水中で爆発して船体にダメージを与えられるからだ。直撃して船体に破口を開ければ、そこから浸水して沈没に至る。また、船体よりも下の水中で魚雷を起爆させると、爆発によって気泡（バブル）が発生。次段階として気泡が消える過程で、上にいる艦船の船体を「へし折る」効果を発揮する。艦載砲や対艦ミサイルは、基本的に吃水線より上に命中するものだから、こういう効果は期待しがたい（旧日本海軍の91式徹甲弾※1のように、吃水線より下に命中する場面も想定した砲弾もあったが、それはどちらかというと付随的効果で、最初からそれを狙って撃つわけではない）。

魚雷の種類　長魚雷と短魚雷

昔の魚雷には、水上艦や潜水艦が敵の水上艦船を攻撃する用途しかなかったため、水上艦も潜水艦も、同じサイズの同じような魚雷を搭載していた。しかし原子力潜水艦が出現し、しかも水中での長時間航行が可能になったことで、潜水艦を攻撃するための専用魚雷が開発された。爆雷だと敵潜の真上まで行

※1　91式徹甲弾
日本海軍が開発した戦艦用の砲弾で、装甲板の貫徹能力に重点を置いている。特徴は、海中に突入したときに勢いを失わず、敵艦の舷側を突き破れるようにした設計

って投下しなければ効果がないが、魚雷なら多少離れた場所から投下しても、（狙いさえ正しければ）命中する。その結果、魚雷には対水上艦船用の「長魚雷」（heavy torpedo）と対潜水艦用の「短魚雷」（light torpedo）という分類ができた。

水上艦船を対象とする長魚雷とは、その名の通り比較的大型で射程距離が長い魚雷だ。昔からあるのはこちらのタイプになる。口径は21インチ（533㎜）が主流だが、かつての日本海軍では61㎝を使用していたほか、ロシアでは65㎝のタイプもある。今は長魚雷といえば潜水艦が水上艦を攻撃する際に使用するものだが、ロシアの水上艦の中には長魚雷の発射管を積んでいる事例がいくつかある。当節、敵艦に肉薄して「魚雷戦用意！」とやるわけではないため、さすがに最近の新型艦には搭載されなくなっている。

対して短魚雷はその名の通り小型の魚雷で、対象は潜水艦しか想定していない。射程は短いが小型軽量。水上艦だけでなく、対潜哨戒機やヘリコプターも搭載している。口径は324㎜が主流だが、406㎜のタイプもある。スウェーデンの潜水艦のように、長魚雷と短魚雷の発射管を併設して、用途に応じて使い分けている事例もある。

このほか、第二次世界大戦の頃までは航空魚雷というものがあった。その名の通りに航空機搭載用だが、短魚雷よりは大きく、長魚雷よりは小さい。機能的には長魚雷と同じだが、航空機に搭載するために少し小さく、軽くなっている。射程は短くなるが、もともと敵艦に肉薄してから発射する前提であり、問題にはならない。今は空対艦ミサイルに取って代わられたので、航空魚雷は過去の遺物となっている。

魚雷の動力源　電動式と燃料式

魚雷は水中を走るものであるから、外部から大気を取り入れなくても使える動力源が必要になる。まず、分かりやすいのは電動式だ。第二次世界大戦中にドイツ海軍が使用していたＧ７ｅ※2が有名だが、今でもヨーロッパ製の魚雷には電動式が多い。ただし、G7eが使用していた鉛蓄電池はメンテナンスに手間がかかる上に、温度が下がると性能が落ちるので予熱する必要があった。そこで現在は、取り扱いが楽な酸化銀電池が主流になっている。

次に、燃料を燃やして、その燃焼ガスでピストン・エンジンやタービン・エンジンを作動させるタイプがある。

米海軍の駆逐艦から発射される短魚雷Mk.54。弾体尾部には二重反転式のスクリューが付いている（写真／US Navy）

石油系の燃料を使用するタイプは昔からあるが、外部から大気を取り入れるわけにはいかないため、大気は最初から圧縮した形で魚雷内部にタンクを設けて溜め込んでおく。ただし、通常の空気の七割方は燃焼に寄与しない窒素などであるため、それを外部に排出しておかなければならない。結果として、魚雷は気泡を曳きながら走ることになり、浅いところを走っていれば外部に存在を暴露してしまう。そのことと、詰め込んだ空気の3割しか役に立たないという効率の悪さから、「純酸素にすればよいのでは？」という考えが出てきた。しかし、それを実戦配備したのは日本海軍くらいのもの。確かに雷速※3や射程を伸ばす効果は大きかったが、魚雷の値段が上がり、取り扱いが難しくなる問題もあった。

このほか、空気を必要としないタイプの燃料もある。よく知られているのは米海軍のMk.48長魚雷※4やMk.46短

※2　G7e
第二次世界大戦中のドイツ海軍で使われていた、潜水艦用の魚雷。末尾の「e」は電気モーター推進を意味する

※3　雷速
魚雷が航走する速度のこと。常に全速で走るとは限らず、わざとゆっくり走らせることもある

※4　Mk.48長魚雷
米海軍の潜水艦が使用する長魚雷。改良を重ねながら運用が続いており、最新モデルはMk.48モデル7

魚雷も他の兵器同様に進化し続けている。海自の短魚雷は97式魚雷の後継として12式魚雷が開発された(写真/防衛省)

魚雷※5で使用している、オットー燃料という一液系推進剤だ。これは、ポリエチレングリコールディニトレード、2-ニトロジフェニルアミン、ジブチルセバケイトを組み合わせた混合物で、点火するとこれらが相互に反応して、燃焼ガスを発生させる。

また、Mk.54※6短魚雷ではリチウムと六フッ化硫黄を燃焼させて、それによって発生した燃焼ガスでタービンを回す方式を採用している。これは性能はよいが、値段が高いという。

ここまでは現代の魚雷の話だが、昔は違った種類の動力源もあった。シンプルなところでは、タンクに詰め込んだ圧縮空気をそのまま使用する方法があり、これを冷走魚雷という。燃焼を伴わないのでこの名前があり、初めて世に出た魚雷はこのタイプだった。

いずれにしてもこれらの動力源は、最終的にスクリューを回す。スクリューは

※5　Mk.46短魚雷
米海軍の水上艦やヘリコプターや哨戒機が使用する対潜用の短魚雷。改良を重ねながら運用が続いているが、近年では新型のMk.54が主力

※6　Mk.54短魚雷
米海軍の水上艦やヘリコプターや哨戒機が使用する対潜用の短魚雷。Mk.46の機関にMk.50の誘導装置と弾頭を組み合わせて構成する

二重反転式が主流だが、これは反トルクによって魚雷の弾体が推進軸と逆方向に回ってしまうのを防ぐためだろう。そのスクリューの前、あるいは後ろに、十字型に舵を設けるのが一般的なレイアウトになっている。

魚雷の搭載と発射　発射管と兵装架

水上艦や潜水艦は、魚雷発射管（torpedo tube）を使用する。発射管は前後にハッチを備えていて、後部ハッチ（後扉）を開いて魚雷を装填する。そして、前部ハッチ（前扉）を開いて、魚雷の後部に圧縮空気を送り込んで射出する。

こういった仕組みのため、発射管の後方に次発装填用の魚雷を保管するスペースと、その魚雷を発射管に送り込むための仕掛けが必要になる。しかし残念ながら、呉の「てつのくじら館」[※7]でも発射管室は非公開である。スウェーデンのカールスクローナにある海洋博物館では、退役したネッケン級潜水艦「ネプチューン」[※8]が公開されており、発射管室に立ち入ることもできる（ちなみにこの博物館には、昔の魚雷も展示してある）。

航空機やヘリコプターは、他の武器と同様に魚雷を兵装架に吊して搭載する。魚雷を兵装架に固定している鉤を外すと、魚雷が落下する。ただし対潜用の短魚雷の場合は、海中に突っ込んだときの衝撃で魚雷が壊れてしまわないように、パラシュートで減速させる場合もある。ヘリコプターの場合は低空から低速で投下するので、そんな仕掛けはなくても済むのだが、哨戒機から投下する場合には減速用パラシュートが必要となる。

※7　てつのくじら館
正式名称は「海上自衛隊呉史料館」その名の通りに、潜水艦と掃海に重点を置いた海上自衛隊の広報施設で、2007年4月にオープンした。屋外に、退役した潜水艦「あきしお」を陸揚げして展示している

※8
ネッケン級潜水艦「ネプチューン」
スウェーデン海軍の潜水艦。現在は退役して、カールスクローナの海洋博物館で展示されている

第24回 魚雷の戦い方

水中兵器の主役はやはり魚雷。今回は魚雷をいかに敵艦に命中させるかという視点で見てみよう。

魚雷をいかに起爆するか

前回、魚雷について「敵艦に直撃させる場合と、敵艦の船体の下で起爆させる場合がある」という話を書いた。直撃させる場合には話は簡単で、撃発信管（point-detonation fuze）を用いて弾頭を起爆させる。これは、命中したときの衝撃で撃針が動いて雷管を叩くというものだ。

では、敵艦の船体の下で起爆させるにはどうするか。直撃しないから、敵艦の船体を何らかの手段で魚雷に検出させる必要がある。

そこで考え出されたのが磁気信管（磁気近接信管、〝magnetic proximity fuze〟）。巨大な鉄の塊である船体は必然的に磁気を帯びる。それによって発生する磁場の変動を検知して起爆させようというものだ。基本的にはこれでOKだが、第二次世界大戦におけるドイツ海軍では、ノルウェー近隣海域で磁気信管の不発が続発して問題になった。どうやら、このあたりに多く埋蔵されている鉄鉱石が犯人だったらしい。

今の魚雷でも、敵艦に誘導されるという違いはあっても、最終的な起爆を担う信管の動作原理については、大きな変化はないと思われる。ただし、ひとつの方式にしか対応していない信管では、魚雷を発射管に装填する度に信管を選んで取り付ける作業が必要になるため、ひとつの信管で複数の起爆モードに対応してくれる方がありがたい。

ただし、信管だけでは問題は解決しない。敵艦に直撃させるには、敵艦の吃水より浅いところを走らせる必要があるし、敵艦の船体の下で起爆させるには敵艦の吃水より深いところを走らせる必要がある。つまり「駛走深度の設定」という問題があるのだ。

普通、深度を調べるには水圧を使うが、数mとか十数mといった浅い深度、かつ狭い範囲で正確に深度を知る必要がある上に、それを維持しなければならない。これも簡単な仕事ではなく、実際、指定した深度よりも深いところを駛走してしまい、魚雷が敵艦の下を通り抜けてしまうこともあった。当然、逆もあり得るだろう。

誘導魚雷の誕生

初期の魚雷は撃ったらまっすぐ走っていくだけだった。すると魚雷に求められる機能は、「最初に撃ったときの針路から逸れず、真っ直ぐ走ること」であり、動いている敵艦に到達するまでの時間を短くするため、高速性能も重視された。当然ながら発射する時点で敵艦の未来位置を予測し、精確に狙いをつけていなければならない。

さらに必中を期すなら、ひとつの目標に対して複数の魚雷を放射状に発射し、「どれか1発だけでも当たってくれれば」と期待することになる。もちろんそれでは魚雷がどんどん減ってしまい、ここぞというときに撃つ魚雷がなくなる可能性もある。たとえば、第二次世界大戦のドイツ海軍の主力潜水艦であるUボートⅦ型[※1]は、艦首発射管・4基に対して魚雷は14本しか搭載していない。すべての魚雷を撃ち尽くした後に大物を潜望鏡で捉えて、切歯扼腕した逸話はいくつもある。

第二次世界大戦中のドイツ海軍では、一定の距離を駛走したところでジグザグに、あるいは行ったり来たりするように針路を自動変換する機能を備えた魚雷が登場した。これは、外れたときの命中確率を

※1　UボートⅦ型
第二次世界大戦中のドイツ海軍で使われていた潜水艦のうち、もっとも多数が作られたポピュラーなタイプ

第二次世界大戦中に米海軍の主力魚雷だったMk.14。撃発信管と磁気信管の両方を備えていたが、初期には深度調定機構の問題や磁気信管の不発に悩まされた（写真／US Navy）

上げる狙いによる。しかしこれとて、魚雷の前方に敵の艦船がいなければどうにもならない。

そこで登場したのが、誘導機能を備えたホーミング魚雷。ただし海中で電波は使用できないので、潜水艦の捜索と同様にソナーを使用する。この音響誘導魚雷が初めて登場したのは第二次世界大戦中だが、それは敵艦の機関音を聴知してそちらに向かう、パッシブ誘導型※2だった。

今のホーミング魚雷はアクティブ・ソナー※3（自ら音波を出して探信する）とパッシブ・ソナー※4（敵艦が出す音を聴知するだけ）の両方に対応しているが、高速で駛走するときはアクティブ、低速で駛走するときはパッシブ、というのが基本的な使い分け。魚雷が高速で走れば音を立てるため、ソナーの探信を控えて逆探知を避ける意味は薄い。逆に、低速で駛走するのは自身の存在を秘匿するためで、ソナー音波も出さない方がいい。

ただ、ソナーにはひとつ問題がある。駛走速度が上がるほど、流体力学的な騒音の影響で効率が下がるのだ。立ち止まった状態で人の声を聞くの

※2　パッシブ誘導型
自ら音波や電波を出さず、相手が出す音波や電波を受信して、その発信源に向かって誘導する方式のこと

※3　アクティブ・ソナー
自ら音波を海中に発して、それの反射に聞き耳を立てることで潜水艦や機雷を探知するソナーのこと。魚群探知機と、やっていることは同じ

※4　パッシブ・ソナー
誰かが出す音に聞き耳を立てることで潜水艦を探知するソナーのこと。要するに超高性能の水中マイク

と、自転車で走りながら人の声を聞くのを比較すると、後者の方が風切り音のせいで聞き取りにくくなるのと似ている。これはパッシブだけでなくアクティブでも同様だ。

であれば、高速で駛走していてもちゃんと機能するソナーを作る必要がある。しかも、ソナー装置一式のサイズを魚雷の中に収まるようにまとめなければならない。魚雷用のソナーを作るのは、潜水艦のそれとは違った難しさがある。

さまざまな誘導手段

ソナー以外の誘導手段として、旧ソ連で開発されたウェーキ・ホーミング（wake homing）がある。その名の通り、ウェーキ（航跡）を検出して、それに乗って駛走する仕組み。水上艦船が航行すれば必ずウェーキが発生する。そのウェーキに乗って駛走していれば、その先には発生源になる敵の艦船がいるはずである。ただし、向きを180度間違えると意味がなくなる。

また、現代の魚雷に特有のものとして、有線誘導魚雷がある。発射した魚雷と艦の間をワイヤーでつないでおいて、魚雷のソナーで得たデータを艦に送り返したり、艦の側から速度や針路の指令を送ったりするものだ。サイズが限られた魚雷の中に賢いデータ処理機能を組み込むのは大変だし、使い捨てだからコストも問題になる。その点、有線誘導にすれば、頭脳の部分の「外出し」が可能になる。

また、有線誘導にして艦の側から指令を送れるようにすることで、器用な使い方が可能になった。たとえば「まず明後日の方にゆっくり進んで、ある程度の離隔をとってから敵艦に向けて針路を変換するとともに全速に切り替える」などという手法もとれる。こうすると、敵艦が魚雷の接近に気付いて撃ち返

54式魚雷を発射する海上自衛隊の初代「おやしお」。54式は海自初の誘導魚雷で、写真の3型は三次元パッシブ誘導となった（写真／海上自衛隊）

してきても、そちらに自艦はいないので安全性が向上する。

ただし、有線誘導にすると潜水艦の機動が制約されてしまう。そこで、撃った魚雷が敵艦に接近して捕捉したら、あるいは潜水艦の側が何かヤバい状況になったら、ワイヤーを切り、後は魚雷側の誘導装置で敵艦に向かうのが基本的な戦術だ。

魚雷に対する妨害

そのホーミング魚雷に対する妨害方法は、相手の魚雷が使用しているソナーの動作モードによって違ってくる。

アクティブ・ソナーが相手なら、自艦よりも大きな贋目標を用意して、そちらにソナー音波を反射させればいい。水上艦では曳航式の囮を使用することが多いが、潜水艦は流儀が違う。分かりやすい方法は、薬剤が入った艦を海中に射出して、その薬剤で海中に巨大な気泡を作り出す方法。これなら小さな囮で大きな贋目標を作り出すことができる。

パッシブ・ソナーが相手なら、こちらが出す音を聞きつけて駛走してくるので、贋の音響発生源を用意する必要がある。第二次世界大戦中に、ドイツ海軍の音響誘導魚雷に対して連合軍が持ち出した対抗策も、これだった。

どちらにしても、用意した贋目標が動かないと、囮だと見破られる可能性がある。とはいっても、薬

米海軍ロサンゼルス級攻撃型原潜の魚雷発射管室に並ぶMk.48魚雷。現代の潜水艦の魚雷は有線誘導型で、一発必中となっている（写真／柿谷哲也）

Mk.48の有線誘導用ワイヤーを収めたリール部分。発射された魚雷はまず有線誘導され、魚雷自身が敵艦を捕捉したところでワイヤーをカットする（写真／柿谷哲也）

剤で作り出した気泡にエンジンをつけて走らせるわけにも行かない。その点、曳航式の囮を使用する方が有利だ。曳航ではなく、自ら動力源を持つ自航式の囮という手もあるが、これはコストが上がる上に艦内でも場所をとる難点がある。海自であきづき型以降の護衛艦が搭載している自走式デコイ（ＭＯＤ）※5がそれだが、魚雷発射管と同程度のスペースを占有しており、コストの関係か、右舷側にしか装備されていない。

手の込んだ対抗策としては、対魚雷魚雷（ＡＴＴ：Anti-Torpedo-Torpedo）がある。対艦ミサイルを艦対空ミサイルで迎え撃つのと同様に、自艦に向けて駛走してくる敵の魚雷を、小型で機動性が高い迎撃用の魚雷で迎え撃とうというものだ。ただし実用レベルまで仕上がった事例は少なく、ドイツのアトラス・エレクトロニク社が開発した「シースパイダー」※6が挙げられる程度だ。

あきづき型の装備するMOD。魚雷のようなデコイを発射、接近する魚雷を誘因する。魚雷発射管と同様の大型の装置となっている（写真／Jシップス）

あきづき型の装備するFAJ（FloatingAcoustic Jammer：投射型静止式ジャマー）。砲塔型のランチャーから発射されたデコイは、海面に浮遊して音波を発信、魚雷の誘導を妨害する（写真／菊池雅之）

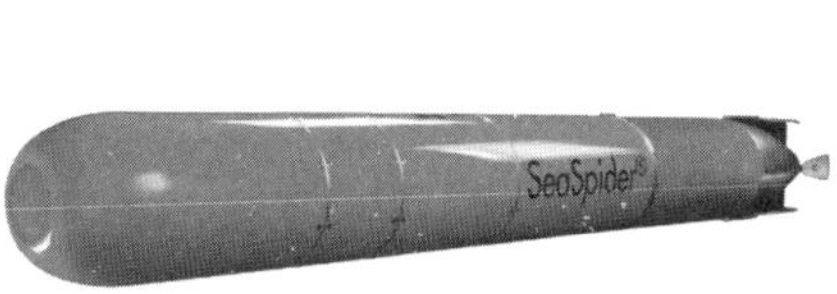

ドイツのアトラス・エレクトロニク社が開発したシースパイダー。外観は魚雷そのもので、敵の魚雷を迎撃する（写真／ATLAS ELEKTRONIK）

※5　自走式デコイ（MOD）
あきづき型以降の汎用護衛艦といずも型ヘリコプター護衛艦が装備する、魚雷避けの道具。海中に投射した囮が自ら航走しながら魚雷をひきつけて、艦に命中しないようにする

※6　シースパイダー
ドイツのアトラス・エレクトロニク社が開発した「対魚雷魚雷」。その名の通り、自艦に向けて接近する魚雷に対して使用するもので、魚雷を魚雷で迎え撃つ

第25回 水雷兵器 爆雷と機雷

過去2回にわたって魚雷の話を取り上げたので、水雷兵器の締めくくりとして、魚雷以外の水中兵器について取り上げる。

古典的対潜兵器 爆雷

第二次世界大戦の潜水艦が出てくる戦争映画を見ると、潜水艦を撃沈しようとする駆逐艦の側が、艦尾からドラム缶状のものを海中にいくつも転がり落としている場面をよく見る。これが爆雷（depth charge）だ。ドラム缶状の弾体の端面に信管を組み込む仕組みで、海中に投下された爆雷は、投下の前に指定しておいた深度にまで沈降すると起爆する。

これを潜水艦の側から見ると、どうなるか。まず、頭上にいる敵駆逐艦のスクリュー音が「シャッシャッシャッ」と聞こえてくる。それが接近してくるにつれて大音量になり、頭上を通り過ぎたところで今度は音量が下がる。すると次の瞬間には爆雷が降ってくる。映画「Uボート」[※1]を見ると、そういう場面が何回も出てくる。

ただし、敵潜水艦の位置と深度を正しく把握しておかないと、せっかく爆雷を投下しても外れ弾になってしまう。実は、この敵潜水艦の位置と深度の把握が難しかった。なぜか。

敵潜の位置を把握するには、ASDIC（AlliedSubmarine Detection InvestigationCommittee。今風にいえばアクティブ・ソナー）[※2]を使う。爆雷は艦尾から投下する仕組みなので、敵潜を探知したら、

※1　映画「Uボート」
1981年に西ドイツ（当時）で作られた戦争映画で、大西洋で通商破壊戦に従事する潜水艦の艦内模様を描いている。日本での公開は1982年

※2　ASDIC
第一次世界大戦後に出現、第二次世界大戦で多用されたアクティブ・ソナー

そちらに向けて変針しなければならない。そして、探知した敵潜の上を通過しながら、艦尾から爆雷を投下する。

探知してから針路を変えて、敵潜の頭上を通過するまでには、いくらかの時間がかかる。その間に敵潜がダッシュして、あらぬ方向に遁走してしまう可能性もあるのだ。もっとも、蓄電池で走る通常潜だから、ダッシュといっても知れているが。

そもそも、敵潜が爆雷攻撃を察知してしまうだけでも問題、という考え方もできる。何でもそうだが、不意打ちする方がよいに決まっている。

爆雷投射装置と対潜爆弾

そこで考え出されたのが、艦尾から爆雷を転がり落とす代わりに、艦の前方に向けて爆雷を放り込む方法。第二次世界大戦の末期にイギリスが考案した、かの有名なヘッジホッグである。戦後に海上自衛隊でも導入した。

これは一種の迫撃砲を使って、小さな爆雷を24発、艦の前方に向けて放り込む仕組み。2発ずつ、0・2秒の間隔で発射するので、全弾を撃つには2・2秒かかる計算になる。発射機に装填する時点で個別に角度がつけられているので、発射した爆雷は自動的に、直径約40ｍの円形範囲に散らばる。

艦尾端に古典的な爆雷投下軌条を備えた護衛艦「いかづち」。その左舷前方に見えるのが爆雷投射機K砲（写真／菊池征男）

第1術科学校に展示されている54式対潜発射機ヘッジホッグ。艦の前方に小型の爆雷を円形範囲にばらまく（写真／Jシップス）

第1術科学校に展示されている54式爆雷投射機K砲。爆雷投下軌条からの爆雷とともに、連続して爆雷を投下した（写真／Jシップス）

起爆は撃発式で、敵潜にぶつかると起爆し、他の爆雷を誘爆させる。つまり、放り込んだ爆雷の中で爆発したものがあれば、敵潜に命中したのだと分かる。

　ヘッジホッグの利点は、ソナーで敵潜を探知したら直ちに交戦できること。しかも敵潜の真上を通過する必要がないので、攻撃を察知される可能性が少なくなる。また、爆雷の場合は命中しなくても設定深度で爆発するので、その間ソナーを使えないのに対し、ヘッジホッグは敵潜にぶつからないと起爆しないため、探知を続けることができる。ただ、一度に24発を斉射するので再装填には時間がかかる。

　艦の前方に向けて投射する対潜武器としては、これも海上自衛隊で使用していた、ボフォース対潜ロケットもある。爆雷にロケットを取り付けたものを4連装の旋回式発射機に装填して、敵潜の位置に向けて発射する。ヘッジホッグと違い、一度に撃つのは1発だけだ。

　このほか、前方ではなく側方に向けて爆雷を投射する武器もあった。その一例として、片舷にだけ投射できる「K砲」と、2発の爆雷を搭載して、それぞれ右舷と左舷に投射できる「Y砲」があった。これらもまた、海上自衛隊で使用していた時期があった。使用する爆雷は艦尾から転がり落とすものと同じだが、それを一種の臼砲[※3]を用いて投射するところが違う。

なお、爆雷の親戚として、航空機やヘリコプターから投下する対潜爆弾がある。こちらも、指定した深度で起爆するのは同じだ。わざと敵潜から離れた場所で投下して、警告に使用することもできる。観艦式のときにP-3C哨戒機が対潜爆弾を投下してみせるのが通例だから、爆弾の作る水柱を御覧になった方は少なくないだろう。

浅海面で有利な爆雷の利点

ホーミング魚雷と比べると古くさく見える爆雷だが、利点もある。誘導機構を持たないから、裏を返せば妨害されない。水測状況がよくない浅海面や沿岸海域では、魚雷のソナーがフルに機能を発揮できない懸念があるが、爆雷ならそういう問題もない。敵潜の位置さえ突き止めれば、爆雷の方が役に立つ可能性が高いという考えも成り立ち得る。

観艦式で披露される対潜爆弾の炸裂による水柱。潜水艦の撃沈はもちろん、威嚇にも効果的に使われる（写真／筆者）

ゆうばり型護衛艦から発射されるボフォース。アスロックが装備されるまで長く対潜兵器の主役だった（写真／鈴崎利治）

※3　臼砲
砲身は短く、大きな仰角を付けて発射する、砲熕兵器の一種。迫撃砲と似ているがこちらの方が大口径。射程距離よりも弾の重量を重視している

そのせいか、浅海面や沿岸海域が多い海域に面した国の海軍では、今も爆雷が現役だ。その一例として、スウェーデン海軍のステルス・コルベット、ヴィズビュー級※4がある。本級は短魚雷の発射管を備えているだけでなく、艦尾部分の艦内に爆雷を隠し持っていて、艦尾から転がり落とせるようになっている（筆者が自分の目で見たのだから間違いない）。魚雷発射管も艦尾向きに固定されているところを見ると、敵潜から遠ざかりながら攻撃するのが基本なのだろうか。

古くて新しい水中兵器　機雷

もうひとつの水中兵器として機雷がある。英語では〝mine〟というが、それだと地雷と区別がつかないので、地雷の方を〝land mine〟と呼んで区別することもある。機雷は水中で爆発するので、魚雷と同様に、船体に穴を開ける効果、あるいは爆発によって船体をへし折る効果を期待できる。

機雷は敷設形態による分類と、起爆方式による分類があり、両者の組み合わせによってタイプが決まる。

まず敷設形態だが、海面にプカプカ浮かぶ「浮遊機雷」（floating mine）、海中に設置する「係維機雷」（〝moored mine〟、海底に沈めた缶で位置を決めて、その上にケーブルで機雷をつなぐ）、海底に設置する「沈底機雷」（bottom mine）がある。浮遊機雷はどこに行ってしまうか分からないので、普通は使わない。

次に起爆方式だが、接触すると起爆する「触発機雷」（contact mine）、船体が帯びた磁気を検出して起爆する「磁気機雷」（magnetic mine）、船が走ることで発生する水圧の変化を検出して起爆する「水圧機雷」（pressure-activated mine）、機関などが発する音響をパッシブ・ソナーで聴知して起爆する「音響機雷」（acoustic mine）がある。このうち、触発機雷以外の方式をまとめて「感応機雷」（influence mine）といい、複数の方式を組み合わせた複合感応機雷もある。

※4　ヴィズビュー級
スウェーデン海軍が5隻を建造したステルス・コルベット。徹底したステルス手法と、炭素繊維複合材製の船体・上部構造が特徴

普通、浮遊機雷や係維機雷は触発機雷であり、感応機雷にするのは沈底機雷である。海底に沈めた機雷が敵艦に物理的に接触するのは無理な相談だから、必然的にそうなる。

浮遊機雷なら海面上から見えるから、避けて通ったり、銃撃して破壊したりすることも全く不可能というわけではない。しかし係維機雷や沈低機雷は、海面上からは見えない。

そこで、係維機雷についてはケーブル・カッターを掃海艇が引っ張って当該海域を走り回り、缶と機雷をつないでいるケーブルを切断する。すると機雷が海面上に浮上してくるので、それを銃撃して破壊する。

音響機雷は贋音響、磁気機雷は強い磁気を海中で発生させて、機雷が騙されて起爆してくれるように期待する。ところが機雷の方も頭がよくなっていて、一度の反応では起爆しないようにカウンターを設けている場合がある。しかも何回目で起爆す

触発式の係維機雷。機雷の上部に突き出す信管に触れると起爆する。もっともオーソドックスな機雷（写真／Jシップス）

海自の訓練用沈底機雷。その手前に見えるのは、フロートにつながるケーブルに取り付けられ、係維機雷の係維索を切断するカッター（写真／柿谷哲也）

るかどうかは設定次第。ましてや水圧機雷になると、贋水圧を発生させるというわけにもいかない。

そこで近年では、機雷の起爆装置を騙して作動させる「掃海」(mine sweeping)ではなく、機雷を一つずつ見つけ出して個別に破壊する「掃討」(mine hunting)が主流になった。見つけた機雷のところに、時限信管をセットした処分爆雷をセットする方法が主流で、それを水中処分員(ダイバー)が行うこともあれば、遠隔操作式の無人艇(処分具)で行うこともある。最近では、一回で使い捨てにする自爆式機雷処分装置も出てきている。

ひらしま型とえのしま型が搭載する水中航走式機雷掃討具S-10。カメラを備えた遠隔操縦式で、係維索のカッターや処分用爆雷なども装備する(写真/Jシップス)

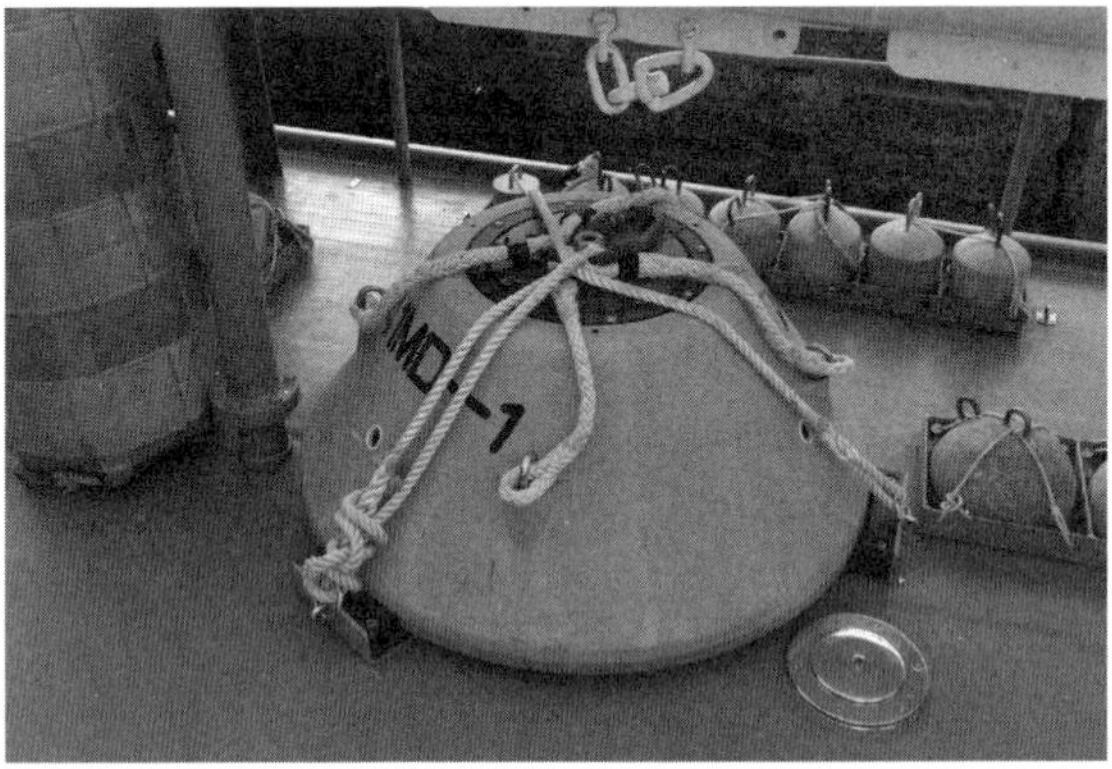

訓練用の沈底機雷。感応式で、磁気・音響・水圧方式があり、感度の調節も可能。MANTAとして知られるポピュラーな機雷だ(写真/Jシップス)

第4章● 軍艦／護衛艦の搭載物

第26回 電測兵装 ① レーダー

軍艦の兵装といっても、大砲やミサイルや魚雷だけではない。電波を使用する、いわゆる電測兵装と呼ばれる種類のものもある。まずはもっとも耳慣れた「レーダー」から見てみよう。

なぜレーダーが必要か

軍事の世界にレーダー（radar）というものが出現したのは１９３０年代の話で、軍艦に積まれるようになったのも、１９３９年に勃発した第二次世界大戦からである。ただしその頃にはまだ、レーダーを備える軍艦はあまり多くなかった。日本はどちらかというと、レーダーの開発・導入に後れを取っており、だからこそ、ミッドウェイ海戦※1のように敵機の不意打ちを受けるような目にも遭った。

飛行機だけでなく、水上の艦船もレーダーによる捜索の対象となる。戦時だけでなく平時でも、夜間、あるいは雨・雪・霧によって視界が悪いと、他の艦船と衝突

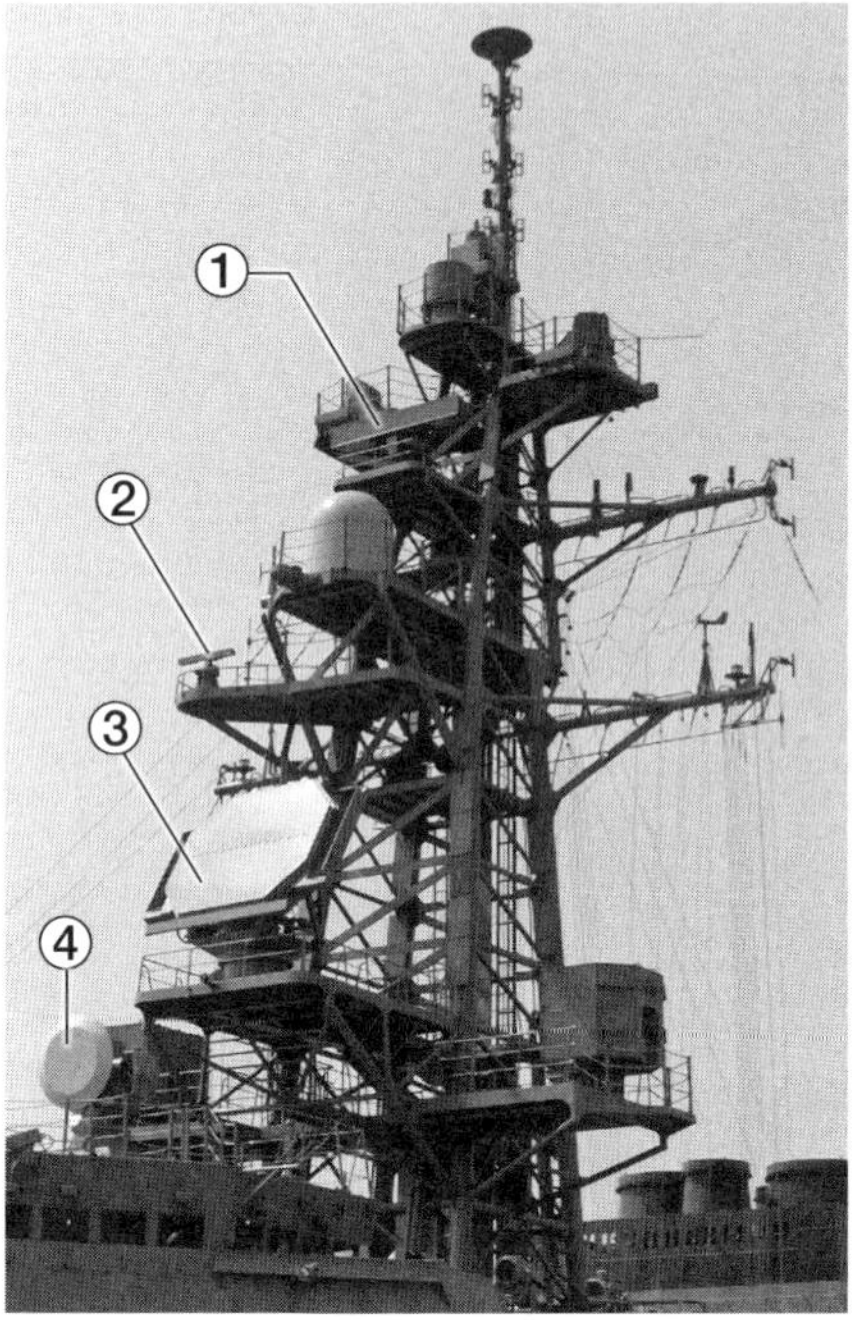

たかなみ型の各種レーダー
① OPS-28E対水上レーダー
② OPS-20B航海用レーダー
③ OPS-24B対空レーダー
④ 81式射撃指揮装置2型31（FCS-2）

※1　ミッドウェイ海戦
太平洋戦争中の1942年6月4〜7日にかけて、ミッドウェイ島の周辺海域で戦われた海戦。日本は空母4隻と重巡洋艦1隻、アメリカは空母1隻と駆逐艦1隻を喪失

する危険性がある。それを避けるには、目視によらずに広い範囲を捜索できるレーダーが不可欠だ。潜水艦も、潜望鏡※2やシュノーケル※3を海面に突き出すことがあるから、それをレーダーで探知する幸運に恵まれるかも知れない。

そういうわけで、現代の艦船にとってレーダーは必需品だ。特に軍艦の搭載するレーダーの種類は多様だ。レーダーの動作原理は、簡単に言えば電波を飛ばして、それが何かに当たって反射して戻ってきたときに、反射波を受信することで探知が成立する。そのときのアンテナの向きが、すなわち探知目標の方位だ。また、電波を発信してから反射波を受信するまでの所要時間から、探知目標までの距離を計算できる。

では、具体的にどんな種類のレーダーがあるのか。順番に見てみよう。

対空レーダー

一番手は対空捜索レーダー（air search radar）だろう。その名の通り、空中の航空機を捜索するレーダーだ。航空機は艦船と比べるとスピードが一桁速いから、できるだけ遠くで探知したい。そのため、対空レーダーは大型・大出力になる傾向がある。

対空レーダーは、2次元レーダーと3次元レーダーの2種類に分類できる。2次元レーダー（two dimentional radar）は探知目標の方位と距離しか分からないが、3次元レーダー（three dimentional radar）は高度も分かる。電波の送信・受信を繰り返す際に、アンテナをグルグル回すだけでなく、電波を上下方向にも振りながら捜索することで、高度も把握できるようにしている。

艦によって、2次元レーダーだけ、3次元レーダーだけ、2次元レーダーと3次元レーダーの両方、と搭載形態はさまざまだ。米空母の場合、2次元レーダーは長距離捜索用で、より近い範囲を3次元レーダーでカバーする二段構えになっているが、そんな贅沢ができるのは艦が大きいからだ。以前は、艦

※2　潜望鏡
英語ではperiscope。潜航中の潜水艦が水面上を見るための道具で、伸縮式の細長い筒の先端に窓が開いている。そこからプリズムを使って艦内まで映像を導く仕組み

※3　シュノーケル
潜航中の潜水艦がディーゼル機関を使用して充電するための吸気筒。まるごと浮上せずに細い筒だけを海面上に突き出すので、多少は見つかりにくくなる

隊防空艦、空母、強襲揚陸艦は3次元レーダー、その他は2次元レーダーという使い分けが多かった。しかし最近はレーダーの性能向上と小型軽量化が実現したため、普通の水上戦闘艦でも3次元レーダーを搭載する事例が増えている。

対空レーダーに求められる性能は、前述した探知距離の長さと、迅速な探知・追尾だ。アンテナを回転させる一般的なレーダーの場合、アンテナの回転速度が遅いと追尾が途切れ途切れになるので、できるだけ速く回転させる方が望ましい。しかし、探知距離が長い対空レーダーのアンテナは大型になる傾向があるので、それを安定して速く回すのは簡単ではない。

試験艦「あすか」の装備するOPS-14対空捜索レーダー。クラシカルな大型のパラボラアンテナを使用する。はつゆき型、あさぎり型などでも装備している2次元レーダーだ（写真／筆者）

対水上レーダー

対水上レーダー（surface search radar）は、水上にいる艦船を捜索するためのレーダーだ。だから、対空レーダーのように3次元の捜索を行う必要はない。また、地球が丸みを帯びている関係で捜索可能な範囲は水平線までに限られるから、探知可能距離は数十㎞もあれば事足りる。

対水上レーダーといっても、実際には低空を飛行する航空機やミサイルも捜索対象になる。特に対艦ミサイルは、レーダー探知を困難にしようとして海面スレスレの低空を飛んでくるものが多いので、それを探知するという難しい課題がある。

その際、海面からの反射波と本物の探知目標からの反射波を区別する必要がある上に、ミサイルのような小さな目標でも探知できなければならない。すると、高い分解能（精度のことだと考えてもらえばよい）が求められるので、使用する電波の周波数は対空レーダーより高くなる傾向がある。また、アンテナの回転速度も速めだ。

小型の水上戦闘艦だと、対空レーダーは省略して対水上レーダーだけ、ということがある。もっとも、レーダーの性能次第では、低空の航空機程度は探知できるかも知れない。

航海用レーダー

もうひとつ、航海用レーダー（navigation radar）もある。これも水上目標を探知するためのレーダーだが、対水上レーダーと違って低空を飛ぶ航空機やミサイルといった高速目標は対象外。戦闘場面ではなく、日常的な航海において、他の艦船との衝突や異常接近を回避するためのレーダーだ。

そういう用途なら民生品でも使い物になるので、軍艦でも民間の船舶で使っているものと同じレーダーで済ませていることがある。むしろ、民生品のレーダーを対水上レーダーとは別に持っておく方が有利なのだ。

なぜかというと、対空レーダーであれ対水上レーダーであれ、作動させれば電波が出る。それを仮想敵国に傍受・解析されると、電波妨害の手段を考える材料を与えてしまう。平時にそうやって情報の尻尾を掴まれないようにするには、平素は民生品の航海用レーダーで済ませる方がいいのだ。

対水上レーダーと同様、航海用レーダーも高い分解能が求められるので、使用する電波の周波数は高めで、アンテナは小型だ。対水上レーダーと併設している艦で比較すると、航海用レーダーの方が小さい。

たかなみ型が装備するFCS-2。本型までの護衛艦が搭載していた射撃管制レーダーで、艦対空ミサイル、主砲の射撃を管制する（写真／Jシップス）

ロシアのウダロイ級が装備しているMR-360ポドカットFCS。艦対空ミサイル用の射撃管制レーダーである（写真／筆者）

射撃管制レーダー

戦うためのレーダーとしては射撃管制レーダー（fire control radar）がある。主として砲や艦対空ミサイルと組み合わせるものだが、艦対艦ミサイル用に（対水上レーダーとは別に）専用の射撃管制レーダーを備えている例もある。

射撃管制レーダーの仕事は、まず、ミサイルや砲弾を撃ち込む目標を探知・追尾して動きを精確に知ること。特に砲の場合、撃ったら後は誘導が効かないから、最初に正確な狙いをつけておかなければならない。ファランクスCIWSのように、探知目標と自身が撃った弾の両方を捕捉・追尾して、必要に応じて狙いを修正するものもある。

もうひとつの仕事は、レーダー誘導ミサイルのために誘導電波を出すこと。スタンダードミサイルSM-1、SM-2※4、シースパロー、ESSMなどのセミアクティブ・レーダー誘導ミサイルでは、ミサイルはレーダーの受信機だけを持っていて、送信機能は艦側に委ねている。艦の射撃管制レーダーが目標に誘導電波を照射して、その反射波をミサイルが追尾する仕組みだ。

一方、SM-6※5のように自前のレーダーを持っているミサイルであれば、射撃管制レーダーによる照射は必須ではない

※4　SM-2
スタンダード・ミサイルのうち、イージス艦用のモデル。基本的にはブースター・ロケットを持たないMRモデルのみである

※5　SM-6
SM-2より長射程の艦対空ミサイルとして開発された。ブースター・ロケット付きで、かつアクティブ・レーダー誘導なので撃ち放しが可能

が、目標を捕捉・追尾する機能は必要だ。

射撃管制レーダーは高い分解能が求められるから、使用する電波の周波数は高い。まず、対空レーダーが目標を探知・捕捉したら、そのデータをもらった射撃管制レーダーは指示された目標を集中的に追尾する。そのため、できるだけ広い範囲に向けられるように配置しているものの、捜索レーダーのように、常にグルグル回っているわけではない。

あたご型の装備するSPS-62イルミネーター。イージスシステム用の追尾誘導用レーダーで、捜索は行わず、誘導電波を出す機能だけを備えている。(写真／Jシップス)

第27回 電測兵装 ② アンテナ

アーレイ・バーク級イージス駆逐艦「ベンフォールド」のAN/SPG-62ミサイル誘導レーダー。パラボラ・アンテナは3本の支柱で支えられた輻射器から反射器に電波を当てる（写真／筆者）

トルコのフリゲート「ゲディズ」が装備するMk.92射撃管制レーダー。パラボラ・アンテナは反射器から輻射器が突き出しており、4本の支柱で支えられた副鏡で反射してから、さらに反射器で反射する構造のようだ（写真／筆者）

前回に続き、今回は電測兵装のうちレーダーなどで使用するアンテナ（antenna、空中線）の形について解説していこう。アンテナの種類・サイズは用途によってさまざまなのだ。

パラボラ・アンテナ

パラボラ・アンテナ（parabolic antenna）※1で目立つのは反射器（reflector）の部分で、2次元レーダー

※1　**パラボラ・アンテナ**
アンテナ（空中線）のうち、皿状の反射器を使って性能を高めるように工夫したもの。指向性が強い点も特徴で、方位を精確に出す必要があるレーダーや衛星通信に向く

米空母「ロナルド・レーガン」が装備するパラボラ・アンテナのレーダー2種。左は2次元対空捜索レーダーAN/SPS-49で、反射器はメッシュ型。右は航空管制用のAN/SPN-43で、反射器は板状（写真／筆者）

だと横長のメッシュ構造、ミサイル誘導レーダーだとお椀型が多い。ただし、反射器は送受信する電波を反射するためのもので、実際に送信や受信を担当する輻射器（feed antenna）は、その反射器の中央付近にある。反射器で電波を受けて、それを反射器の曲面によって輻射器のところに集めることで、受信能力を高めているわけだ。送信の場合には逆になる。

お椀型のパラボラ・アンテナは、イージス艦のAN／SPG‐62※2やはたかぜ型のAN／SPG‐51※3といったミサイル誘導レーダーでおなじみ。砲射撃管制レーダーも、このタイプが多い。

棒形アンテナ

棒状のアンテナで送受信を行うレーダーもある。対水上レーダーや航海用レーダーは、この形態が多い。反射器がない分だけコンパクトになるが、アンテナの利得（gain）は低くなるかも知れない。しかし、水上目標が相手なら水平線まで届けばよいので、対空レーダーほどの捜

※2　AN/SPG-62
イージス武器システムで使用する、艦対空ミサイル誘導用の照射装置。レーダーと書かれることもあるが、捜索・追尾の機能はなく、誘導用の電波を出すだけ

※3　AN/SPG-51
ターター・システムで使用する、艦対空ミサイル誘導用のレーダー。捜索レーダーからの情報に基づいて、指示された目標を追尾して、誘導用の電波を照射する

索距離は要らない。

周波数が高い（つまり波長が短い）電波を使用するレーダーの方が、アンテナが小さい。アンテナのサイズを見れば、使用する周波数帯の高低程度は分かるわけだ。

なお、最近の対空3次元レーダーの中には、棒形よりもいくらか太いが平面でもない、という種類のものが出てきている。

固定式平面アンテナ

機械的な回転機構を廃したのが、イージス艦でおなじみのフェイズドアレイ・レーダー（phased array radar）で、固定式平面アンテナになる。これは多数の送受信アンテナを並べたもので、個別に送信や受信のタイミングを変えることで、特定の方向を狙う仕組み。ただし、カバーできる範囲は最大120度程度なので、全周をカバーするには3～4面を必要とする。

フェイズドアレイ・レーダーにはパッシブ式とアクティブ式があ

カナダのフリゲート「ウィニペグ」が近代化改修時にAN/SPS-49（V）5に代えて装備したSMART-S Mk.2レーダー（写真中央）。太い棒形だが3次元レーダーである（写真／筆者）

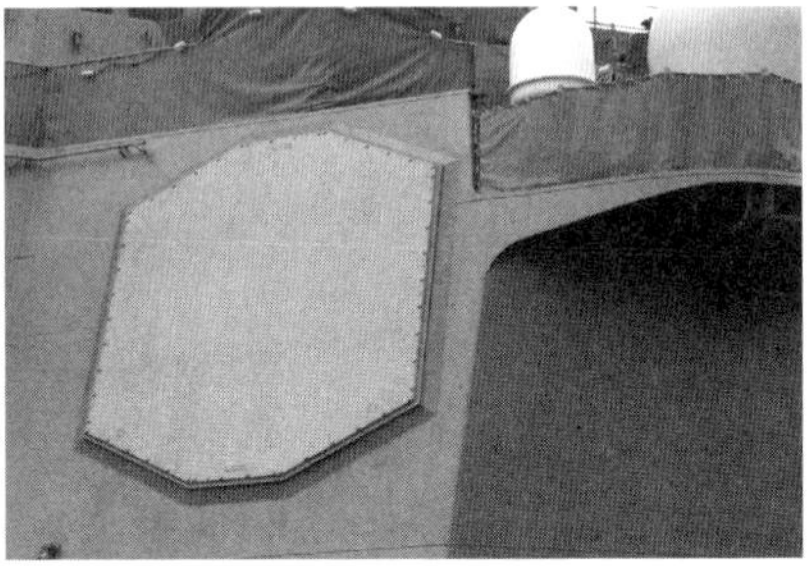

イージス護衛艦「ちょうかい」のAN/SPY-1D（V）レーダー。もっともポピュラーな固定式平面アンテナのフェイズドアレイ・レーダーだ（写真／筆者）

※4　AN/SPY-1
イージス武器システムで使用する多機能レーダー。捜索だけでなく、発射後のミサイルを追尾してコース修正の指令を送る機能もある

※5　ホライゾン防空フリゲート
英仏伊の三ヶ国が共同で開発・建造を目論んだ防空フリゲート。意見が合わずにイギリスが抜けて、フランスとイタリアが2隻ずつを建造した。アスター艦対空ミサイルを使用する

※6　EMPAR
仏伊のホライゾン防空フリゲートが搭載する多機能レーダー。1面のパッシブ・フェーズド・アレイ型で、これを回転させて全周をカバーする

ひゅうが型ヘリコプター護衛艦のレーダー・アンテナ群。大きい方がFCS-3のアンテナで、三次元の対空捜索を実施する。小さい方はESSMの誘導に使用するイルミネータ（写真／筆者）

る。イージス艦のＡＮ／ＳＰＹ-１※4や、仏伊共同開発のホライゾン防空フリゲート※5が搭載するＥＭＰＡＲ（European Multi-function Phased Array Radar）※6はパッシブ式で、ひとつの送信機から移相器を介して複数のアンテナに電波を送る仕組み。

対して、日本のひゅうが型やあきづき型※7が装備するＦＣＳ-３シリーズ※8、イギリスのデアリング級（45型）※9が装備するサンプソン※10、ズムウォルト級が装備するＡＮ／ＳＰＹ-３ ＭＦＲ（Multi-Function Radar）※11、そしてアーレイ・バーク級フライトⅢが装備するＡＮ／ＳＰＹ-６（Ｖ）１ ＡＭＤＲ（Air and Missile Defense Radar）※12は、アンテナごとに固有の送受信モジュールを持つアクティブ式だ。

ちなみに、FCS-3では捜索用レーダーと別にＲＩＭ-１６２ ＥＳＳＭ（Evolved Sea Sparrow Missile）用の誘導イルミ

※7　あきづき型
海上自衛隊が建造した汎用護衛艦のひとつで、4隻がある。他の汎用護衛艦よりも防空能力を強化している点が特徴で、自艦のみならず近隣の僚艦に防空の傘を差し伸べることができる

※8　FCS-3
海上自衛隊のひゅうが型とあきづき型で使用している対空戦闘システム。アクティブ・フェーズド・アレイ・レーダーとミサイル誘導用のイルミネータを4面ずつ備える

※9　デアリング級（45型）
ホライゾン計画から抜けたイギリスが独自に建造した防空艦で、6隻ある。サンプソン・レーダーとアスター艦対空ミサイルの組み合わせ

※10　サンプソン
英海軍の45型が搭載する多機能レーダー。2面のアクティブ・フェーズド・アレイ型で、これを回転させて全周をカバーする

ミサイル駆逐艦「デアリング」のサンプソン・レーダー。回転式平面アンテナの一種で、よく見ると左右にそれぞれ斜め方向の線が見える。これが平面アレイと球形フェアリングの境界線（写真／筆者）

米空母「ロナルド・レーガン」のAN/SPS-48E対空3次元レーダー。四角い回転式平面アンテナだが、裏から見ると、実際にアンテナとして機能する部分は円形になっている様子が分かる。上に付いているのは敵味方識別装置（IFF：Identification Friend or Foe）のアンテナで、こちらは棒形（写真／筆者）

ネータを備えているが、こちらも平面アンテナ※13を使っている。ESSMは間欠的な誘導電波送信で済むため、ビームの送信方向を変えながら次々に目標を照射することで、同時多目標対処能力を高めている。

回転式平面アンテナ

対空3次元レーダーは、上下方向に電波を「振る」ことで目標の高度を把握している。そのために複数の送受信機を並べた平面型のアンテナを使用することが多い。日本のOPS-24※14やアメリカのAN/SPS-48※15がポピュラーだ。方位については、アンテナを回転させながら走査※16して、送受信を行ったときの向きによって判断する。

サンプソンやEMPARはフェイズドアレイ・レーダーに分類されるが、完全固定式とせずに、アレイ・アンテナを回転させている（おそらくは構造簡素化とコスト低減のため）。すると全周を同時に見ることはできないので、アンテナの回転速度を速くしてカバーしている。EMPARはアレイが1面、サンプソンは背中合わせの2面だ。

AN/SPY-6（V）シリーズにも、1面の回転式アンテナを使用するAN/SPY-6（V）2というバリエーションがあり、AN/SPS-48の後継として、ニミッツ級空

※11　AN/SPY-3　MFR
フォード級空母やズムウォルト級駆逐艦で使用する多機能レーダー。艦対空ミサイルの誘導が主任務だが、ズムウォルト級では対空捜索も受け持つ

※12　AN/SPY-6(V) AMDR
AN/SPY-1シリーズの後継としてレイセオン・テクノロジーズが開発している、イージス武器システム用の新型レーダー。性能は数倍にアップする模様

※13　平面アンテナ
アンテナが曲面あるいは棒状ではなく、平らな板状になっているもの。艦載レーダーでは事実上、フェーズド・アレイ・レーダーと同義である

※14　OPS-24
海上自衛隊のあさぎり型（5～8番艦）、むらさめ型、たかなみ型で使用している、アクティブ・フェーズド・アレイ1面回転式の対空3次元レーダー

ヘリコプター護衛艦「いずも」アイランド後部のアンテナ群。斜めに突き出す棒状のアンテナは通信用、2つの白いドームは衛星通信用。写真右手、航空管制室の屋根上に林立するアンテナ群は何らかの方向探知用と思われる（写真／筆者）

ヘリコプター護衛艦「くらま」のOE-82衛星通信アンテナ。レドームに納まっていないので、アンテナが外から見える。中央の円盤が輻射器であろう（写真／筆者）

母や揚陸艦に載せていく計画になっている。

通信と電子戦※17装置のアンテナ

レーダーのアンテナは、狙った方向に精確に電波を指向できなければ仕事にならない。それに対して通信用のアンテナは逆で、全方位に向けて電波を送信するのが普通だ。指向性がない、棒状のポール・アンテナを使用する場合が大半なのはこのため。もちろん、使用する電波の周波数に応じてサイズは変わってくる。

ただし衛星通信は話が別で、赤道上の特定の位置にいる通信衛星に対して、狙いをつけて送信しなければならない。そのためパラボラ・アンテナを使用する。ただし、衛星通信アンテナは露出させずにレドームに収納することが多いため、なかなか姿を拝めない。

電子戦装置（electronic warfare system）は四角い平面のフェアリング（アンテナを覆うカバー）を並べていることが多いが、だからといってアレイ・アンテナになっていると考えるのは早計だ。一例を挙げると、中身は薄い板をズラッと並べている場合がある。

※15　AN/SPS-48
米海軍の空母や揚陸艦で多用されている対空捜索3次元レーダー。1970年代から改良を続けつつ使用しているが、後継機の話が進んでいる

※16　走査
レーダーで電波の向きを変えながら、広い範囲を"なめて"回る行為

※17　電子戦
レーダーや通信機が使用する電波を妨害したり、贋信号で騙したりすることで敵の戦闘能力を阻害しようとする戦闘形態。ミサイル避けでも不可欠

第28回 ソナー

「ソナー」はSONAR（SOund NAvigation Ranging）、つまり「音響による航法・測距」という意味の頭文字略語である。潜水艦や機雷を相手にする、いわゆる水中戦には不可欠のアイテムだ。

なぜソナーが必要か

空中を飛ぶ飛行機、あるいは水上を航行する艦船はレーダーで探知できる。大気中なら電波が伝搬できるからだが、水中で電波は伝搬しないため、海中の潜水艦や機雷を探知するのに、レーダーは使えない。一方、水中では音波は良好に伝搬するので、音波を利用する探知機が考え出された。それがソナーである。水上艦や航空機が潜水艦や機雷を探知する場面だけでなく、逆に潜水艦や機雷が目標を捜索・探知する場面でも使用する。

余談ながら、ソナーのことを「超音波探知機」と書くことがあるが、これは正しくなく、実際には可聴周波数範囲内（20Hz～20KHz）の音波を使用することが大半といえる。

例外として挙げられるのが機雷探知ソナーだ。周波数が低い方が遠距離探知に向くが、精度は落ちる。小さな機雷を見つけ出さなければならない機雷探知ソナーは、距離よりも精度の方が大事なので、高い周波数の音波を使うというわけだ。

アクティブとパッシブ

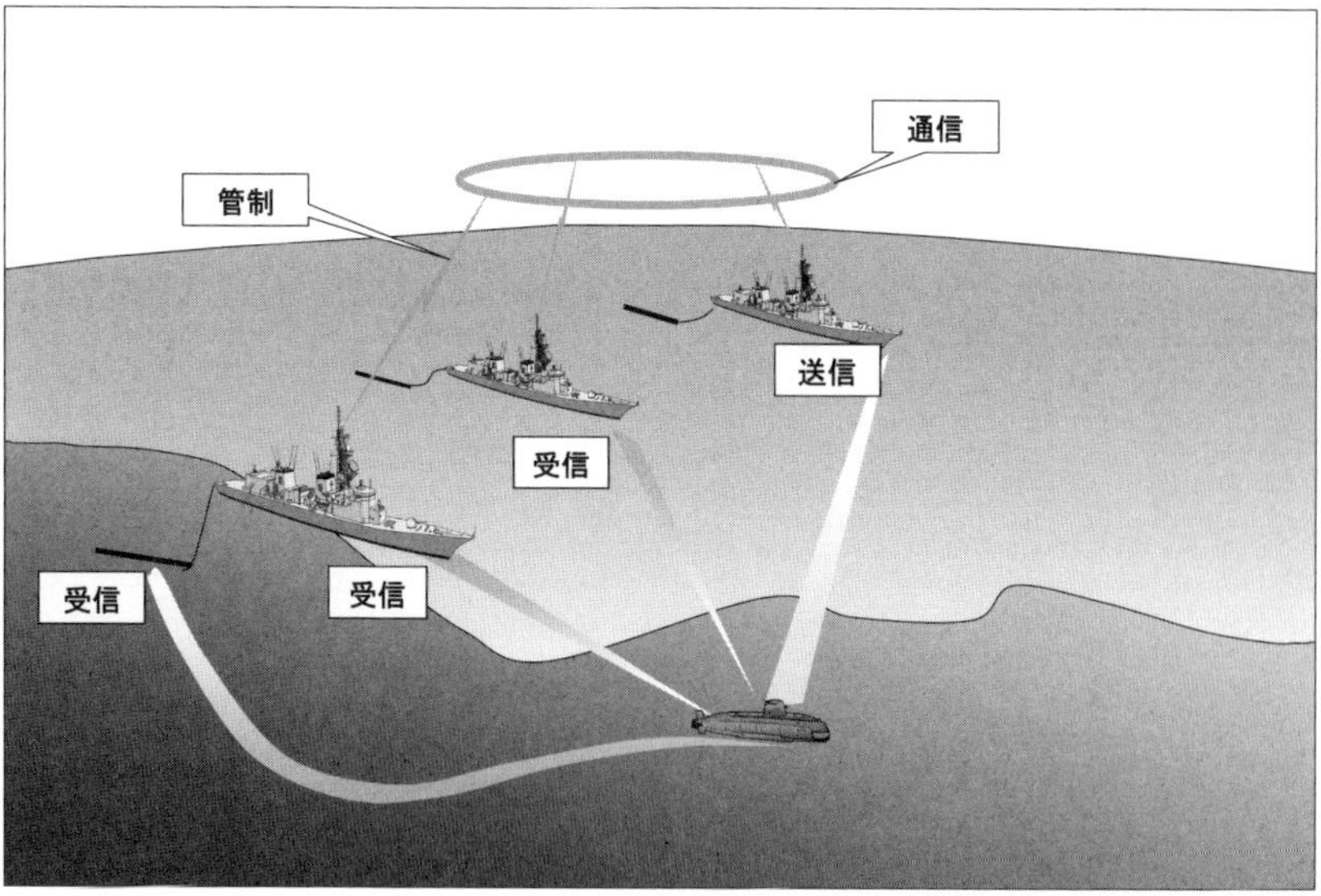

バイ／マルチスタティック運用構想図

ソナーの分類はいろいろあるが、動作の違いによる分類として「アクティブ・ソナー」と「パッシブ・ソナー」がある。

アクティブ・ソナーとは、自ら音波を出して、それが何かに当たって反射してくる音波をキャッチして探知を成立させる。魚群探知機と同じである。

第二次世界大戦の頃までは、送受信機（トランスデューサー、“transducer”）をひとつだけ用意して、それを回しながら捜索していた。しかしそれでは探知に時間がかかるので、今は多数のトランスデューサーを円筒形、あるいは球形に並べた、トランスデューサー・アレイと呼ばれる形になっている。これなら全周の同時捜索が可能である。

アレイを構成する多数のトランスデューサーのうち、どれで探知したかによって目標の方位が分かり、送信から反射波受信までの時間によって目標の距離が分かる。

なお、通常は送信と受信を同じソナーで行うが、別々のソナーで行うこともできる。ひとつの送信機に対して、別のところにあるひとつの受信機で受けるのがバイスタティック・ソナー（bi-static sonar）。受信機が複数になるとマルチスタティック・ソナー（multistatic sonar）という。発信源の方に探信音波を返さないようにする、対ソナー・ステルスへの対策などを狙ったものだ。

一方、パッシブ・ソナーとは、自ら音波は出さず、聞き耳を立てるだけである。第二次世界大戦の頃までは「水中聴音機」と呼んでいた。

こちらもアクティブ・ソナーと同様に、昔はハイドロフォン（hydrophone、要するに水中マイク）をひとつだけ用意して、それを回転させたり、あるいは艦の向きを変えたりして捜索していた。今はハイドロフォン・アレイといって、多数のハイドロフォンを並べている。アレイを構成する個々のハイドロフォンごとに、音が入ってくるタイミングが微妙にずれるので、その時間差に基づいて音源の方位を計算できる。しかし、分かるのは方位だけで、距離は分からない。

なお、アクティブ・ソナーのトランスデューサーをパッシブ・モードで作動させることもできる。しかし「餅は餅屋」で、パッシブ・ソナーの方が能力的に上を行くようだ。

バウ・ソナーとハル・ソナー

ソナーの設置形態にも違いがある。水上艦も潜水艦も、後部はエンジンという騒音発生源があるので、船体に固定設置するソナーは艦首寄りに設けるのが一般的だ。

水上艦の場合、アクティブ・ソナーは円筒の側面にトランスデューサーを並べたアレイが多い。それを艦首の真下に設けるのがバウ・ソナー（bow sonar）で、艦首の水線下にトランスデューサー・アレイを覆う大きな張り出しを設ける。開けた外洋における遠距離探知を重視して、低い周波数に対応する大型のソナー装置を備えた艦が

アーレイ・バーク級のバウ・ソナー。ソナー・アレイは雑音を低減できるラバードームになっている（写真／US Navy）

護衛艦のソナー配置
はつゆき型のハル・ソナー（左）とあさひ型のバウ・ソナー（右）の搭載位置

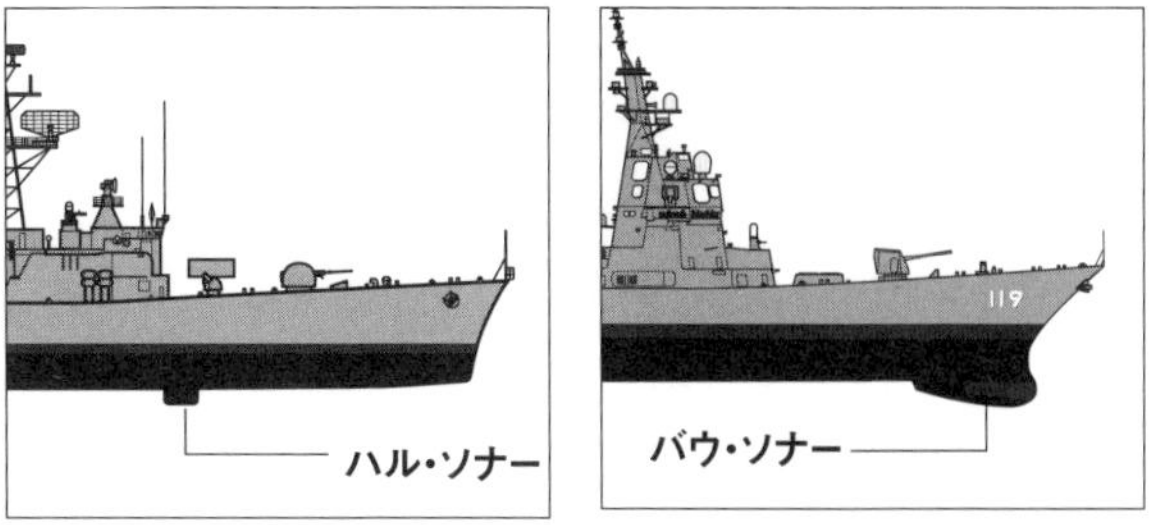
ハル・ソナー
119
バウ・ソナー

使用する。

一方、もっと小型のトランスデューサー・アレイを、艦首よりも下がった位置の船底に設ける形態もあり、これをハル・ソナー（hull sonar）という。遠距離探知は苦手になるが、浅い、あるいは混み合った海面で、比較的近距離で確実に探知することを重視すると、こちらの形態になる。

ちなみに海自の現役護衛艦では、はつゆき型とあさぎり型はハル・ソナー、それ以外の護衛艦はバウ・ソナーである。

潜水艦の場合、ソナーは機関からの騒音を避けるため、艦首から中央部にかけての一帯に装備する。一般的には円筒形のトランスデューサー・アレイを艦首に設置しているが、米海軍は長らく、球形のトランスデューサー・アレイを使用していた。外見は、ゴルフボールの上下を切り落としたような形状である。球形にすると上下方向の方位精度が向上すると思われるが、かさばる上に重くなる難点がある。また、艦首に魚雷発射管を置くスペースがなくなる。

最近の潜水艦は、船体側面にフランク・アレイ（frank array）と称するソナーを備えることが多い。これは

ヴァージニア級のソナー配置

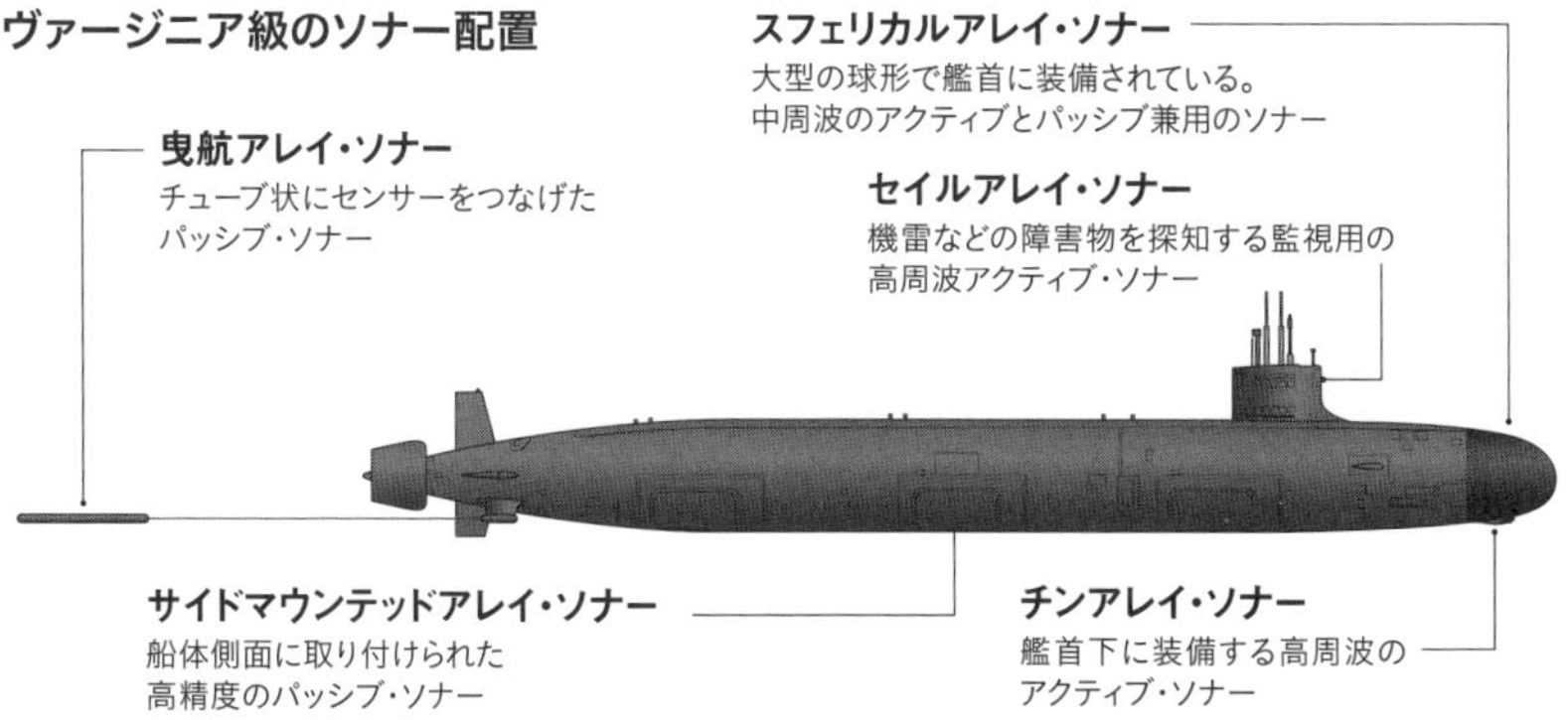
スフェリカルアレイ・ソナー
大型の球形で艦首に装備されている。
中周波のアクティブとパッシブ兼用のソナー
曳航アレイ・ソナー
チューブ状にセンサーをつなげた
パッシブ・ソナー
セイルアレイ・ソナー
機雷などの障害物を探知する監視用の
高周波アクティブ・ソナー
サイドマウンテッドアレイ・ソナー
船体側面に取り付けられた
高精度のパッシブ・ソナー
チンアレイ・ソナー
艦首下に装備する高周波の
アクティブ・ソナー

平面型のハイドロフォン・アレイで、パッシブ専用だ。ヴァージニア級攻撃型原潜※1の資料を見ると、側面に3枚のフランク・アレイが並んでいる様子が分かる。変わり種としてひゅうが型護衛艦のバウソナーは、艦首側にトランスデューサー・アレイ、その後方の側面にフランクアレイ・ソナーを組みわせている。

可変深度ソナー

開けた外洋では、海水の温度が深度（depth）によって異なり、それが層状に積み重なる現象が発生する。海面に近いところは太陽で暖められるが、深くなると冷たくなるなどの事情があるからだ。そして、温度が異なる海水層（等温層、〝layer〟）の間では、音波が反射されやすい傾向がある。

するると、海面近くにあるソナーでは、等温層の境界よりも深いところにいる潜水艦を探知しにくくなる。そこで、深いところまでソナーを下ろせるようにしたのが可変深度ソナー（ＶＤＳ：Variable Depth Sonar）※2だ。

「くらま」が装備していたVDS。黄色のフィッシュを艦尾から曳航して探知を行う（写真／筆者）

水上艦の場合、トランスデューサー・アレイを流線型のカバーで覆った「フィッシュ」※3を艦尾から下ろしてケーブルで曳航しつつ、任意の深度まで下ろせるようになっている。

ヘリコプターも可変深度ソナーを搭載すること

SH-60Kに搭載されている吊下ソナー。透明なカバーを通してトランスデューサーが見える（写真／筆者）

※1　ヴァージニア級攻撃型原潜
高性能だが高価に過ぎたシーウルフ級に続いて米海軍が送り出した攻撃型原潜で、建造が進んでいる最中。コストダウンを図る一方で、ミサイル搭載数の増加や戦闘能力向上など、新機軸が満載

※2　可変深度ソナー
頭文字をとってVDSともいう。艦艇の艦尾から海中に降ろす航走体の中に、アクティブ・ソナーを組み込んである。機構的に許される範囲内で任意の深度に降ろせる

※3　フィッシュ
可変深度ソナーの曳航体を意味する別名

P-3Cに装填されるソノブイ。捜索海面上で投下される使い捨てのブイで、胴体下にずらりと投下口が並んでいる（写真／柿谷哲也）

がある。これを吊下ソナー（ディッピング・ソナー、〝dipping sonar〟※4）といい、ホバリングしているヘリから、円筒形のソナー本体をケーブルで海中に吊り降ろす。ケーブル長の調整により、任意の深度まで降ろすことができる。

吊下ソナーには、円筒の表面にトランスデューサーを並べたタイプと、降ろした後で、トランスデューサーを傘の骨のような形で展開するタイプがある。

対潜ヘリや対潜哨戒機はソノブイ（sonobuoy）※5、つまりソナーを内蔵する使い捨てのブイを投下することが多いが、これも着水後にソナー部を海中の任意の深度に降ろす仕組みになっている。

曳航ソナー

パッシブ・ソナーにとって、自艦が発生する騒音は探知の障害となる。そこで、ハイドロフォン・アレイを艦尾から長いケーブルで曳航して、自艦から離れた場所で探知する方法が考案された。これが現在は水上艦や潜水艦のごく一般的な装備となっている曳航ソナー（TASS：Towed Array Sonar System）※6だ。

主な用途は、遠距離探知能力を活かした早期警戒で、自艦が発生する騒音の影響を避けられるほか、艦のサイズよりもずっと長いハイドロフォン・アレイを構成できる利点がある。ハイドロフォン・アレイが細くて柔軟性を備えていれば、艦内に設けたリールに巻き取って船体内に収容することができ、艦の全長より長いアレイを構成できるからだ。

潜水艦の中には船殻の外側に曳航ソナーを収納する「鞘」が張り出したものがあるが、これはハイド

※4　ディッピング・ソナー
吊下ソナーともいう。ホバリング中のヘリコプターからワイヤーで海中に降ろすソナーで、ワイヤーが届く範囲内で任意の深度に降ろせる

※5　ソノブイ
アクティブあるいはパッシブのソナーを内蔵した、使い捨ての浮標。哨戒機やヘリコプターが潜水艦を捜索する際に使用する

※6　曳航ソナー
艦艇の艦尾から引っ張るソナー。艦から離れた場所にソナーを展開できるので、自艦が発する騒音の影響を受けにくい。また、長大なソナーを展開できる利点もある

曳航ソナーの展開概念図

曳航ソナーは、その名の通り艦尾から長いケーブルを通して曳航され、遠距離の探知を可能とするパッシブ・ソナーだ（イラスト／田村紀雄）

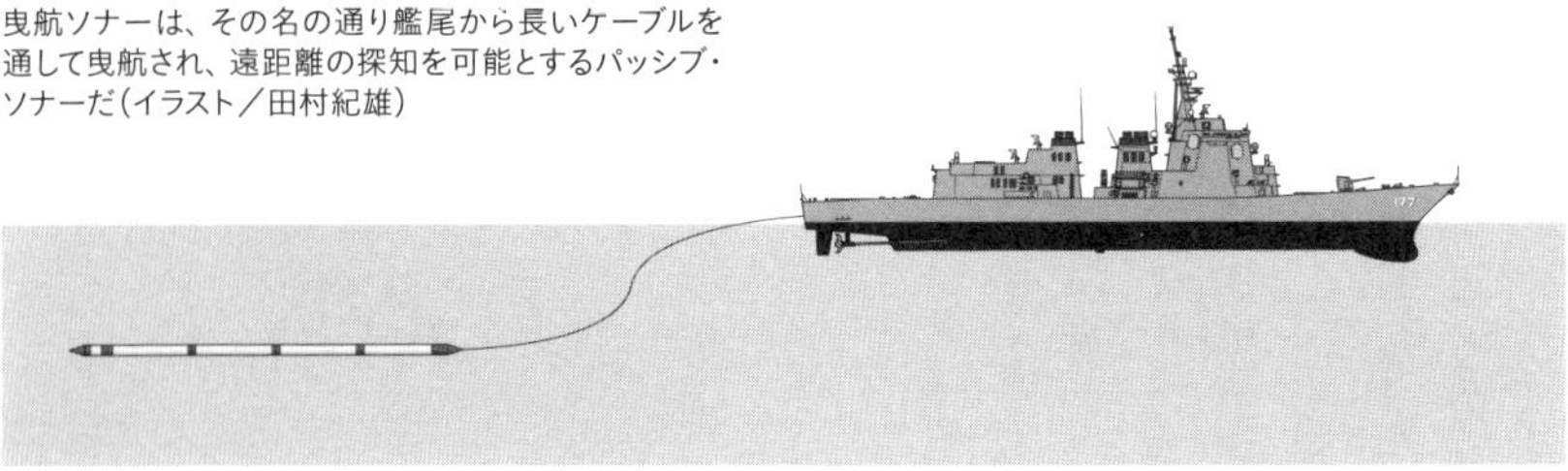

「あたご」の艦尾。護衛艦の艦尾には、左舷に曳航ソナーの繰出口と、右舷に対魚雷用のデコイの繰出口がある（写真／Jシップス）

ロフォン・アレイが太く、リールに巻き取れないため。この形では、アレイの長さは艦の全長に制約される。

昔は曳航ソナーというとパッシブ専用だったが、近年、アクティブ・モードを追加した曳航ソナーが出てきている。その一例が、ロッキード・マーティン社製のＡＮ／ＳＱＲ-20 ＭＦＴＡ（Multi Function Towed Array）※7。こうなると、可変深度ソナーと曳航ソナーの違いは曖昧になってきている、といえるかもしれない。

※7　AN/SQR-20MFTA
米海軍の水上艦が搭載する、最新型の曳航ソナー。従来の曳航ソナーと違い、艦のバウソナーと組み合わせたバイスタティック探知も行える

第29回 艦載艇と救命装備

「屋上屋を架す」という言葉があるが、フネもフネを積んでいる。すぐに思いつくのは救命艇だが、艦艇の場合、その陣容は意外と多彩だ。

SOLAS条約の義務

SOLAS（Safety of Life at Sea、洋上人命安全）という条約があって、軍民を問わず、艦船には規定通りの救命装備を備え付けることが義務付けられている。その具体例が、フネが沈没したときに乗組員や乗員を収容するための救命艇や救命筏であり、個人が身につける救命胴衣である。

護衛艦の場合、定員の120%分を収容できるだけの救命艇や救命筏、それと定員分の救命胴衣を搭載している。前者が定員より多いのは、戦闘被害を考慮に入れたためであろうか？

救命艇として使われるのが、いわゆる艦載艇。海上自衛隊でこの手の用途に使用する艇というと、手漕ぎのカッター（短艇、〝cutter〟）と、エンジン付きの作業艇がある。かつてはカッターと作業艇の両方を搭載していたが、現在は作業艇だけとなった。カッターは主として、訓練課程で使われている。ちなみに、作業艇を内火艇と呼ぶこともあるが、これは帝国海軍時代の呼称がそのまま使われているもの。内燃機関で動くから内火艇である。

帝国海軍時代には、艦載水雷艇というものもあった。これは内火艇よりも大型の艦載艇で、その昔、魚雷発射管まで搭載していたのが名称の由来。その後、魚雷発射管を積まなくなっても名前はそのままだったという。

艦載艇いろいろ

カッターにもさまざまなサイズがあるが、海上自衛隊で使用しているのは9m型と7m型で、護衛艦が載せていたのは7m型、教育隊※1や幹部候補生学校※2で使われているのは9m型。9m型の場合、漕ぎ手が12名、艇指揮、艇長、合計14人が乗る。

補給艦「とわだ」搭載の7.9m作業艇。従来は定番の作業艇だったが、近年の新造艦で搭載されることはほぼない（写真／Jシップス）

カッターの船体は木製で、オールを担当する漕ぎ手は進行方向に背中を向けて2名ずつ並んで座り（というより、横方向に渡された板に尻を引っかけるだけらしい）、並んだ2名がそれぞれ、左舷側と右舷側のオールを受け持つ。

一方、作業艇の船体は繊維強化樹脂（FRP）※3製で、木製よりも耐久性が高い。一般的に用いられるのは全長7・9mのモデルで、船体中央に搭載したディーゼル・エンジンによって最大速力7ノットを発揮する。エンジン付きなので漕ぎ手は不

護衛艦あたご型搭載の11m作業艇。近年の護衛艦はたいてい、この大型化した作業艇を搭載している（写真／Jシップス）

※1　教育隊
海上自衛隊の新入隊員（練習員）を訓練する組織。横須賀、舞鶴、呉、佐世保の4ヶ所にある

※2　幹部候補生学校
海上自衛隊の幹部（士官）を養成するための学校で、広島県の江田島にある。防衛大学校を卒業した海上要員、航空学生の課程を修了したパイロット要員、海曹上がりの幹部候補などが入校する

※3　繊維強化樹脂（FRP）
芯材となる繊維あるいは繊維の織物を樹脂で固めて、樹脂単体よりも強度を高めた素材。いわゆる複合材料の一種で、芯材としてはガラス繊維と炭素繊維が広く知られる

要で、操舵を担当する艇長と、艇尾でエンジンを受け持つ機関長、そして艇首で見張りを担当するバウメン※4の、合計3名で動かす。さらに22名の乗艇が可能だ。雨天や波浪に備えて、艇の前半分を幌で覆えるようになっている。

このほか、近年の大型艦（ＤＤＨ※5やＤＤＧ※6）では、もっと大きい11m型を搭載している事例も見られる。艦が大型化した分だけ、作業艇に求められる搭載量が増えているということだろうか。

作業艇の主な用途は、人員・物資の輸送、他の艦艇との連絡や派遣防火※7、港湾・水路の調査、弱者救助、そして船体外板の塗装といったところ。入港中に必要になることもあるため、接岸前に作業艇を降ろしておいて、入港中はそれを艦尾に繋留している。

海上自衛隊の特別機動船。海上自衛隊は11メートル級RHIBを特別機動船の名称で採用し、特別警備隊の装備としている。船艇のV字形がよくわかる
（写真／海上自衛隊）

その他の艦載艇として、複合艇がある。いわゆるＲＨＩＢだ。これは〝Rigid Hull Inflatable Boat〟の略で、「リブ」と読む。ゴムボート（Inflatable Boat）ならなじみ深いと思うが、これは底を塞いだ浮き輪のようなもので、構造は柔らかい。それに対して、ＲＨＩＢは船底がV型断面のＦＲＰ製で、その周囲を取り囲むようにゴム製のチューブを組み合わせている。こうすることで、軽量化、安定性、耐久性、高速性を両立させている。動力は船体内に組み込んだディーゼル・エンジンで、艇尾に舵とスクリューがある。船形の関係で、航走時は水面上を滑走する形になる。

ＲＨＩＢの利点として、船底の素材が硬質なので、

※4　バウメン
海上自衛隊の作業艇で、艇首に陣取って見張りを担当する役目の乗員のこと

※5　DDH
ヘリコプター護衛艦の艦種記号。護衛艦を意味するDDにHelicopterの頭文字を付けた

※6　DDG
ミサイル護衛艦の艦種記号。護衛艦を意味するDDにGuided missileの頭文字を付けた

※7　派遣防火
自艦ではなく僚艦で火災が発生したときに、消防担当の人員を派遣すること

乗ったときに足元が安定する点が挙げられる。また、周囲をゴムチューブで囲んでいるため接舷の際に防舷材の代わりになり、ゴムチューブは予備浮力の確保にも役立つ。

海上自衛隊では、ミサイル艇のような小型艦艇で、作業艇の代わりにＲＨＩＢを「複合型作業艇」という名称で搭載している事例が見られる。近年では、特に海外派遣される護衛艦では立入検査隊※8用として必須の艦載艇となっているようだ。

全長の違いから、４・９ｍ型、６・３ｍ、７・５ｍ型があり、ミサイル艇では６・３ｍ型を載せている。米海軍では、７ｍ級や11ｍ級のＲＨＩＢを採用しており、イージス駆逐艦のような大型水上戦闘艦でも艦載艇として使用している。

艦載艇を下す装備

艦載艇は、必要になったらすぐに海面上に降ろせなければ困るので、露天甲板上に搭載するのが通例。しかし、艦載艇が舷外にはみ出していては具合が悪い。そこで、ダビット（davit）と呼ばれる装置を使用する。

ポピュラーなのはグラビティ・ダビット（重力型ダビット）で、溝形鋼で構成する曲がったレールを2本並べて、そこに艦載艇を吊り下げたクレードルを載せている。ダビットによって、レールが曲線になっているものと、途中で折れ曲がって「く」の字型になっているものがある。どちらにしても、固定を解くとクレードルが溝形鋼のレールに沿って重力で滑り降りて、舷外に振り出された状態で止まる。そこで索を巻取機から繰り出して延ばし、艇を海面まで下ろす。収容するときには、艇をダビットの真下まで持ってきたところで索を艇につないでから、索を巻き上げる（索の巻き取りは、電動で行う場合と油圧で行う場合がある）。その後、クレードルを

「あたご」型のボートデリック。外舷側にある支点を軸に、舷外にフレームが振り出される（写真／Jシップス）

※8　立入検査隊
海上阻止行動任務に際して、不審な船舶に遭遇したときに立ち入り検査を行うための部隊。個々の艦ごとに、乗組員によって編成する

ボートデリックの使用状況。フレームが舷外に倒れ込むように振り出され、作業艇が吊り下げられる（写真／Jシップス）

引き上げて元の位置に戻す仕組み。

艇がブラブラしたままでは、艦が揺れたときに周囲のものにぶつかって損傷してしまうので、船底にボートチョックと呼ばれる部材を取り付けて固定している。

近年、ダビットではなくデリック（derrick）を使用している艦もある。クレードルを舷外に振り出す代わりに、「く」の字型のフレームが、甲板に取り付けられたヒンジを介して動くようになっている。それによって、艇を吊っている部分を舷外に振り出す仕組み。揚搭の際に艇を索で吊るのはダビットと同じで、吊り上げた艇は甲板上の架台に載せて終わりとなる。

なお、近年ではステルス化のために、艦載艇やダビット（またはデリック）を露出させず、上部構造の中に組み込んだ艦が増えている。その場合には上部構造の側面に開口部があり、そこのシャッターを開いてから艦載艇の揚搭を行う。

ＲＨＩＢは作業艇と比べると軽量なので、大がかりなダビットやデリックは使用せず、クレーンで済ませている。これも甲板上の架台に艇を載せて固定しておき、使用する際には

ひゅうが型、いずも型護衛艦は、艦載艇をすべて艦内に収めている。ひゅうが型はステルス対策としてRCSスクリーンを下すこともできる（写真／Jシップス）

クレーンで吊り上げて、舷外に振り出して海面上に下ろす仕組み。回収の際にはこれもやはり、索を艇につないで吊り上げてもらう。

救命筏と救命浮環

フレームにセットされた膨張式救命筏。艦が沈没するとなれば、一定の深度で自動的に展開する。レバーひとつで投下することもできる（写真／Jシップス）

筏（ラフト、"raft"）といっても、川遊びで登場するそれとは異なり、艦艇が搭載する救命筏はドラム型のケースに収められた膨張式。素材はナイロンなどの布地に浸水防止のためのゴム引きを行った軟質素材で、畳んだ状態でケースに収めている。艦載艇と違って回収の必要はないから、使用するときには固定を解いて海面に落下させるだけだ。海面上に落下したところでケースが割れて、炭酸ガスボンベによって自動的に膨張する。

固定は手動で解くこともできるし、自動離脱機を使用することもできる。自動離脱機は海面下10ｍまで沈んだときに自動的に作動する仕組みで、これは救命筏を投下する余裕もない状況で艦が沈没してしまった場合に備えたもの。

救命《きゅうめい》浮環《ふかん》は要するに「浮き輪」だが、これでもレッキとした艦の搭載品であり、ちゃんと艦名が書かれている。艦橋付近、舷門付近、艦首・艦尾といった具合に、各所の露天甲板に分散配置してあり、乗組員が海に落ちたとか、海から人を救い上げる必要が生じたとかいった場面で、すぐ海中に放り込めるようになっている。近年の護衛艦には、自動で投下できる装置を備えている艦もある。

護衛艦「さざなみ」の救命浮環。いつでも使用できるよう、艦内甲板上各所に架けられている（写真／Jシップス）

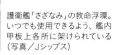

第30回 水上戦闘艦の航空艤装 その1

現代の水上戦闘艦では、ヘリコプターの搭載が不可欠だ。ヘリを搭載するだけでなく、安全に発着艦させるためには、そのための設備や機器が必要になる。まず発着甲板と格納庫を見ていこう。

艦尾に備わるヘリコプター発着甲板

まず、ヘリコプターを発着艦させるには、何はなくともヘリコプター発着甲板が必要だ。普通は上部構造の後ろ、艦尾に設置する。艦が前進しながらヘリコプターを発着させるため、艦尾側に甲板を設ける方が都合がよいためである。

ヘリコプター発着甲板のサイズは、搭載を想定しているヘリコプターのサイズに依存する。といっても、実際にはヘリコプターより艦の寿命の方が長いので、ヘリコプター発着甲板のサイズが、運用できるヘリコプターのサイズを制約する、という方が正しい。さらに甲板の強度も問題で、搭載するヘリコプターの重量に見合った強度が必要である。これも、水上戦闘艦に搭載するヘリコプターの機種を決める際の制約要因になる。

ヘリコプターが発着艦を行う際には、高速で回転するメイン・ローター※1やテイル・ローター※2という危険物があるほか、ローターからのダウンウォッシュ※3も危険要因になる。そこで、甲板作業や前後の往来を安全に行えるように、ヘリコプター発着甲板の位置を上甲板よりも一層上げるのが、かつての一般的なスタイルだった。

※1　メイン・ローター
ヘリコプターが使用するローター（回転翼）のうち、揚力と推進力を発揮するためのもの。機体上部に水平に取り付ける

※2　テイル・ローター
ヘリコプターが使用するローター（回転翼）のうち、メイン・ローターの回転に伴う反力で機体が回ってしまわないようにするためのもの。尾部に縦向きに取り付ける

※3　ダウンウォッシュ
ヘリコプターのメイン・ローターから下向きに吹き下ろす気流のこと

たかなみ型護衛艦に着艦するSH-60K。現在の水上戦闘艦にとって、艦上でのヘリ運用はさまざまな局面で必須の装備となっている（写真／Jシップス）

海上自衛隊の護衛艦であれば、はつゆき型やあさぎり型、アメリカ海軍であれば、タイコンデロガ級巡洋艦がこのパターンだ。こうすれば、ヘリの運用と前後の往来は干渉しない。

しかし、近年ではステルス性の要求が強まっている。すると、ヘリコプター発着甲板と上甲板の間にできる段差や空間は、ステルス性を損ねる要因と見なされる。そこで、上甲板の艦尾端がそのままヘリコプター発着甲板になるスタイルが一般的になった。ただしアーレイ・バーク級フライトⅡAでは、艦尾のヘリコプター発着甲板が一層低くなって、全体では長船首楼型のような形になっている。

海上自衛隊の艦では、上甲板レベルに設けたヘリコプター発着甲板の後部に係留装置などを配するエリアを確保して、そこをヘリコプター発着甲板よりも少し下げている。こうすれば、ヘリコプターが発着するエリアと係留作業などを行うエリアを明確に分けることができ、作業上の支障がいくらか減る。

発着甲板を広くとるには

ヘリコプター発着甲板が狭いと、ローターが上構に接触したり、降着装置※4をヘリコプター発着甲板から踏み外したり、といった危険が考えられる。スペースの余裕があるに越したことはない。また、将来的に新型のヘリコプターを搭載することを考えると、大型化を許容できる面積の余裕がほしい。

そのためヘリコプター発着甲板は、船体の幅をいっぱいに使うのが一般的だ。つまり、全幅の大きい船形の方がヘリコプター発着甲板を広くとれる。しかしそれではスピードが出なくなるため、むやみに幅を広くすることはできない。

その点、アメリカのインディペンデンス級沿海域戦闘艦（ＬＣＳ）※5のようなトリマラン船形※6にすると、細い3つの船体を並べる形になるので、上甲板も、ヘリコプター発着甲板も、全幅を飛躍的に広くできる。実際、インディペンデンス級のヘリコプター発着甲板は実に広々している。

格納庫と搭載機数

かつてはヘリコプターを運用できる水上戦闘艦といっても、ヘリコプター発着甲板だけを設けた艦が多かった。海自のこんごう型ミサイル護衛艦、そのタイプシップであるアーレイ・バーク級フライトⅠも同様だ。こうした形態では、燃料補給や人員・貨物の揚搭程度はできるが、恒常的な搭載はできない。露天係止※7では機体が傷みやすく、もちろん整備もままならない。

恒常的にヘリコプターを搭載するには、ヘリコプター発着甲板に隣接するヘリコプター格納庫が必須だ。整備時などは格納庫に収容しておいて、使用するときにヘリコプター発着甲板に引き出して飛び立たせる。ただし、格納庫のサイズもまた、搭載できるヘリコプターのサイズを制約する。

ヘリコプターの側でも、場所をとらないように工夫をしている。メイン・ローターを折り畳み式にす

※4　降着装置
航空機が備える「脚」の総称

※5　インディペンデンス級沿海域戦闘艦
沿海域戦闘艦(LCS)のうち、オースタルUSAが建造しているトリマラン型。飛行甲板と格納庫の幅を広く取っている点が特徴。フリーダム級と異なり、船体も含めてすべてアルミ製

※6　トリマラン船形
日本語では三胴船。その名の通り、センターハルの左右に細長いサイドハルを並べた構成で、甲板の幅を広く取れる上に安定性に優れる

※7　露天係止
艦艇に乗せた航空機を、格納庫に入れないで露天の甲板に駐機すること。動いてしまわないようにチェーンで甲板に固定するので係止という

あきづき型の飛行甲板と格納庫。格納庫はヘリ2機を格納でき、右舷寄りの支柱を跳ね上げて開口部を大きくすることもできる。側面は台形状に傾斜し、ステルス性が考慮されている(写真/Jシップス)

るのは基本中の基本で、これによって全幅を非常に小さくすることができる。海自で採用されているMCH-101※8のように、テイルブーム※9を途中から前方に曲げて畳める機体もある。

搭載機数はヘリコプター格納庫の規模によって決まる。一般的な水上戦闘艦では、ヘリコプターの搭載機数は1機か2機だ。数少ない例外は、何年か前に退役した海自のDDHで、はるな型※10としらね型は3機分の格納庫を設けていた。

2機を搭載する場合の格納庫配置は、2パターンある。アーレイ・バーク級フライトⅡAやオリバー・ハザード・ペリー級ミサイルフリゲートは、2ヶ所の格納庫を左右に分けて設けており、その間に通路や発着管制所を設けている。一方、海上自衛隊の汎用護衛艦は、2機分の幅がある格納庫をひとつだけ、艦の全幅にわたって設けている。

ヘリコプター格納庫を1機分しか設けない場合、中心線上に設けるのが一般的なスタイルだ。海自の護衛艦ならはつゆき型がそうだ。しかし、艦内配置の都合で右舷側、あるいは左舷側に寄せる場合もある。オーストラリアとニュージーランドのANZACフリゲート※11は右舷側に寄せた例、あたご型は左舷

アーレイ・バーク級フライトⅡAの飛行甲板は主砲などの搭載されている上甲板より1層低く、上構を低く抑えるとともに、格納庫の高さを確保している。格納庫は両舷に各1機を収める(写真/Jシップス)

※8　MCH-101
EHインダストリーズ(現在はレオナルド・ヘリコプターズ)が製造している三発の大型ヘリ。MCH-101は、海上自衛隊の南極向け輸送と機雷捜索に使用しているモデルを指す。メーカー名称はEH101またはAW101で、海外では艦載対潜ヘリとしても使われている

※9　テイルブーム
ヘリコプターの胴体から尾部に伸びる部材。これの先端にテイルローターを取り付ける

※10　はるな型
海上自衛隊におけるヘリコプター護衛艦の一番手。空母型ほど多くの機体は搭載できないが、通常の護衛艦より多い3機のヘリを搭載可能。続くしらね型とともに、長く護衛隊群の旗艦を務めた

あさぎり型の飛行甲板は上甲板より1層高くなっている。2機のヘリを収めるため、格納庫は不自然なまでに大きい。そそり立つ垂直の壁は、ステルス性に対する考慮などなかった時代の産物だ（写真／海上自衛隊）

に寄せた例だ。

ヘリコプター格納庫は一般的に、上部構造物の後端がそのまま格納庫になる形である。もちろん、搭載するヘリコプターのサイズに見合った空間を確保しようと工夫されている。近年ではステルス性の要求が強まったため、あさぎり型のように側面が切り立った大きな「箱」をそのまま載せるのではなく、側面を傾斜させ、一体感のある上構に仕立てるのが普通だ。上甲板／ヘリ発着甲板を境にして、それぞれ内側に傾斜を付け、レーダー反射面の低減を図っている。

一風変わった格納庫いろいろ

小型艦ではヘリコプター格納庫のサイズを十分に確保できないことがある。そこで登場するのが入れ子式格納庫（telescopic hangar）だ。アメリカ沿岸警備隊※12のハミルトン級※13や、大型艦ながら兵装満載でスペースに制約のあるロシアのソブレメンヌイ級※14などが、入れ子式格納庫を採用している。

入れ子式というと何のことだか分かりにくいが、要するに伸縮式格納庫だ。「屋根」と「壁」の部分が2～3個のブロックに分かれていて、前から後ろに向かうにつれて断面積が段階的に小さくなる。ブロックをスライドさせて重ねれば、全長は短くなる。

ヘリコプターが発着するときには前方にスライドさせて短くすることで、ヘリコプター発着甲板のサイズを最大限に確保する。着艦と係止が終わったら格納庫を後ろに伸ばし、ヘリコプターの尾部までカバーする。最後に、後部のシャッターを閉めれば作業完了だ。当然、発艦の際には逆の流れになる。

※11　ANZACフリゲート
オーストラリアとニュージーランドが共同で建造・導入したフリゲート。ベースはドイツのMEKO200型。両国とも近代化・能力向上を実施している

※12　アメリカ沿岸警備隊
アメリカの海洋法執行機関。現在は国土安全保障省の下部組織。戦時には海軍の下で任務に就くため、五番目の軍種と位置付けられることも

※13　ハミルトン級
米沿岸警備隊の巡視船（カッター）。外洋向けで比較的大型、巡視船としては珍しく76㎜砲を搭載する。近年、他国への譲渡が相次いでいる

※14　ソブレメンヌイ級
ソ連/ロシア海軍で、1981年1月から1994年4月にかけて17隻が就役した、対水上戦重視の駆逐艦。中国はロシアの未成艦2隻を購入、さらに自前で2隻を新規建造した

ロシアのウダロイ級駆逐艦の格納庫も一風変わっている。搭載するカモフ製のヘリコプターは二重反転ローターを使用しており、全長は短いが、全高が高い。そこで、ヘリコプターを格納庫に引き込んだ後で、格納庫の床面が沈み込むようになっている。床面を上げたときにローターがぶつからないように、格納庫の艦尾側（ヘリコプター発着甲板に面した側）の扉を開くだけでなく、屋根も開く。

ロシアのキーロフ級巡洋艦※15や、かってのアメリカのヴァージニア級ミサイル巡洋艦はさらに変わっている。ヘリコプター格納庫はヘリコプター発着甲板の下にあり、エレベーターで出し入れする。こうすれば上部構造に格納庫を設けるスペースは要らなくなるが、代わりに船体内にスペースを必要とする。しかも、エレベーターを使う分だけ複雑な機構になる難点があり、メジャーな形態ではない。

艦載ヘリはローターを後方にたたんで、小さく格納できるようになっている。「しらせ」の搭載するCH-101や、MCH-101は機体後部も折りたたんでさらにコンパクトにできる（写真／Jシップス）

米沿岸警備隊のハミルトン級カッターは入れ子式の格納庫を設けている。写真右の艦首側に向かってスライドし、飛行甲板を広くとることができる（写真／Jシップス）

※15　キーロフ級巡洋艦
ソ連／ロシア海軍で、1980年12月から1998年4月にかけて4隻が竣工した大型の水上戦闘艦。戦後の艦としては空前の巨体に原子力推進を組み合わせており、VLS導入の先鞭を付けた点が特筆される

第31回 水上戦闘艦の航空艤装 その2

前回に続きヘリコプターの運用に必要な設備・機材として、今回はヘリコプター発着甲板とその周辺に設ける、さまざまな航空関連艤装について見ていくことにしよう。

ヘリを掴まえる

当たり前のことだが、洋上を走る艦は揺れている。降りようとしたら艦が揺れて位置がずれてしまったり、艦が傾いてヘリコプターが舷外に滑り出たり、ということになったら大変だ。そこでヘリを安全に着艦させるために装備されているのが着艦拘束装置（arresting gear）。この装置の登場により、駆逐艦やフリゲートといった小型の水上戦闘艦でもヘリの運用が可能になった、という大発明なのである。

代表的な着艦拘束装置は2つある。1つはカナダで考案された「ベア・トラップ」※1。もう1つが、アメリカで考案されたRAST（Recovery Assist, Secure and Traverse）※2で、カーチス・ライト社の製品である。

どちらも、基本的な動作は似ており、ヘリの胴体下面から突き出したプローブ（棒）を、着艦するやいなや拘束装置がくわえ込んで固定する仕組みになっている。こうした着艦方法を海上自衛隊ではアンテザート・ランディング（untethered landing）と呼ぶ。

また、最初にヘリからメッセンジャー・ケーブル※3を降ろし、それを艦側のテザリング・ケーブル※4と接続する方法もある。それをヘリが巻き上げて取り込むと、胴体下面に取り付けてあるプローブと

※1　ベア・トラップ
カナダで考案されたヘリコプター用の着艦拘束装置。初物によくあることで、ヘリ用着艦拘束装置の代名詞と化している

※2　RAST
米海軍のペリー級フリゲートや海自の護衛艦で使われている、ヘリコプター用の着艦拘束装置。カーティス・ライト製

※3　メッセンジャー・ケーブル
ヘリコプターが着艦拘束装置を使用する際に、まず艦上に下ろすケーブル。これを使ってテザリング・ケーブルを取り込む

※4　テザリング・ケーブル
ヘリコプターが着艦拘束装置を使用する際に、拘束装置とヘリをつないで強制的に引き下ろすためのケーブル

自動的につながる仕組み。プローブにケーブルを接続したら、艦側の操作によってケーブルを緊張させて、ヘリを拘束装置に正対させる。そのままケーブルを巻き取ってヘリを強制的に引き下ろす。この着艦方法を「テザート・ランディング」(tethered landing)という。逸脱を防ぐための保険といえようか、海が荒れていてもヘリを強制的に引き下ろせる「最後の切り札」である。

風が弱く、海が凪いでいるときなら、パイロットが自らの操縦操作によって艦をヘリ発着甲板に下ろすことができる。これが「フリー・ランディング」(free deck landing)。この場合、着艦に拘束装置は使わないが、着艦した後の移送では拘束装置の世話になる。

ベア・トラップもRASTも、ヘリコプター発着甲板から格納庫にかけて埋め込んである移送用レールにつながっていて、そのレールに沿って移動する。ヘリを拘束した状態で拘束装置を移動させれば、ヘリを安全に格納庫に取り込むことができる。

ヘリの胴体下面と甲板の間の空間に収まらないといけないので、着艦拘束装置は薄型にできている。

テザート・ランディングで護衛艦に着艦するSH-60K。RASTとヘリのプローブがケーブルでつながれ、強制的に引き下ろされる(写真/Jシップス)

たかなみ型が装備するE-RAST。写真では見えづらいが、着艦に備えてテザリングケーブルが用意されている(写真/Jシップス)

フランスで開発されたハープーン・グリッド・システム。穴の並ぶ部分にプローブを差し込んで機体を拘束する(写真/筆者)

あきづき型に装備されている新型の着艦拘束装置ASSIST Mk.6。挟み込むのではなく、爪状のフックでプローブを拘束する(写真/Jシップス)

その拘束装置を移動したり、ケーブルを巻き取ったりといった機能を司る機器は、ヘリ発着甲板直下の「航空動力室」に収まっている。

日米では使われていないが、フランスで開発されたハープーン・グリッド・システムというものもある。ヘリが着艦する場所の甲板に、小穴をたくさん開けた部分があり、ヘリの胴体下面に設けたプローブをそこに差し込む仕組み。穴がひとつだとピンポイントで狙わなければならず、現実的ではないので、穴をたくさん用意してある。この方法では拘束装置は甲板に埋め込まれているので、拘束装置と移送装置は完全に別個になっている。

着艦方法いろいろ

艦側の仕事は、前述した拘束装置の操作に加えて、パイロットに誘導の指示を出すことだ。それを担当するのがＬＳＯ（Landing Signal Officer）で、ＬＳＯが陣取るための管制所である発着艦指揮所も慣例的にＬＳＯと呼ぶ。

海上自衛隊の護衛艦では、ＬＳＯ管制所はヘリ発着甲板の一角から突出したガラス張りになっている。露天甲板で周囲がまるごとガラス張りなので（一応、空調はついているそうだが）、夏は暑くて大変らしい。アメリカ海軍のアーレイ・バーク級フライトⅡＡのように、上構後部の艦尾側に張り出す形でＬＳＯを設けることもある。ただしここからでは着艦するヘリの足元が見えにくいので、別にヘリ甲板にもＬＳＯがある。

海上自衛隊の最近の護衛艦とＳＨ－60Ｋの組み合わせでは、

海自護衛艦の発着艦指揮所。上甲板に半埋め込み式になっており、LSOはちょうど飛行甲板に首を突き出すような位置になる（写真／Jシップス）

自動着艦装置を利用することもできる。これは艦とヘリの位置関係を連続的に把握しながら、システムが適切な自動操縦を行い、ヘリを発着甲板に下ろすもの。つまり、艦の動きに対してヘリが自動追従する仕掛けである。

着艦のための目印や指示

ヘリ発着甲板には、パイロットが操縦操作を行う場合の目印や、指示を出すための機材も必要になる。国によってさまざまな種類があるので、ここでは海上自衛隊の艦を例にしてみよう。

まず、艦の左右の動揺を視覚的に把握するための「水平灯」がある。これは横長の棒状の灯火で、ヘリ格納庫入口の上部に取り付ける。その近くに、艦の動きや着艦の可否を指示するための「着艦誘導灯」を設ける。白・燈・赤・緑の灯火を組み合わせ、上下左右の矢印を構成するようになっている。

そのほかにも細々した艤装※5品がある。たとえば、ヘリ発着甲板や格納庫にはヘリを固定するための係止用金具を埋め込んであるほか、万が一の火災発生に際して消火剤を噴射するためのノズル、要員の転落防止やダウンウォッシュの拡散防止となる起倒式の柵、整備員の待機所、搭乗員が状況説明を受けたり待機したりするための待機室、ヘリ発着甲板を夜間に照らすための甲板照射灯、整備の際に必要となる工具を保管するための工具箱、といったものだ。

格納庫脇の上下開口部の上段には消火用のホースリールが備わり、消火栓やホースも用意されている。下段の開口部は給油ステーション（写真／Jシップス）

格納庫端には4方向の矢印のある着艦誘導灯、天蓋上には水平灯がある。水平灯は固定され艦の傾きを示すものと、可動して常に水平を示すものとがセットになっている（写真／Jシップス）

※5　艤装
艦船の建造に際して、船体に機器や内装を取り付けていく工程を指す言葉。この言葉は鉄道車両でも使われることがある

たかなみ型の格納庫脇右舷側に装備されている着艦誘導支援装置（SLAS）のセンサー（写真／Jシップス）

なお、消火剤噴射用のノズルは艦に固定設置するだけでなく、移動式、あるいは携帯式の消火器も併用する。もちろん、燃料や搭載兵装の保管・補給設備も必要である。

ヘリ格納庫の入り口に設ける扉やシャッターも各国海軍で特徴がある。左右に観音開き、上方に巻き上げるシャッター、ジグザグに折り畳みながら上方に引き上げるタイプなどさまざまだ。現代の艦艇では、当然CBRN（Chemical, Biological, Radiological, Nuclear／化学・生物・放射線・核兵器）対策として、密閉できる構造になっている。

なお、水上戦闘艦では空母と違い、航空管制レーダー※6を独立して設けないのが普通。対空捜索レーダーや対水上レーダーで兼用して済ませている。

艦が大きくなると事情が変わる

一方、海上自衛隊の空母型ＤＤＨや、本物の空母、強襲揚陸艦のような大型艦では、ヘリを着艦させる際に拘束装置は使わない。両手に誘導用のパドル※7や照明を持った誘導員からの指示に従って、フリー・ランディングで降ろす。

拘束装置で機体を移動することはできないし、そもそも発着艦スポットが1ヶ所ではないので、発着甲板と格納庫の間の単純な往復だけではすまない。そのためヘリを移動する牽引車※8が必要となる。甲板が広くなると、固定設置のノズルだけでは消火剤も届かないので、自走できる消防車も必要だ。また、広い甲板で同時に多数の機体を運用するため、ＬＳＯではなく本格的な航空管制所※9が設置されている。

※6　航空管制レーダー
艦の周囲を飛んでいる航空機を捜索・追尾して、管制官に情報を提供するための捜索レーダー。空母の必須アイテム。長い捜索距離は求められない

※7　パドル
艦上での航空機の発着（特に着艦）に際して、誘導担当者が機体に指示を出す際に手に持つアイテム。夜間はパドルだと見えないため、灯火を使用する

※8　牽引車
エンジンを切った状態の航空機やヘリコプターを、艦上で移動させるための車両

※9　航空管制所
空母のアイランドに設ける施設で、甲板上での機体の往来を指示するためのもの。プライ・フライ（primary flight control）ともいう

第32回 艦載ヘリコプターの意義

今や、水上戦闘艦ならヘリコプターを搭載するのは当たり前。しかし、同じ「搭載機」でも、空母の搭載機と水上戦闘艦のヘリでは、システムという見地から見た場合大きな違いがある。

水上戦闘艦のヘリは艦の「目」と「槍」

極端なことをいえば、空母の搭載機にとって空母とは、「自分を目的地の近くまで運んでくれる移動式飛行場」である。空母はあくまで、補給・整備・休養のための拠点。いったん飛び立ってしまえば、空母と常時連携しながら何かをする、というものでもない。

ところが、水上戦闘艦にとってのヘリコプターは事情が違う。水上戦闘艦がヘリコプターを搭載するようになったのは、艦の搭載兵装でカバーできないところまでリーチを広げる、という狙いがあるからだ。このほか、艦の近隣で救難や輸送を行うという用途もあることは言うまでもない。

特に潜水艦を相手にする場合、艦隊や輸送船団に接近しようとする敵潜をいち早く見つけて狩り立てて、追い払うか沈める必要がある。空の脅威といえば対艦ミサイルだが、これもできるだけ早く飛来を知れば、対処のための時間的余裕が増す。

海上自衛隊は全通甲板型のDDHを導入し、哨戒ヘリのより効率的かつ継続的な運用を行うようになっている。「ひゅうが」に着艦するSH-60K（右）とSH-60J（左2機）は、海自の誇る「全部入り」の哨戒ヘリだ（写真／海上自衛隊）

ところが、艦上のレーダーやソナーがカバーできる範囲は、比較的限られる。攻撃用の兵装も事情は似ていて、たとえばアスロックの射程距離はせいぜい十数km。水平線より手前の範囲内に魚雷を投射できるに過ぎない。短魚雷を直接発射するのであれば、さらにリーチは短い。しかしヘリコプターなら、ずっと遠方まで進出できる。

魚雷を搭載した無人ヘリコプターを搭載すれば、遠方まで魚雷を投射できるということで考え出されたのがＤＡＳＨ（Drone Anti-Submarine Helicopter）※1だが、まだ当時は技術力が追いつかず頓挫した。しかし、有人のヘリコプターを水上戦闘艦に搭載できれば、センサーや兵装を搭載し、艦の固有兵装でカバーできないところまで「目」や「槍」を展開できる。

艦載ヘリの特徴とその主要な装備

米空母はかつて、対潜ヘリとしてＳＨ‐60Ｆ※2を搭載していたが、これは吊下ソナーぐらいしか備えていない。あくまで空母の近隣で潜水艦を捜索するという前提で、それに適したセンサーだけを持っていた。

それに対して、巡洋艦や駆逐艦やフリゲートが搭載していたＳＨ‐60Ｂ※3は、吊下ソナーは持たない。レーダー、ＥＳＭ（逆探知装置、Electronic Support Measures）、ＭＡＤ（磁気探知装置、Magnetic Anomaly Detector）※4、ソノブイといった具合に、固定翼対潜哨戒機に匹敵する陣容のセンサー機器を揃えている。これらはどちらかというと、広い外洋で潜水艦を狩り立てるための布陣である。搭載兵装の方も、対潜魚雷に加えて爆雷や対艦ミサイルまで搭載できる。

では海上自衛隊はどうか。ＳＨ‐60Ｊ／Ｋ※5にしろ、その前任のＨＳＳ‐2Ｂ※6にしろ、ＳＨ‐60Ｂと同様のセンサー機材に加えて吊下ソナーまで備えている、まさに「全部入り」である。これなら艦隊や輸送船団の近隣でも、それより外方の広域対潜戦でも対応できる。

※1　DASH
米海軍や海上自衛隊で使用していた無人ヘリコプター。機体の下面に対潜魚雷を搭載して、潜水艦の近くまで進出・投下するためのもの。運用実績はあまり良くなかった

※2　SH-60F
米海軍の空母が搭載していたヘリコプター。空母の近隣における潜水艦捜索だけでなく、救難や輸送も担当した

※3　SH-60B
米海軍の水上戦闘艦が搭載していたヘリコプター。広域潜水艦捜索が主な任務だが、対艦ミサイル警戒や救難も担当した

※4　MAD
磁気探知装置。巨大な鉄塊である潜水艦が海中に存在することで生じる磁場の変動を検出する仕組み。哨戒機や哨戒ヘリが搭載する

ソノブイを投下するMH-60R。米海軍はさらに進化した電子光学センサーやデータリンクを装備した本機の導入を進めている（写真／US Navy）

ただ、機内スペースに余裕があるP‐3オライオン※7、P‐8ポセイドン※8、P‐1※9といった固定翼対潜哨戒機と異なり、ヘリコプターの機内は狭い。載せられる機器の規模やセンサー・オペレーターの人数は限られるため、データ処理能力の面ではハンデを負う。「全部入り」で機材が多い海自のヘリでも、苦労したポイントではないだろうか。

さらに、搭載艦から発進して遠方まで進出し、そこで何かを探知したとしても、その情報を艦側とどうやって共有するかという問題がある。無線機を使って口頭で伝達するのでは、言い間違いや聞き間違いのリスクがある。そもそも、口頭ですべての情報を迅速に伝達できるかというと、疑問が残る。

リアルタイムで連接するヘリと艦の情報共有

そこに情報通信技術の進化が恩恵をもたらした。情報伝達・共有のために、ヘリコプターと搭載艦を無線データ通信、つまりデータリンク※10でつなげばよい。ヘリコプターのセンサーで得た情報を艦にリアルタイムで送れば、両者で情報を共有できるし、生の音響データを送って処理・解析を艦側に委ねることもできる。

※5　SH-60J/K
海上自衛隊の護衛艦が搭載するヘリコプター。広域潜水艦捜索が主な任務だが、対水上戦など多様な任務を受け持つ

※6　HSS-2B
海上自衛隊の護衛艦が搭載していたヘリコプター。広域潜水艦捜索が主な任務だった。米海軍のSH-3シーキングと同系列

※7　P-3オライオン
ロッキード・エレクトラ旅客機を改設計して所要のセンサーを搭載した、陸上基地用の哨戒機。広域潜水艦捜索に加えて、洋上監視や対艦攻撃も可能

※8　P-8ポセイドン
米海軍がP-3の後継機として導入した、陸上基地用の哨戒機。737旅客機がベース

このデータリンクのことを、日本ではHSデータリンクと呼ぶことがある（HSとは対潜ヘリコプターのこと）。米海軍では、ヘリコプターと搭載艦のデータリンクがつながって情報を共有できる状態を指して、「ママの装置にしっかり通じる」と言うのだとか。

日本の場合、まずしらね型DDHやはつゆき型DDで、ソノブイのデータを受信するソノブイ情報処理装置OQA-201を搭載した。これはその名の通り、ソノブイのデータを受けて解析するだけの機材である。要するに、ヘリが遠方で投下したソノブイの探知情報をヘリに中継してもらう形で受けて、艦の外部センサーとして使うものだ。

続くあさぎり型では、OYQ-101対潜戦情報処理システム※11を導入するとともに、ヘリコプターの戦術情報表示装置と艦側の指揮管制装置の連接が実現した。つまりソノブイのデータに限定せず、ヘリコプターが自機の搭載センサーで得た情報を搭載艦と共有して活用できるということだ。それを実現するにはヘリコプターの側にも相応の機器が必要で、それを実現したのがSH-60Jである。

ヘリコプターと搭載艦のデータリンクを実現する仕組みは、米海軍が先に導入していた。それが前述のSH-60Bである。米海軍では水上戦闘艦が搭載するヘリコプターのことをLAMPS（軽量航空多用途システム、Light Airborne Multi Purpose System）と呼んでおり、SH-2Dシースプライト※12がLAMPS Mk.I、SH-60BシーホークがLAMPS Mk.Ⅲである（LAMPS Mk.ⅡはSH-2Dを改良したSH-2Eだが、開発中止になった）。

その後に米海軍が導入したMH-60Rオーシャンホーク※13や、海上自衛隊が導入したSH-60Kも、同様の使い方をする。艦から見れば、これらの搭載ヘリコプターは「艦の分身」であり、単独で動く存在ではないのだ。

なお、米海軍が現用中のMH-60Rは電子光学センサーを備えており、その映像データも艦にリアルタイムで送れる。そこで使用するデータリンクは、専用のAN/SRQ-4 HawkLinkだ。

※9　P-1
海上自衛隊がP-3の後継機として導入している、陸上基地用の哨戒機。機体も含めて新規設計だが、C-2輸送機と共通する部分もある

※10　データリンク
艦艇や航空機を相互にデジタル無線通信でつなぎ、情報を共有できるようにしたもの

※11　OYQ-101対潜戦情報処理システム
ソナーを初めとする潜水艦捜索用の各種センサーから情報を取り込んで処理することで、潜水艦の探知・追尾を支援するためのコンピュータ

※12　SH-2Dシースプライト
米海軍の水上戦闘艦が搭載していたヘリコプター。広域潜水艦捜索が主な任務で、SH-60Bが載らない小型艦で重用していた

哨戒ヘリを操縦する搭乗員も、陸上基地に展開する航空隊が原隊だ。航空隊から護衛艦の必要に応じて派遣され、艦長の指揮下に入る。彼らは飛行機乗りと船乗り、両方の気質を兼ね備えるという（写真／Jシップス）

いずも型、ひゅうが型DDHは飛行甲板下に整備区画としても使用される広い格納庫が備わっている。ここで機体の整備にあたる乗員は陸上基地からローテーションで乗艦する（写真／柿谷哲也）

組織上も艦の一部 搭乗員と整備員

実は、システム的な見地だけでなく組織、指揮統制の見地からいっても、ヘリコプターは艦の分身である。

米海軍でも海上自衛隊でも、艦載ヘリコプターの飛行隊は陸上に独立している。日本だと大湊、館山、大村などに艦載ヘリコプターの航空隊がおり、厚木基地には米海軍の艦載ヘリコプター飛行隊がいる。しかし米海軍の空母航空団と異なり、ヘリコプターの飛行隊がそのまま艦に乗るわけではない。一部の機体と搭乗員と整備員を艦に派遣する形である。

横須賀から護衛艦が航海に出ると、館山基地からヘリコプターが飛来する。それが艦上に降り立つと艦長の指揮下に入り、内務上は第5分隊[※14]を構成する。ヘリコプターのパイロットは幹部であるから、艦側の幹部と一緒に士官室で食事をするし、ヘリコプターを担当する海曹士は科員食堂で艦の乗組員と食事をする。居住スペースも艦側の幹部や海曹士と同じである。

そして、護衛艦が任務に就いている間、ヘリコプターの運用は隊司令や群司令が一括して実施する。陸上にいる航空隊からいちいち指令を受けているわけではない。艦の分身として任務に就く以上、艦長や隊司令・群司令が意のままに動かせないと齟齬が生じる。そこでこういう方式になっているわけだ。

※13　MH-60Rオーシャンホーク
米海軍の水上戦闘艦が搭載しているヘリコプター。広域潜水艦捜索が主な任務だが、対艦ミサイル警戒や救難も担当する。SH-60Bの後継機

※14　第5分隊
海上自衛隊の艦艇における内務上の単位のひとつで、飛行科、つまり艦に派遣されてくるヘリコプターの搭乗員・整備員などが所属する

【コラム】甲板上の様々な装備

一般公開された艦艇を訪れたときは、まず足元に注意しなければならない。艦内はまだしも、上甲板レベルでは甲板の上にいろいろな装備が付いているので、うっかりすると蹴躓いて転んでしまう。

上甲板のいろいろ

旗竿に自衛艦旗を掲揚する様子（写真／海上自衛隊）

まず、上甲板の最前部と最後尾には、旗竿（flagstaff）がある。所属を明らかにするための軍艦旗（ensign、日本では自衛艦旗という）などを掲揚するためのものだ。海上自衛隊の場合、艦首の旗竿（高さ3・5ｍ）は垂直に立っているが、艦尾の旗竿（高さ4・5ｍ）は後部に向けて少し傾けてある。なお、艦首旗竿は〝jack staff〟、艦尾旗竿は〝ensign staff〟という。上甲板の中央部は上部構造物が陣取っているので、前後に行き来するための通路は左右に設けている。そこで足元を見てみると、ところどころで外舷に向けて樋のようなものが張り出しているのが分かるはずだ。これは甲板に溜まった水を排出するためのもので、排水樋（はいすいとよ、〝scupper〟）という。

その通路にしろ前甲板・後甲板にしろ、基本的には灰色の塗装だが、部分的にザラザラした滑り止め塗装になっているはずだ。そこを歩けば、足を滑らせる危険性は少なくなる。滑り止め塗装になっていないところはツルツルだから、特に濡れていると滑りやすくて危険だ。

また、転落防止のために手すりを設けてあるが、これは細い手すり柱（stantion）にチェーンやネットを張り渡す簡素な構造。人が寄りかかることは想定していないので、一般公開で訪れたときには注意したいところ（艦側でも注意喚起しているけれど）。それに、高さは１ｍちょっとしかない。もともと、乗組員が艦内生活に慣れていることを前提にした設計であり、不慣れな部外者のことは考えていないのだ。

艦と岸壁を繋ぐ舷梯（写真／海上自衛隊）

その上甲板と岸壁の間を行き来する際には、舷梯（gangway）を使用する。名前だけ見ると梯子っぽいが、実体は急な階段といった風情だ。折り畳み式になっていて、普段は立てて前後方向に固定してある。これを使用するときだけ岸壁に下ろすのだが、まず外向きに倒すと梯子が姿を現す。一端はヒンジになっていて、反対側をウインチにつないだワイヤーで支えながら下ろす仕組み。

串刺し繋留になったときには、隣の僚艦と行き来するために梯子をかけるが、こちらは水平状態で使用する前提なので、舷梯とは別に用意している。舷梯も梯子も、一応は左右に転落防止用のロープを張れるようになっているが、そんな強固にはできていないので、迂闊に体重をかけてはいけない。

舷梯や梯子の設置場所は、艦と陸地の間を行き来する際の窓口となる舷門（これもgangway）の付近となる。艦内一般公開の際に出入りする場所もこれである。舷門といっても門があるわけではない。当直員が立哨するほか、記録作業用の机、告知用の黒板、時計、艦内と連絡するための電話機、放送装置といったものを用意するだけだ。

ハッチと水密扉

上甲板から艦内に降りるところには、当然ながらラッタルを設けてあるが、商船と違うのは、甲板にハッチ（hatch）を設けて済ませているところ。人の昇降に使用する開口部のハッチは親子ハッチといい、大小2つのハッチを組み合わせてある。大きい方は締めて固定するために複数のラッチを使うので開閉に手間がかかるが、そのハッチに取り付けられた小さいハッチの方は、円形ハンドルを中央にひとつ取り付けてあるだけ。これなら一挙動でラッチの開閉が可能になる。

艦内外の出入り口となるハッチ
（写真／Jシップス）

つまり、平素の出入りでは大きな荷物の出し入れを行う可能性もあるため、大きい方のハッチを使う。しかしそれでは開閉に時間がかかり、戦闘時みたいに急いで開閉しなければならないときに具合が悪いので、そんなときは小さい方のハッチを使うというわけ。これは上甲板と艦内を出入りするためのハッチに特有の造り。

上下の移動を伴うときにはハッチを通じて出入りするが、上甲板と上部構造の中を行き来するときには、開口部に設けられた水密扉（watertight door）を開けて出入りする。

また、艦内通路にも、ところどころに水密扉を設けてある。

この水密扉は、閉鎖・固定するためのラッチが周囲にぐるりと取り付いた、なかなかゴツい外見をしている。総員戦闘配置になったときにはすべての水密扉を閉鎖して、どこかの区画が浸水しても、隣接する区画に浸水が広がらないようにしている。

なお、艦内の空気を換気するための吸排気口が上部構造側面のところどころに付いているが、艦艇だとこれにもちゃんと蓋が付いていて、密閉できるようになっている。核兵器や生物化学兵器が使われた局面で、艦内が汚染されないようにするためだ。

艦橋ウィングのいろいろ

探照灯(写真／海上自衛隊)

艦橋の左右には露天の張り出しが設けてあり、一般に艦橋ウィングと呼ばれている。ここは航行中に見張員が陣取る場所で、遠くのものを見られるように12センチ双眼鏡を据え付けてある。また、艦の針路を知るためのジャイロ・コンパス、夜間に対象物を照らすために使用する30センチ探照灯といったものも設置してある。注意して欲しいのは足元で、簀の子になっているはずだ。こうしないと、雨が降ったときに足元が水浸しになってしまう。

双眼鏡(左)とジャイロ・コンパス(右)
(写真／海上自衛隊)

外から見ると、その艦橋ウィングの前面下部になにやら付いているのが分かるが、これは遮風板。護衛艦が全速で走ると50㎞／h以上のスピードになるから、その風圧をもろに受けるのは辛い。それを緩和するのが遮風板で、前方下部から取り込んだ風を上向きに吹き出す構造になっている。上向きの気流が、前方から吹き付けてくる風を遮ってくれるというわけ。

護衛艦「あたご」のレーダー上部にある遮風板
(写真／海上自衛隊)

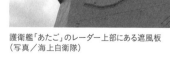

第5章●オペレーションと行事

第33回 戦闘指揮所 水上戦闘艦のCIC

今回のお題は戦闘情報センター（CIC：Combat Information Center）。国や艦によっては異なる名称を使っていることもあるが、要は「戦闘指揮所」という意味の区画である。

艦橋からは指揮を執らない

日本海海戦※1の模様を描いた有名な絵画で、東郷平八郎提督※2が戦艦「三笠」の艦橋に、幕僚とともに立っている模様を描いた作品がある。また、第二次世界大戦における海戦をテーマにした戦争映画では、艦長や司令官が艦橋に立っていることが多い。こうした戦争映画などを見ると「艦長や司令官は艦橋から戦闘の指揮を執っている」と勘違いしそうになるのだが、これは現代の軍艦には当てはまらない。艦橋とは別のところに戦闘指揮所がある。

第二次世界大戦中にアメリカ海軍で、艦橋とは別に設けられるようになった戦闘情報センター（CIC）がその嚆矢だ。CIC誕生の背景にあった事情をまとめてみよう。

まず、戦闘空間の拡大。目で見える範囲内でのみ捜索・交戦を行うのであれば、艦橋に立って、自ら双眼鏡で観測するのが確実である。ところが、航空機の登場によって戦闘空間ははるかに大きなものになり、目視できない範囲も対象になってしまった。

次に、センサーの多様化。人間の目玉（冗談で「Mk.1 アイボール」などと称される）は明るいときしか使えず、しかも見通せる範囲は水平線まで。しかし、レーダーを使えば昼夜・天候を問わない捜索

※1　日本海海戦
日露戦争中の1905年5月27～28日にかけて、露海軍バルチック艦隊と日本の聯合艦隊の間で戦われた海戦。事実上は日本側の完勝に終わった

※2　東郷平八郎
日本海海戦の際に聯合艦隊の司令官を務めていた人物。弘化4年12月22日（1848年1月27日）生まれ、昭和9年（1934年）5月30日に死去

護衛艦「あたご」のCIC。写真は就役時で、BMD改修により現在はベースライン9仕様のコンソールに更新されている（写真／海上自衛隊）

が可能になる。さらに潜水艦の登場を受けて、ソナーも搭載するようになった。つまり、状況認識の基盤となる情報源が増えている。

そして通信の重要性。多数の航空機や艦艇が広い範囲に散らばり、それらが互いに連携して行動するためには、通信が死活的に重要になる。報告を上げるにも指令を下達するにも、通信ができなければ話にならない。

これらの機能を、本来は操艦指揮を執るための場所である艦橋にすべて押し込むのは賢明ではないし、現実的でもない。そこで操艦指揮と戦闘指揮を別々にする考えが生まれて、CICの設置につながったのだ。

CICのキモは、「戦闘に関わる情報を集約して状況認識を迅速かつ確実にする」点にある。それが実現することで、初めて的確な

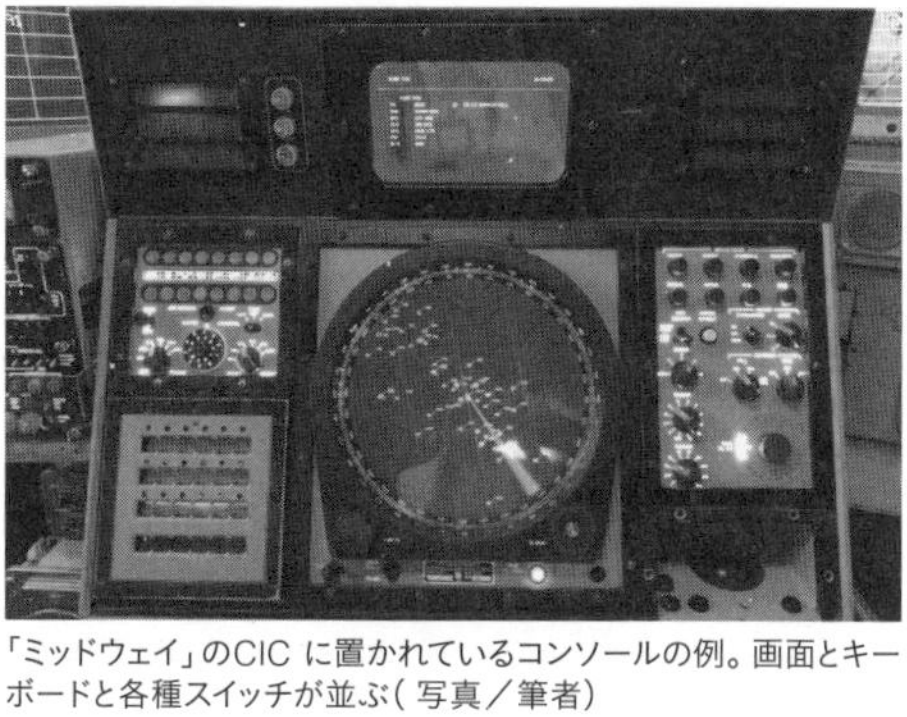

「ミッドウェイ」のCIC に置かれているコンソールの例。画面とキーボードと各種スイッチが並ぶ（ 写真／筆者）

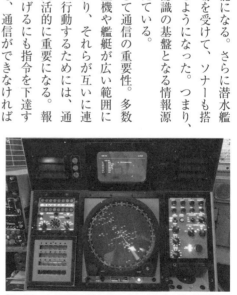

戦闘指揮が可能になる。そして戦闘の際には、艦長や司令官がCICに陣取り、状況を見ながら指揮を執る。もしも操艦の指示が必要なら、そこから艦橋に指示を出して、そちらにいる当直士官に操艦させればよい。

CICには何がある？

CICは軍艦の「頭脳」であり、当然ながら秘匿度は高い。国によってはごくごく稀に一般公開されることがあるが、海上自衛隊では一般公開したことはないと思われる。しかし幸いにも、筆者は何隻かの艦でCICを見た経験があるので、それに基づいて話を進めよう。

まず、戦闘の指揮を執る艦長や司令官に対して、最新の状況を提示する仕組みが必要である。指揮下の艦や航空機がどこにいるか、探知した敵機や敵艦がどこにいるか、といった状況を認識する必要があるからだ。そこで、さまざまな画面を順番に見たり、通信文を順番に見たりした上で、頭の中で状況を組み立てるのは手間がかかる。しかも間違いの可能性もついて回る。しかし、所要の情報が1ヶ所にまとまっていれば、それを見るだけで状況を把握できる。

第二次世界大戦の頃には、センサーといってもレーダーやソナー程度だったため、それらの表示装置をCICに設置して、口頭で報告を上げていた。また、無線機によって外部からも報告や指令が入

「いずも」のFIC。艦隊旗艦としての役割も担うDDHには、司令部のための指揮所が設けられている（写真／Jシップス）

空母「ロナルド・レーガン」の航空作戦室。先進艦上情報システムのディスプレイは作戦中の機体の状態を表示する（写真／Jシップス）

ってくる。それに基づいて、テーブルに広げた地図や海図、あるいは透明なボードに情報を書き込む方法を用いていた。なお、透明のボードを使う場合、担当の水兵は裏側からグリース・ペンシルで手書きしていた。艦長や司令官はそれを反対側から見るため、字を裏返しに書かなければならない（！）。

しかし現在では、データをコンピュータで処理して、艦長や司令官の席の真正面に設けた大型ディスプレイに表示することが多い。また、艦長や司令官には専用のコンソール（操作卓）※3を用意している。

さらに、交戦の対象ごとにエリアを分けて、それぞれ、使用するセンサーや武器を操作するためのコンソールを設置する。つまり、「対空戦のエリア」「対潜戦のエリア」「対水上戦のエリア」といった具合だ。対空戦のエリアなら、対空捜索レーダーのコンソールや、艦対空ミサイルのコンソールが置かれる。

※3　コンソール(操作卓)
武器やセンサーを使用するために、キーボード、トラックボール、ディスプレイ装置などを組み合わせたもの。近年ではこれ自体がひとつのコンピュータになっているのが普通

空母「ミッドウェイ」の航空管制区画。空母には戦闘指揮センター（CDC）があり、戦闘指揮や航空機管制など各種の区画がある（写真／筆者）

昔は、コンソールはセンサーや武器の種類に合わせて、それぞれ専用のハードウェアを用意していた。しかし近年では、ハードウェアは標準化して、そこで動作するソフトウェアだけを用途ごとに変えるようになった。

旗艦となって隊・群・艦隊の司令部が乗り込む艦では、自艦の戦闘指揮を執るＣＩＣとは別に、隊・群・艦隊全体の指揮を執るための独立した指揮所を設けることもある。ひゅうが型ＤＤＨやいずも型ＤＤＨ※4がそれで、ＣＩＣに隣接してＦＩＣ（Flag Information Center）を設けている。

揚陸艦でも、上陸作戦の指揮を執るために専用の区画を用意することがある。上陸作戦は陸・海・空を股にかけて行う、極めて複雑な作戦行動であるため、指揮を効率的かつ確実に行うための道具立てが必要となるのだ。

このほか、空母のように航空機を扱う艦では、航空管制用のエリアを用意することがある。これは交戦が目的ではなくて、艦から発着する搭載機の交通整理を行うためのものだ。

ＣＩＣの設置場所

ＣＩＣが艦の頭脳であるなら、それが被弾・損傷して破壊されたときのダメージは大きい。しかし、艦長のようにＣＩＣと艦橋の間を行ったり来たりする可能性がある人もいるため、あまり離して設置す

※4　いずも型DDH
海上自衛隊が建造した空母型DDHの二番手で、2隻が建造された。ひゅうが型と違って護衛艦としての機能は持たず、航空機運用と指揮統制に徹した設計。僚艦への補給や車両輸送も可能

ると行き来が面倒になる。

艦橋との行き来を重視すると、艦橋直下、あるいは艦橋後部の上部構造物にCICを配置することになる。アメリカ海軍のオリヴァー・ハザード・ペリー級ミサイルフリゲート（FFG）や、インディペンデンス級沿海域戦闘艦（LCS）が該当する。

抗堪性を重視すると、CICは艦橋直下の主船体内に設置することになる。海上自衛隊の護衛艦がこの形態で、米海軍のアーレイ・バーク級駆逐艦も同様。

空母型の艦では一般に、格納庫と飛行甲板の間に一層の甲板（ギャラリー・デッキ）を設けているが、そこにCICやFICを置く。格納庫甲板より下にCICを置いたのでは、行き来が面倒になるためだろう。ギャラリー・デッキなら広いスペースをとりやすく、艦橋も比較的近い。

本物のCICを見るなら

前述のように、CICを見たいと思っても、一般公開イベントに期待するのは難しい。しかし、比較的最近まで現役にあった艦のCICを見られる場所がひとつある。アメリカのカリフォルニア州サンディエゴで博物館になっている、空母「ミッドウェイ」※5がそれだ。1991年まで横須賀に前方展開していたから、日本人にはなじみ深い艦である。

1970〜1980年代のテクノロジーで作られた機器が並ぶCICだから、今の最新鋭艦と比べると古めかしいが、それでも機能や雰囲気を知ることはできる。ここが素晴らしいのは、ちゃんとコンソールの電源が入っていて、ダミーの内容ながら画面にどんな情報が現れるかも分かること。

また、CICに隣接する位置に司令官用の寝室や司令部公室が設けてあり、いざというときにはすぐCICに駆け込めるようになっている様子も見てとれる。

※5　空母「ミッドウェイ」
米海軍が第二次世界大戦中に計画、3隻を建造した大型空母の一番手。戦後はジェット機に対応するための改修や飛行甲板の拡張を行い、1990年代まで現役にあった。横須賀に長く前方展開していたことで知られる

第34回 戦闘指揮所 各種艦艇の事情

前回、水上戦闘艦が備える戦闘情報センター（CIC：Combat Information Center）の概要について述べた。今回は水上戦闘艦以外の艦について取り上げてみよう。

戦闘・操艦機能を集約 潜水艦の場合

潜水艦の場合、セイル※1の直下・最上層の甲板にある発令所※2が戦闘情報センター（CIC）の機能も兼ねている。つまり、潜水艦では戦闘指揮と操艦指揮の機能が同居している。なお、米海軍では発令所のことを攻撃センター（attack center）と呼ぶこともある。

ポピュラーな配置は、左舷側が前方から順に舵手、バラスト・タンク制御盤、海図台※3や航法関連の機器。中央が潜望鏡と作図盤、右舷側に兵装操作用のコンソール群、といったもの。つまり、発令所の中央に陣取った艦長から見ると、左舷側は操艦や航海、右舷側は襲撃に関わる機能がまとまっていることになる。

作図盤といわれるとなじみが薄そうだが、ソナー探知の情報に基づいて敵艦と自艦の位置関係を示した「対勢図」を作図する機材のことだ。近年ではこれをコンピュータ化しているケースもあるが、紙の対勢図を用いている海軍もある。

ソナーについては、米海軍のように独立したソナー室を発令所の隣に設置する形と、ソナー用のコンソールも発令所にまとめてしまう形がある。小型の潜水艦はスペースに余裕がないので、後者の配置に

※1 セイル
潜水艦の上部に突き出た構造物のことで、潜望鏡やアンテナ類を格納するために不可欠。ここに舵を取り付けることもある

※2 発令所
潜水艦で、操艦指揮と戦闘指揮の機能をひとまとめにした区画のこと。米海軍では攻撃センターともいう

※3 海図台
水上艦の艦橋や潜水艦の発令所に設ける平らなテーブル。ここに海図を広げて、艦位の把握・記録や航法のために使用する

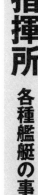

せざるを得ない。

発令所をセイル直下の最上層甲板に置く理由は、セイルを通して潜望鏡を海面に突き出すため。潜望鏡というのは意外と長さがあるもので、それを収容した筒がセイルから発令所を通って艦底まで貫通している。「潜望鏡上げ！」と指示すると、発令所より下の筒に収まっている潜望鏡の本体が上がってきて、下端に付いている接眼部が人の頭の高さぐらいまで来たところで停まる。そのとき、潜望鏡の先端は海面上に出ている。

近年、非貫通式潜望鏡※4を搭載する潜水艦が増えている。これはセイルに収めた伸縮式のマストに、デジタルカメラを組み込んだものだと考えればよい。市販のデジカメと違うのは、夜間用に赤外線センサーを備えているところ。

※4　非貫通式潜望鏡
デジタル式のカメラや赤外線センサーを伸縮式の筒に収めたもので、一式がセイル内に収まっており、船体内に貫通していないことからこの名称がある

米弾道ミサイル原子力潜水艦オハイオ級の発令所。中央には潜望鏡の接眼部があり、これぞ潜水艦といった雰囲気だ。その配置は潜望鏡の位置によって決定されてしまう
（写真／US Navy）

米攻撃型原子力潜水艦ヴァージニア級の発令所。潜望鏡は非貫通式となり、映像はディスプレイに表示される。その操作には、なんとゲーム機のコントローラーを使用する
（写真／US Navy）

オハイオ級のセイル。光学式潜望鏡、通信用マスト、レーダーなどが林立する。発令所はセイルを貫く光学式の潜望鏡の直下に位置する（写真／US Navy）

非貫通式潜望鏡はその名の通り、セイルから船殻内部に貫通せず、セイル内だけで完結している。従来の潜望鏡は光学式、つまり光の通り道となる長大な筒を作る必要があったため、発令所はそれを収めたセイルの直下にしか置けない。非貫通式なら映像はディスプレイ装置を使って表示するから、そうした制約はなくなる。そこで米海軍のヴァージニア級攻撃型原潜では、発令所の位置を2層目の甲板に下げている。

被弾時の損害を考慮　CIC配置のセオリー

一方で、水上戦闘艦の場合は基本的に配置は自由だ。前回、「CICは主船体内に配置することが多い」と書いた。しかし当節の軍艦は分厚い装甲板を張り巡らせているわけではないから、重要な区画であるCICを装甲板で防護するというわけにはいかない。

そこで、CICの区画が直に舷側に接するのではなく、舷側との間に通路を設けることが多い。もちろん、ミサイルが直撃すればCICへの被害は避けられないが、至近弾の弾片ぐらいなら通路の段階で阻止されて、CICまで飛び込んでくる可能性は下がると思われる。

CICは普通、主船体の中でも士官室や艦橋に近い部分、つまり艦の中央付近に設置するものだから、船体の幅がもっとも広い部分にあたる。そのため、左右に通路を設けるぐらいの幅は確保できる。

もちろん例外もあり、フランス海軍の新型水上戦闘艦FDI（Fregates de Defense etd'Intervention）ことアドミラル・ロナーク級は、CICを主船体内ではなく上部構造内、艦橋の直後に据え付けることになっている。艦橋に近いならまとめてしまってもよさそうだが、CICはしっかり別々の区画になっている。

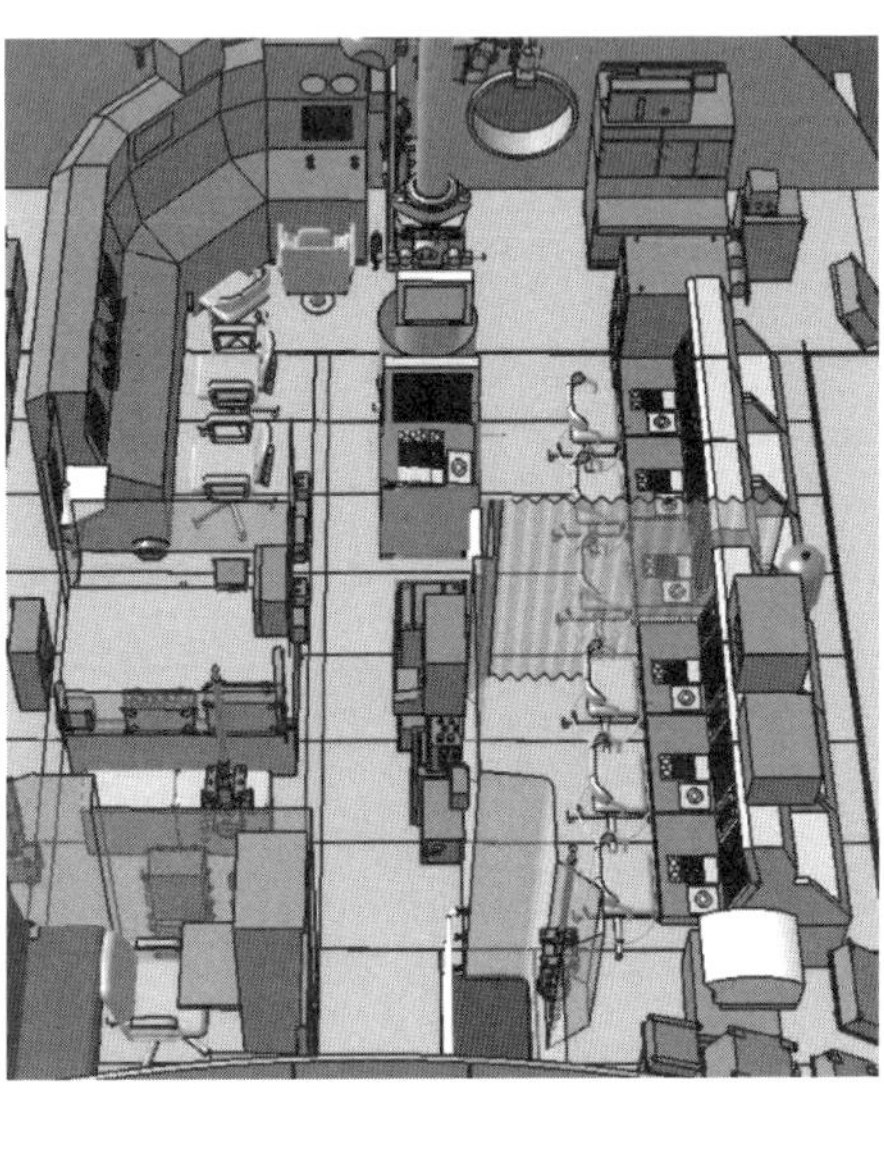

海自潜水艦そうりゅう型の発令所のレイアウト。現代の艦艇設計では、事前にCGを用いてすべての機器の配置を立体的に検討していくのが普通だ（CG／三菱重工業）

狭い船体のどこに置く？ 小型艦の事情

水上戦闘艦では普通、操艦を担当する艦橋と、戦闘指揮を担当するＣＩＣを別々に設けるものだ。ところが近年、例外的な艦も出てきている。それがシンガポール海軍のインディペンデンス級だ。

この艦にＣＩＣはなく、艦橋の後部に統合指揮所（ＩＣＣ：Integrated Command Centre）を設けている。なにしろ乗組員が23～30名程度しかいないという小所帯だから、少ない人数で効率的に動かないといけない。そこで、操艦の機能と戦闘指揮の機能をひとまとめにしてしまったようだ。

もっとも、乗組員が少ない小型艦が、みな同じかというと、そうでもない。スウェーデン海軍のヴィズビュー級コルベットは、インディペンデンス級と比べて半分の排水量しかないが、乗組員はこちらの方が多い43名。そして、狭苦しいながらも独立したＣＩＣを船体内に備えている（現物を見たことがあるが、本当に狭いのだ！）。しかも同級のＣＩＣは、ちゃんと「対空戦」「対水上戦」「水中戦」のエリアに分かれている。

インタフェースの進化 ＣＩＣの設計

ＣＩＣは対象別のエリアに分けるのがセオリーだが、単にエリア分けするだけでなく、ディスプレイやコンソールをどう配置するか

シンガポール海軍の沿海域任務艦インディペンデンス級。1,200tの小型艦で、艦橋の後部に統合指揮所を設けて、操艦と戦闘指揮の機能をひとまとめにした（写真／Singapore Navy）

という問題もある。昔は新型艦を設計する際に、木材でＣＩＣや艦橋の実大模型を造り、そこに実際に人が入って、人の動線や見え具合などをチェックしていた。しかし、今は3次元ＣＡＤ（コンピュータ支援設計）の技術が発達しているため、コンピュータ画面で同様の検証ができるようになった。

ＣＩＣに設置するコンソールは当然ながら、昔と今とでは内容に大差がある。昔のコンソールは大型コンピュータの端末機で、画面表示や入力を受け付けるだけの機械だったが、今のコンソールはそれ自身が処理能力を備えたコンピュータになっていることが多い。そして、ディスプレイの数が増えたり、ブラウン管から液晶に代わったり、スイッチやノブやダイヤルをたくさん並べる代わりにタッチスクリーン化したり、といった進化がみられる。艦によっては、専用のコンソールを使う代わりに市販品のパーソナルコンピュータで済ませてしまい、そこで動作するソフトウェアだけ、軍艦の戦闘指揮や武器操作に対応したものを用意していることもある。

なお、コンソールには大事な備品がひとつある。コーヒー・カップを入れるホルダーである。「現在、海軍で使われているマグカップやボトルが入るように、コンソールの端に設けてあるカップホルダーのサイズを大きくしました」なんていう話が大真面目に語られることもあるのだ。

室外の明るさで決める ＣＩＣの照明

ＣＩＣを撮影した公表写真はたいてい、「暗い室内にコンソールの画面が浮かび上がる」といったものになっている。これは、暗い部屋の方が画面を見やすいから、という理由。ＣＩＣは窓のない区画だが、照明が画面に反射して見づらくなったのでは、とても困ったことになる。

これは前述のコンソールの進化にも関連するのだが、近年、曲面で反射しやすいガラスのブラウン管から、ノングレアで平滑な液晶パネルへとディスプレイ装置の性能が上がったせいか、ＣＩＣを明るくする艦が出てきている。明るい通路から暗いＣＩＣに入ったり、逆に暗いＣＩＣから明るい通路に出たりすると、眼が明るさに慣れるのに時間がかかってしまう（いわゆる暗順応）。しかしＣＩＣと他の区画の艦内照明を同程度の明るさにできれば、そういう問題は起こらない。

ただし、潜水艦の発令所は例外で、暗いままである。夜間、海面に潜望鏡を突き出して観測するときのことを考えると、眼を暗い状態に慣らしておかないと具合が悪いからだ。そのため潜水艦の場合、水上艦の暗いＣＩＣよりも、はるかに暗い照明となっており、一般人の感覚では真っ暗といった印象を受けるほど暗くしている。

海自イージス艦「みょうこう」のCIC入り口。舷側から通路を隔てて配置されていることが分かる。この扉を入るには、特別な許可が必要だ（写真／柿谷哲也）

護衛艦「いずも」のCIC。海自はここ10年くらいに就役した新鋭艦のCICには明るい照明を採用している。長時間詰めることを考えると目にはよさそうだ（写真／Jシップス）

第35回 軍艦と陣形

海自の観艦式みたいな移動式観艦式の最大の見どころは、実は陣形運動ではないだろうか。しかし船はハンドルを切れば曲がり、ブレーキを踏めば止まる自動車の運転とは訳が違う。

軍艦には陣形がつきもの

軍艦が商船と大きく異なるのは、複数のフネが一緒になって行動する場面が多い点である。すると、その複数のフネが互いにどういう位置関係をとるか、という問題が出てくる。それがすなわち「陣形」(tactical formation)である。飛行機では編隊というが、海の上ではなぜか陣形という。

どういう陣形をとるかは、その場の任務の内容によって違ってくる。そして、陣形によっては僚艦が邪魔になってしまい、搭載する武器の使用に制約が生じることがある。また、状況が変われば、陣形を途中で組み替えなければならない。

だから、指揮官からの命令が下ったところで、どれだけテキパキと自艦を陣形内の適切な位置に

観艦式で整然とした隊列を見せる自衛艦隊。正面から見ると、びしっと一直線になり、後方の船が見えなくなるほどだ(写真/Jシップス)

観閲を受け、回頭する受閲部隊。一糸乱れぬ艦隊の動きには高い練度の裏付けがある(写真/Jシップス)

持って行けるかどうかが、船乗りとしての評価に大きく影響する。まず、どういう陣形に組み替えるか、そして基準艦（後述）をどのフネにするかを指示しておいて、「発動！」となったところで移動開始である。そこでモタモタしたり、陣形からフネをはみ出させてしまったりすると、指揮官から「操艦しているのは誰だ！」とお叱りの信号が飛んでくることになる。

その1 縦陣

縦陣（column）とはその名の通り、縦に並ぶ陣形である。ポピュラーなのは縦一列に並ぶ単縦陣だ。この場合の「単」とは縦陣がひとつという意味である。

昔の海戦では、戦艦部隊が組む縦陣の両側に、巡洋艦や駆逐艦の縦陣が並ぶ形もあった。このように縦陣を横に複数並べることを、横陣列（fleet in line abreast）という。また、隊ごとに縦陣を組んで、それらが縦一線に並ぶと縦陣列（fleet in line ahead）という。

昔の戦艦や巡洋艦の多くは上部構造物の前後に砲塔を分けて積んでいたから、全砲門をもって交戦するには単縦陣にする必要があった。前方や後方に向けて撃とうとすると、上部構造が邪魔になるから、真横に向けて交戦するのがベストだ。単縦陣では側面に僚艦がいないので、砲や魚雷発射管やミサイル発射機の射界を広く取ることができる。また、複数の艦から同じ敵艦に射撃を集中するにも具合がよい。その代わり、敵艦に側面をさらすことになるので被弾する確率は上がる。

観艦式のときには、観閲部隊、観閲付属部隊、受閲部隊がそれぞれ単縦陣を組んで、同航（同じ針路で進むこと）したり、反航（正反対の針路で進むこと）

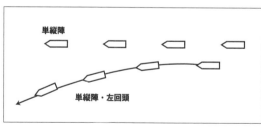

したりする。縦陣のままで針路を変える場合、先頭の艦が基準艦となって変針して、2番艦以降はそれに追従する形になる。

その2 横陣

横陣（single line abreast）とは読んで字のごとく、横並びの陣形である。単横陣といえば、全艦が横一線に並ぶ陣形のことだ。

射界が前方にだけ開けることになるため、使える武器の数が限られてしまう。だから交戦の際に横陣を組むことはまずないが、広く散開して敵艦を捜索するときには、カバーできる範囲が広い横陣を使う。また、演習の始めや終わりに記念写真を撮る場面では、横陣を使うと見栄えがよい。もっとも、きれいに横一列に並ばないと逆にみっともないことになる。

第二次世界大戦中の連合軍の護送船団では、単横陣を縦に何列も並べて（単縦陣を横に何列も並べても同じだが）、船団全体の長さと幅を最小にする形が多かった。日本で行っていたように縦陣にすると、側面からの攻撃にさらされやすいからだ。

横陣で針路を変換するときにはどうするか、変針する角度が少なければ、全艦が同じように変針すればよいが、外側に位置する艦ほど多く動かなければならないので、速力の調整が難しくなる。左右いずれかに90度変針するのであれば、左右の位置をゴソッと入れ替えることで、艦ごとの移動量の差を抑えながら針路を変換できる。

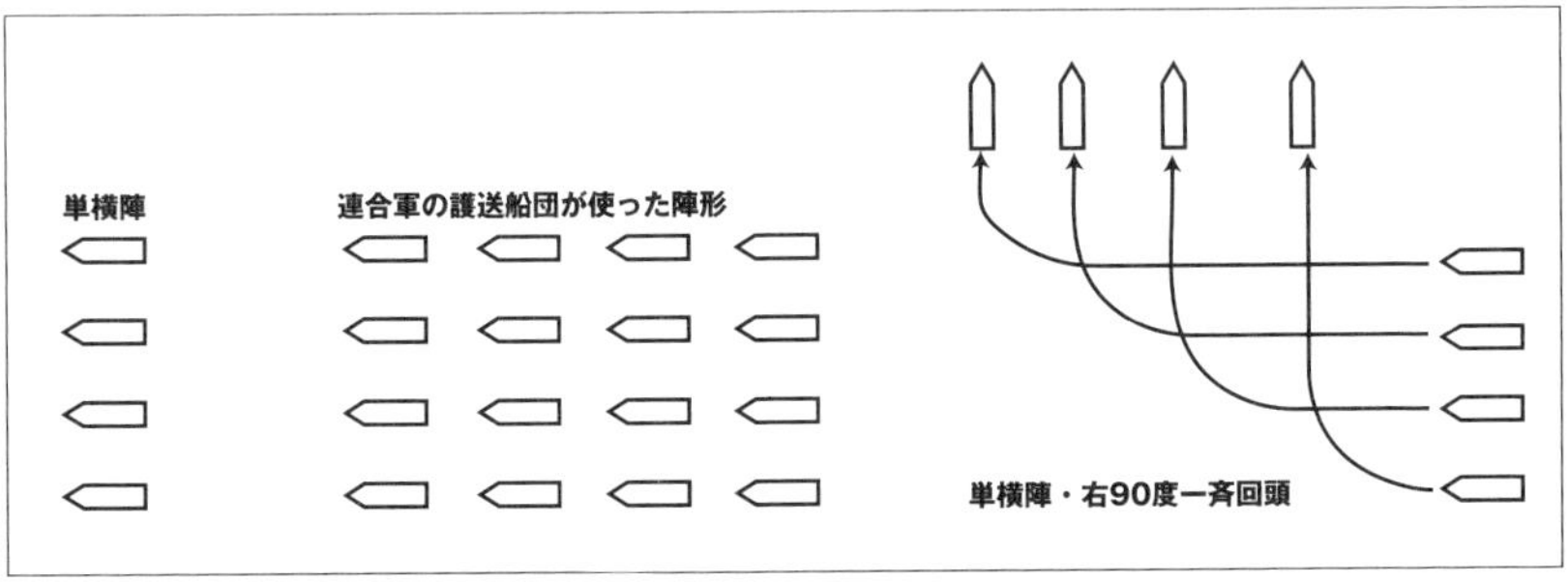

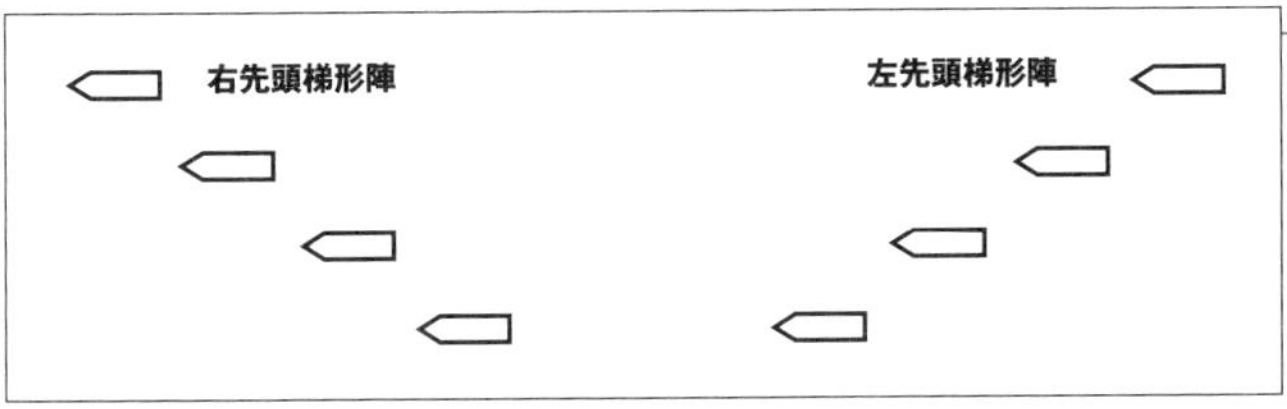

その3　梯形陣

横陣は横一線だが、それを斜めにするのが梯形陣（echelon）だ。それなりに射界が開けた状態で、かつ、縦陣ほどには側面を広く敵にさらさずに交戦できる陣形である。

記念撮影のときに、単縦陣の両側に右梯形陣と左梯形陣を並べて、全体で矢じり型の配置にすることがある。米空母を先頭中央に置いて、その左右に梯形陣、後方に縦陣を配したフォトミッションの写真はおなじみだ。

その4　輪形陣

中央に大事な艦（空母、揚陸艦や輸送艦、旗艦など）を置いて、その周囲を取り巻くように他の艦が占位する陣形が輪形陣（ring formation）。中央に置いた艦を他の艦が護衛する際の基本的な陣形で、敵の攻撃軸がどの方面であっても対処できることから、特に対空戦や対潜戦で多用される。

水上艦隊同士が視界範囲内で交戦する場面では、陣形を組んだ全艦が交戦に参加することが望ましいので、輪形陣は向かない。僚艦が邪魔してしまい、敵艦隊に面した側にいる一部の艦しか交戦できないからだ。

空母を中心に据えて陣形を組んだ写真。2019年にフィリピン海で行われた海上自衛隊、米海軍、豪海軍、カナダ海軍合同で行われたANNUALEX19での撮影（写真／US Navy）

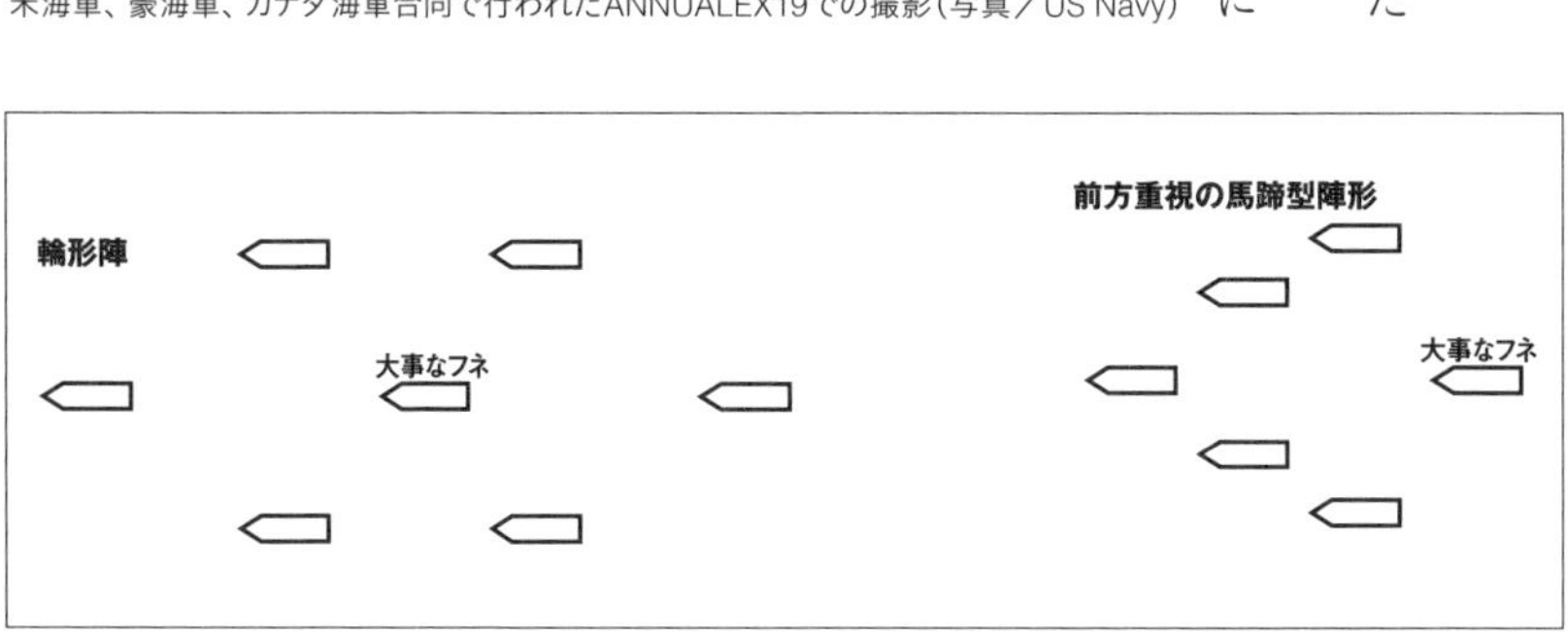

輪形陣で針路を変換する際には、全艦が一斉に新しい針路に向けて回頭する。回頭が終わると艦の位置関係が変わるが、陣形は崩れない。

バリエーションとして、全方位ではなく前半にだけ重点を置いて、直衛艦を馬蹄型に配置する陣形もある。

陣形の維持・変換と基準艦

ずっと同じ陣形を保ったままならまだ楽だが、実際にはそんなことはない。縦陣を組んで航行していたのが、空襲の危険があると判断したら輪形陣に変換する、などという類のことはしばしば起きる。しかし、すべてのフネがバラバラに動いていたら、どこにどう占位すればいいのかが分かりにくい。

そこで陣形を組んだり変換したりする際には、前述したように陣形と基準艦、そして針路と速力を指令する。たとえば「単縦陣、針路０４０、基準艦は〝いずも〟、速力15ノット」といった具合だ。そして陣形変換を発動※1したら、基準艦はそれを維持して航行しなければならない。それに対して他の艦は、基準艦がどちらの方向に、どの程度の距離になるかを判断して、その位置に向けて自艦を持って行く。もしも基準艦がフラフラすると、いつになっても新しい陣形を制形できない。

また、陣形を変えずに、陣形の中で艦の位置を入れ替える場面もある。戦時には、交戦によって損傷した艦が脱落して陣形に穴が開くこともあるだろうから、そうなったら別の艦が穴を埋めるように位置を変えなければならない。

陣形変換と針路変更を一度に行う場面も考えられる。たとえば、単縦陣で航行しているときに右、または左45度に一斉回頭すれば、新針路では右梯形陣、または左梯形陣を制形できる。90度一斉回頭なら横陣を制形できる。

制形が終われば一件落着、というわけでもない。制形した後には、その陣形を崩さないようにすると

※1　発動
事前に発した命令・指令を実行に移すこと

陣形を維持するには大きさも性能も異なる各種艦艇の動きを合わせなければならない（写真／US Navy）

いう課題が生じるからだ。それでも、同型艦同士なら足並みが揃うので、まだしも操艦は楽だ。

ところが、サイズも速度性能も異なるフネ同士が一緒にいると面倒だ。操舵や速力の加減を指示したときに迅速に反応してくれるフネと、モッサリとしか反応してくれないフネが同じ陣形の中に混在していたら、歩調を合わせるのは難しくなる。そして風やうねりがあれば、その影響がどれぐらい出るかはフネによって違うから、修正の度合も違う。

そして、観艦式ではそういう場面が続発する。大型で動きがゆったりしているＤＤＨと、比較的機敏に動けるＤＤやＤＤＧと、動きがゆったりしている上に速度が遅い補給艦や輸送艦と、比較的小柄な掃海艇や潜水艦が、同じ速度・同じ針路を保って航行するのは、実は非常に難しい。観艦式で海自が見せたようなきれいな陣形を維持できるのは、高い練度あってのことなのだ。

第36回 ダメージ・コントロール

軍艦は「戦うフネ」だ。商船と違い、戦闘被害の発生を前提にしなければならない。しかし現代では分厚い装甲板で護りを固めた軍艦はほとんどない。では、どうやって艦を生き残らせるのか。

艦艇喪失の主な原因

一言で「戦闘被害」といってもいろいろあるが、過去の戦史をひもといてみると、艦艇が沈没に至る主な原因として挙げられるのは、「火災」(fire)と「浸水」(flood)だ。「浸水」はさらに、「浸水して艦が重くなった結果として、浮力を維持できなくなって沈没に至る」「片舷に偏って浸水が発生したため、傾斜の復元が不可能になって沈没に至る」の2パターンに分けられる。

また、火災が発生したときには海水を使って消火を試みるが、撒いた海水が船体内に溜まっていけば、結果として浸水したのと同じことになる。つまり消火と平行して排水も行わなければならない。

これらの戦闘被害が発生する主な原因としては、爆弾・砲弾・ミサイルの命中(被弾)、魚雷の命中(被雷)、機雷の爆発(触雷)が挙げられる。

被弾による被害は主に吃水線より上で生じて、船体や上構の破損、あるいは火災につながる。一方、被雷・触雷による被害は吃水線より下で生じて、浸水につながる。至近

あさぎり型に備わる消火栓とラックに入った消防ホース。ラックの上にあるへの字形の棒状のものがアプリケーターと呼ばれるノズル(写真/Jシップス)

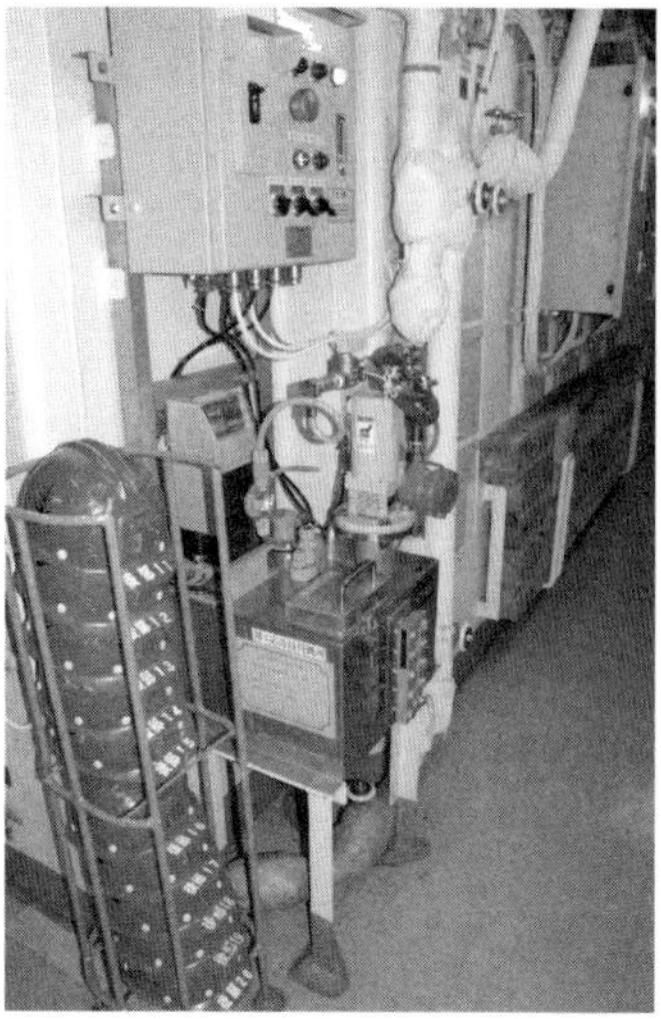

むらさめ型の応急員待機所。ヘルメットが備え付けられ、奥には応急処置に使用する角材が用意されている（写真／Jシップス）

弾も破損・浸水の原因になり得る。

こうした事態に対処するため、軍艦の艦内編成には「応急員」というポジションがある。つまり、戦闘被害が発生したときに現場へ駆けつけて、状況の把握や対応行動をとるための人員だ。艦内の複数箇所に分散して「応急員待機所」を設けておき、被害が発生したら、最寄りの応急員待機所から現場に応急員を派遣する。火災現場に乗り込むことを考えて、防火服や呼吸装置も用意している。

昔の戦艦のような大型艦では、自艦が備える武装に見合ったレベルの装甲板（アーマー・プレート、〝armor plate〟）を張り巡らして、被弾による被害の発生を抑え込んでいた。しかし当節の軍艦で装甲板を張り巡らせているのは、米海軍の大型空母ぐらいのものだ。「壊されないこと」よりも「壊されても艦を沈めずに連れ帰る」ことを優先するのが今の艦艇設計だ。

消火するには酸素を断つ

火災が発生した場合には消火を行うが、その手段は主として、艦の周囲に無尽蔵にある海水である（もちろん、普通の消火器もある）。

ポンプを使って汲み上げた海水を艦内各所に供給して消火に使えるようにするため、艦内には「消防本管」という配管が通っており、そこに艦内備え付けの消防ホースを接続して放水する。一般公開された艦艇を訪れれば、上甲板、あるいは艦内の通路の側壁に、畳まれた消防ホースや、ホースの先端に取り

護衛艦「しらせ」が装備していたリチウム火災用消火器。リチウムは通常の消火器では効果が薄く、専用の消火器がある（写真／筆者）

カナダ海軍ハリファクス級フリゲートが装備していた炭酸ガスと思われる大型のガスボンベ。消火は酸素を断つことで行う（写真／筆者）

付けるアプリケータ※1を備え付けているのが分かる。

ただし消火の方法は、「水を浴びせて温度を下げる」（冷却効果）ではない。むしろ、海水をアプリケータで霧状にして噴射し、それによって「炎を包み込んで酸素の供給を絶つ」（窒息効果）という考え方だ。酸素の遮断を効果的に行うため、泡沫消火剤を使用する場合もある。これを海水に混ぜて噴射すると泡状になるので、より効果的に炎を覆って酸素の供給を絶てるというわけだ。いわゆるＡＦＦＦ（水溶性フィルムフォーム、〝Aqueous Film Forming-Foam〟）※2である。

ただし、高圧の電気を使用する機器がある区画で水や泡を浴びせると危険なので、そういう場所では炭酸ガス消火器※3を使用することもある。

浸水への対応は2本立て

吃水線より下の船体に穴が開いたり、亀裂が生じたりすれば、浸水が発生する。また、配管の破損が浸水につながる場合もある。その場合にとるべき行動は、「浸水を止める」と「水を排出する」の２本立てとなる。

配管に穴が開いたら、バルブを閉じて水の流れを止めたり、配管に開いた穴に木栓を打ち込んで穴を塞いだり、といった方法を使う。一方、船体に開いた破口は、鉄板などを当てて破口を塞ぐことで、浸

※1　アプリケータ
消火ホースの先端に取り付けて、水を霧状に噴射できるようにするアタッチメント。火炎を覆って酸素の供給を絶つためには霧状に噴射する必要がある

※2　AFFF
海水と薬剤で生成する泡消化剤。これで火炎を覆って酸素の供給を絶ち、窒息消火させる

※3　炭酸ガス消火器
炭酸ガスを噴射する消火器。電気系統など、迂闊に水をかけられない場所で使用する

水を止める。ただし電気溶接などやっているヒマはないから、破口に当てた鉄板の後方に支えの材木を組んで固定する。そのための材木も、艦内の各所に備え付けてある。

一方、侵入した海水はポンプを使って排出する。いつ、どこにどういう形で破口ができるかは分からないから、ポンプや排水用のホースを各所に固定設置しておくわけにもいかない。そこで可搬式の排水ポンプを用意して、それを被害の現場に持ち込んで水を汲み出すこともある。吃水線より上の破口、あるいは上甲板から舷外にホースを出して水を排出する。

浸水を防ぐ水密隔壁のセオリー

最終的に破口を塞いで排水できれば万々歳だが、そこに至る過程ではどうしても、艦内に浸水する場面が生じてしまう。そこで設計の段階から、ある程度までは浸水しても艦が沈まないようにする方法を考えておかなければならない。

被害の発生自体を抑え込もうとしても無理があるので、被害が発生しても艦を沈めずに連れ帰ることを優先する必要がある。そこで、軍艦に限らず、商船でも同様だが、船体を前後左右・複数の区画に区切り、それぞれの区画の境界に頑丈な水密隔壁※4を設ける。もちろん、その隔壁は隣の区画が満水になるぐらいまで浸水しても耐えられるだけの強度を持たせておく。

防火・防水訓練は、護衛艦乗りの基礎中の基礎。防水訓練ではのこぎりで角材をカットし、破孔を塞ぐ訓練を行う（写真／Jシップス）

消火訓練では応急員が防火服を着こみ、実戦さながらの緊張感あふれる訓練が展開する（写真／Jシップス）

※4　水密隔壁
艦内を細かく仕切り、浸水の拡大を防止する目的で設ける壁

損傷時の浸水許容区画の例

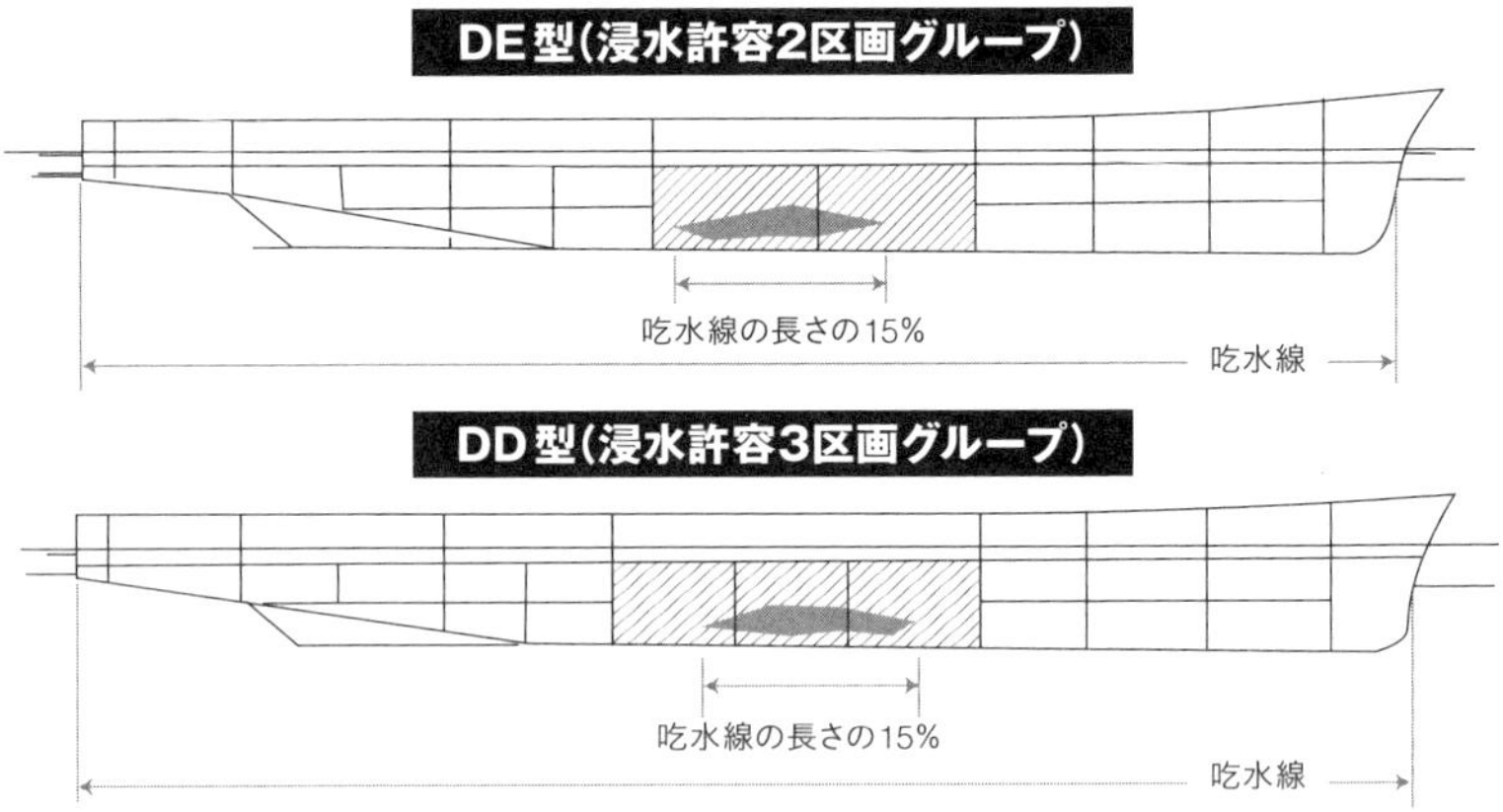

護衛艦を例にとると、小型のＤＥ※5なら2区画、大型のＤＤなら3区画まで浸水しても艦が沈まないだけの浮力を持つように設計するという。また、区画の数だけでなく、「長さ○ｍの破口が生じて浸水しても沈まないように設計する」という基準もある。

さらに軍艦では、設計時に出したデータに基づき、「区画浸水影響図」というものを作る。つまり、「どこの区画にどの程度浸水したら、どの程度の影響があるか」というデータである。もちろんマル秘資料だ。

個々の水密区画は大きすぎてはいけない。といっても、機関室のように中に入る機器が大きい場所は、どうしても区画が大きくなる。機器と区画をどう配置するかが設計者の悩みどころだ。特に機関室の場合、浸水すれば主機や発電機が使えなくなってしまうから、ひとつの区画にすべての主機や発電機を集中するのは危険だ。先にも書いたように、複数の区画に分散配置しなければならない。

また、水密隔壁の高さも問題になる。人の往来は、通路が隔壁を通る部分に水密扉を設ければよいが（もちろん戦闘配置になったら閉鎖する）、設置する機器が隔壁をまたぐわけにはいかない。つまり、艦内に設置する機

※5　DE
もともとは米海軍で船団護衛用の艦に付けた艦種記号だが、海上自衛隊では護衛艦のうち沿岸防備用の小型の艦を指す

器のサイズが区画のサイズを左右する。また、水密隔壁の上端が吃水線より下に位置していると、ある区画で発生した浸水が隣の区画にも波及してしまう危険性がある。水密隔壁の上端は吃水線より上、可能なら上甲板の直下まで伸ばす必要がある。

傾斜を抑える区画配置

浸水すれば、その位置に応じた方向に船体は傾斜していく。左右方向だけでなく前後方向の傾斜も、度が過ぎると艦を無事に連れ帰れなくなる原因となる。

コンテナ船に衝突された米駆逐艦「フィッツジェラルド」[※6]は、右舷の艦首寄りの居住区2区画、さらに機関室1区画へも浸水し、右斜め前方に傾いてしまった。それを排水や区画閉鎖など、懸命のダメージ・コントロールによって横須賀まで艦を連れ帰ってきたのだから、大したものだ。

昔の戦艦には「注排水装置」を備えたものがあった。つまり、艦内の左右に予め「水を入れることが前提の空き区画」を用意しておき、片舷で浸水が発生したら、反対舷の空き区画に注水する。これで傾斜は元に戻るが、それも程度問題であり、注水した分だけ艦内に入る水が増えるため、浮力の余裕がなくなっていく。

そこでまたもや、艦内区画配置の問題が出てくる。たとえば、縦方向の隔壁を設けて艦内を左右に区切ると、片舷で浸水が発生した際に、艦内に入ってきた水が浸水した側にだけ偏り、傾斜の原因になる。前後方向の区画長をできるだけ短くする一方で、左右ぶち抜きの区画にすれば、少なくとも左右の傾斜については均等に浸水するから、浸水が傾斜をひどくする事態は避けやすい。

※6
米駆逐艦「フィッツジェラルド」
アーレイ・バーク級駆逐艦の12番艦で、以前は横須賀に前方展開していた。2017年に貨物船との衝突事故を起こして大きな被害を出したため、本国に戻して修理を実施したところ

第37回 艦内の生活空間（下士官兵編）

軍艦は「いくさぶね」だが、乗組員が住み込んで日常生活を送る場でもある。ということで、艦艇の「食う寝るところに住むところ」の話を取り上げてみよう。まずは下士官兵の生活空間だ。

「あたご」の調理室。うまい飯は乗員の士気の源泉、調理にあたる給養員の任務たるや重大だ（写真／Jシップス）

士官と下士官兵の明確な区分

軍隊組織では「士官」※1と「下士官兵」※2を明確に区分する場面がいろいろあるが（海上自衛隊なら「幹部」※3と「曹士」※4だ）、特に軍艦の艦内では、それが顕著になる。なにしろ、食事をとる場所も、寝る場所も、それどころか浴室やトイレも別々。その、艦内の居住性の良し悪しは乗組員の疲労と士気に影響する。いざというときの戦闘任務にも関わってくる重大問題なのだ。

食事を用意する調理場（帝国海軍では烹炊所《ほうすいじょ》といっていた）については、時代や国やフネの規模などによって違いがある。たとえば海上自衛隊では、基本的に幹部も曹士も調理室は共通で、食べる場所だけ違う。護衛艦や潜水艦の調理室は曹士向けの科員食堂に隣接しているので、幹部の食事は士官室まで運ん

※1　士官
軍隊において、専門教育を受けた上で指揮・統率にあたる軍人のこと。階級でいうと尉官・佐官・将官が該当する（少尉～大将と元帥）

※2　下士官兵
軍隊において、実際に現場で戦闘任務に従事する軍人。現場の兵を、兵から経験を積んで昇任した下士官が指揮する図式。徴兵制の下では、兵は徴集されるが下士官は職業軍人という違いがあったが、志願制ではそういう意味での違いはなくなる

※3　幹部
自衛隊における「士官」のこと。防衛大学校、一般大学、曹士からの叩き上げ、という3系統のルートがある

※4　曹士
自衛隊における「下士官兵」のこと。海上自衛隊では「科員」という言葉も使われる

でいかなければならない。

帝国海軍の大型艦では下士官兵の食事を作る烹炊所と士官の食事を作る烹炊所は別だった。それどころか、司令部が乗っているフネだと司令部専用の烹炊所を備えていることもあった。調理場が別々なら当然のごとく、メニューも違う。

下士官兵の食堂

調理場の話が出た流れで、まずは「食うところ」の話から始めることにしよう。

帝国海軍もそうだったが、昔の軍艦では食事をとる場所が独立しておらず、居住区※5で食事をとっていることが多かった。その場合、食事当番が調理場まで食事を受け取りに行く。一方、居住区では収納してあるテーブルを天井から降ろして準備し、そこで食事当番が配食を実施する。食事が終わったら、

「あたご」の科員食堂に並ぶ乗員たち。鉄板に茶碗を載せ、おかずをセルフサービスで盛り付けていく（写真／Jシップス）

食べ終わったら食器をざっと流してから皿洗い担当の乗員に渡す。これが護衛艦での食事のマナーだ（写真／Jシップス）

「あたご」の科員食堂。非番の乗員が順次食事を済ませていくため、全員分の席があるわけではない。船体規模にしては小さめにも思える（写真／Jシップス）

「はたかぜ」の科員食堂。艦内で数少ないまとまった広いスペースであるため、さまざまな講習などにも使われ（写真／Jシップス）

※5　居住区
艦艇の内部に設ける寝室など、居住のためのスペース。ついつい武器のために削られがちなので注意が必要である

食器を調理場に返す。これが太平洋戦争末期の帝国海軍だと、テーブルがなく、床に座り込んで食事をとっていたという。

しかし、現在では独立した食堂を設けるのが普通だ。海上自衛隊では「科員食堂」といい、一部の先任下士官（海曹）※6を除いて、曹士はここで食事をとる。曹士は艦内のあちこちから食堂にやってくるので、交通の便を考えて、艦の中央部付近・第2甲板（上甲板から一階層下）に設けることが多い。

食事をとるためのテーブルは、科員食堂を使用する曹士全体の3分の1程度の数が基準数。そこに非直の曹士が交代でやってきて、食事をとる。艦では常に誰かが当直についているので、全員のスペースを用意しても余ってしまうし、もともと艦内のスペースには余裕がないから最小限とするためだ。

科員食堂の配食は基本的にセルフサービス方式で、入口に用意してある食事を自分で「鉄板」に盛りつけていく。だから大盛りにするのも小盛にするのも個人のお好み次第だが、船の上ではどうしても運動量が少なくなりがちなので、食べ過ぎ・太りすぎには注意しないといけない。

一方、アメリカ海軍では、下士官兵が食事をとる場所を「メス・デッキ」あるいは「ギャリー」という。メスといっても♀のことではなくて、〝mess〟。陸上基地で、食堂の建物を「メス・ホール」と呼んでいるのと同様だ。こちらもセルフサービス方式である。

食堂は艦内で最も広い空間であることが多いため、食事だけでなく、乗組員を集めて会合を開く場面、あるいは非番の際の休憩所、艦内イベントと、さまざまな使われ方をしている。特に潜水艦の場合、まとまった広い空間は食堂しかないので、なにかと出番が増える。

原子力空母ロナルド・レーガンのメス・デッキ。さすが巨大な空母というべきか、メス・デッキは広く、席も多い。調味料のセットには日本の醤油も含まれる（写真／Jシップス）

※6　先任下士官（海曹）
海軍における独特の制度で、下士官のうち上位の階級について、特に大きな責任を持たせるとともに、相応に待遇も高めている。海自の先任海曹、米海軍のチーフが該当する

下士官兵の居住区

では寝るところ、居住区はどうか。艦艇の場合、実質的に寝るところと住むところは同じである

下士官兵（曹士）の居住区は、艦によって規模の違いはあるが、基本的に大部屋で、2段あるいは3段のベッドが並んでいる（昔の軍艦には4段ベッドもあった）。頭上の空間に余裕があるベッド、出入りしやすいベッドはたいてい、階級が上の者、あるいは先任の者が使う。新入りや下っ端は、出入りが面倒な場所だったり、窮屈な場所だったりということになる。

近年の海上自衛隊の艦では、2段ベッドにして頭上の空間に余裕を持たせたり、ベッドとは別に休憩スペースを設けて長椅子やテーブルを置いたり、背が高い乗組員のために一部のベッドを長さが通常より長い大型サイズにしたり、といった工夫をしている。災害派遣や自国民救出といった場面に備えて、普段は2段ベッドでも、必要に応じて3段にできるようにしている艦もある。

ただし潜水艦だけはスペースの関係で、曹士は3段ベッドのみ。それでも自分専用のベッドがあるだけマシというもの。アメリカ海軍の原潜の中には、下っ端の水兵が3人で2台のベッドを共用する、いわゆる「ホット・バンク」（先に寝た者の温もりの残ったベッド）になっている艦もあるのだ。いつも誰かが当直についているため、人数分のベッドを用意すると空きが生じる。共用させる方が無駄はないが、気分のいいものではないだろう。

帝国海軍では、下士官兵はベッドではなくハンモックを吊って寝ていたので、起床したらハンモック

「あきづき」の科員寝室。新鋭艦にもかかわらず三段ベッドに戻ったのは、かえって人の多い方が乗員の一体感が生まれるという考え方もあるのだとか（写真／Jシップス）

を片付けて収納庫に入れてしまう。その方が、ベッドを固定設置するよりも区画を広く使える。しかし、今は居住性を大事にしているので、ハンモックで寝かせるような艦はない。ベッドならマットレスの下に私物入れを用意できる利点もある。

潜水艦では員数外の便乗者が乗り込んできた場合、階級が低い水兵がお客様にベッドを明け渡さなければならないことがある。追い出された水兵がどこで寝るかというと、魚雷室である。魚雷ラックの一部を空けて仮設ベッドを据え付け、そこで魚雷を横に見ながら寝るわけだ。ただし、魚雷室で寝るのは員数外の誰かが割り込んできた場合に限られる。魚雷のスペースをつぶして寝床にしたら、魚雷の搭載数が減ってしまうからだ。

ワンランク上のCPO

先に科員食堂のところで「一部の先任下士官を除いて、曹士はここで食事をとる」と書いた。その「一部の先任下士官」が陣取る場所をCPO室といい、食事の場所にもなっている。CPO室は艦尾寄りに

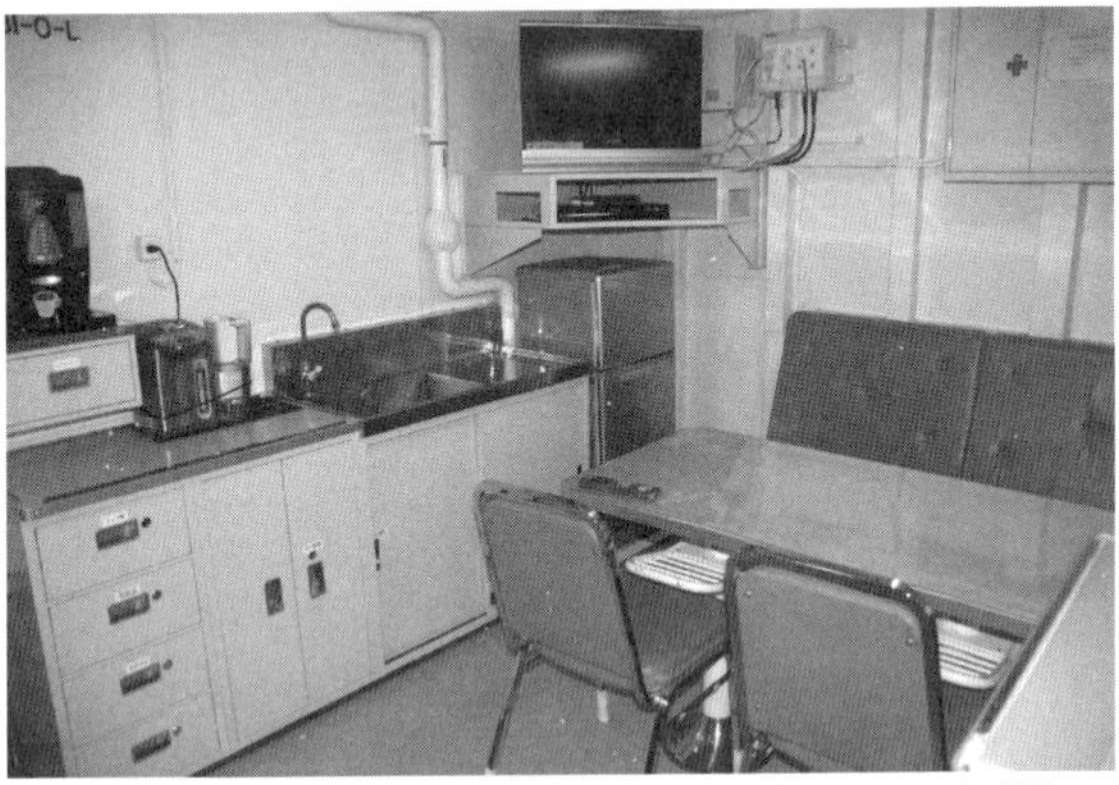

最近の護衛艦の居住区にはフリースペースのラウンジが続いているのが一般的。非番の際には乗員が談笑する場にもなる（写真／Jシップス）

「あたご」の保養室。運動不足になりがちな艦上生活では、こうした設備も重要になってくる（写真／Jシップス）

設けられ、意図的に士官室とは離している。これは、戦闘被害などで士官とCPOが一度に全滅しないための配慮。

CPOとは〝Chief Petty Officer〟の略で、海上自衛隊では「先任海曹」と呼ぶ。艦によってCPO室の定員は違い、階級順・先任順にCPO室の定員だけの人数が割り当てられる。海曹長程度になればCPO室入りは確実だろうが、その下の海曹クラスだと、同じ時期に入隊・昇任していても、乗り組む艦の規模や乗組員の顔ぶれによって、CPO室に入るかどうかが違ってくるかも知れない。

CPO室には、食事をとる場所となるテーブル、壁際の長椅子とテーブル、食事の用意をする食器室、といった設備を設ける。一人あたりのテーブルの幅は550～700㎜が基準。そこで食事をしたり、事務仕事をしたり、会議を開いたりする。

そして、CPO室に隣接してCPO専用の寝室を設けるが、人数が少ないので、大部屋というほどの規模にはならない。古いフネだと3段ベッド、最近のフネだと2段ベッドになるのは曹士の居住区と同じ。

アメリカ海軍の場合、チーフ（上等兵曹、〝Chief Petty Officer〟）以上になると、食事をとる場所が独立した「チーフス・メス」（Chief's mess）に変わる。食事だけでなく、チーフが非直のときに休養をとる場所にもなっていて、そういうところは士官室に似ている。

チーフも下士官兵の一員ではあるが、チーフとそれより下の階級では待遇も責任も段違いになる。それだけに、チーフになるのは簡単ではないという。

「あたご」のCPO室。先任海曹の事務仕事と生活の場で、ここに入る頃には艦のベテラン的なポジションになる（写真／Jシップス）

第38回 艦内の生活空間（士官編）

前回の下士官兵編の生活空間に続き、今回は士官の「食う寝るところに住むところ」を取り上げる。なお、海上自衛隊では「幹部」というが、意味は同じである。

士官寝室は個室

下士官兵は基本的に大部屋住まいだが、士官（幹部）の場合、1〜4人程度の単位で個室が割り当てられて、それぞれの部屋にベッドや事務机やロッカーが置かれる。下級士官は4人部屋で、昇任していくと2人部屋になり、艦長に至って1人部屋となる、といった具合に部屋の定員が減っていく。

海上自衛隊で艦を設計する際、士官寝室一人あたり床面積の目安は、以下のようになっているそうだ。

1人部屋7〜9㎡、2人部屋：4〜5㎡、4人部屋3・5㎡。1人部屋なら話は別だが、ベッドは基本的に2段ベッドだ。飛び起きても頭をぶつけずに済むのは艦長だけだろうが、航海中の艦長は多忙でのんびり寝ている余裕はなく、この特権を享受する機会は少なそうだ。

士官寝室は後述する士官室の周辺に配置するが、前後に分けるなどして分散化を図り、戦闘被害が生じた場合などに、士官が一度に全滅しないように配慮している。戦闘配置に就いているときには士官室や士官寝室は空いているが、平常時でも何が起きるか分からない。

「あたご」の艦長室。執務用の机に応接用のソファがセットになっている。奥には寝室やトイレ、浴室も完備（写真／Jシップス）

ロナルド・レーガンの艦長室。世界最大の原子力空母だけに、艦長室もゴージャス、かつ広々。調度品も凝ったものが多い（写真／Jシップス）

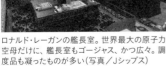

水上艦の艦長室にはトイレや浴室まで付属しているが、普通の士官は下士官兵とは別の士官用のトイレや浴室を共用している。潜水艦は場所がないので、艦長室にそうした設備はない。この辺は先に取り上げたCPOも似たり寄ったりで、潜水艦のCPOは居住区画が独立しているものの、食事の場所などは他の下士官兵と共用している。

士官室は食事の場でもある

士官の場合、居住区画とは別に公室として「士官室」（ward room）があるのが普通だ。海上自衛隊では「士官」ではなく「幹部」といっているが、部屋の名前は「士官室」である。

士官室は艦橋直下付近に設けて、いざというときは即座に艦橋や戦闘情報センター（CIC：Combat Information Center）へ駆けつけられるようにするのが一般的だ。これが潜水艦なら、士官室の場所は発令所の隣となる。

士官室は仕事の場というだけでなく、食事をとる場でもある。そこで使用するテーブルと椅子は、士官の人数分の4分の3に相当する数を確保する。これは科員食堂の場合と同じ理由で、常に誰かが当直に就いているのだから、全員の分のテーブルを用意する必要はないのだ。1人あたりのテーブルの幅は650～700㎜が基準だという。

士官室には隣接して「食器室」が設けてあり、食器類を保管したり、調理場から運ばれてきた食事の盛りつけを行ったりする。なお、食事用のテーブルとは別に、壁際に長椅子、テーブル、1人用の椅子を設けることもあるが、こちらは休憩用である。

「あたご」の士官室。食事の場でもあり、幹部はすべて配膳してもらえる。左手奥が食器室。天井に備わる手術用の無影灯に注目（写真／Jシップス）

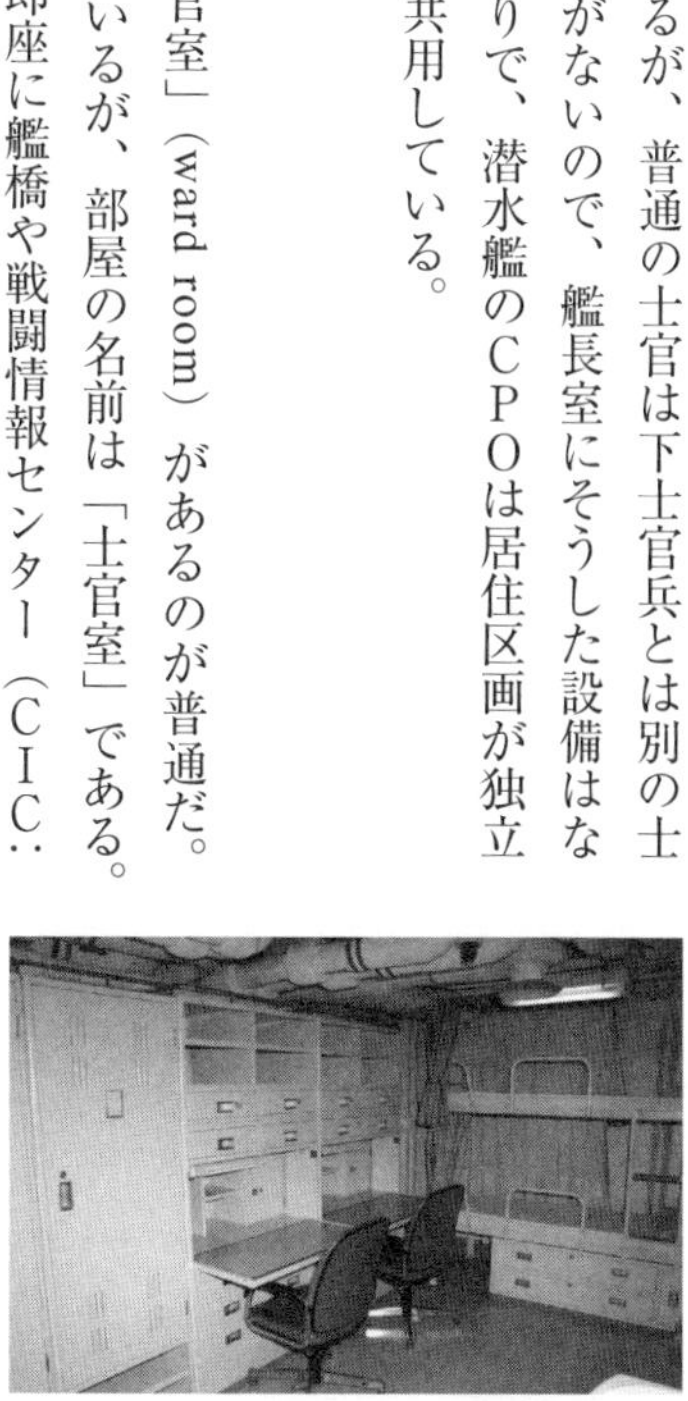

「あたご」の士官寝室。2段ベッドで、執務用の机、ロッカーが並ぶ。スペース的にはかなりゆったりしている（写真／Jシップス）

海自の場合、ＣＰＯ室と士官室には若い海士が「ＣＰＯ室係」「士官室係」として割り当てられて、給仕を担当する。陸軍や空軍でも士官の食堂は下士官兵と別だが、給仕がつくとは限らない。この点と、士官と下士官兵の間にＣＰＯがあるところが、海軍だけのユニークな風習である。

食事の際に係がつくのは同じだが、士官室の床は絨毯敷きなのに対してＣＰＯ室の床は樹脂製だったり、ＣＰＯ室の方が全般的に内装が簡素だったり、という程度の違いはある。もっとも、士官室は外部からのお客様を迎える場でもあるので、あまり貧相でも困る。

大きな艦だと、士官室とは別に士官用の食堂を用意することもあるが、普通の水上戦闘艦、あるいは潜水艦では士官室が食事場所を兼ねる。ここのところは、諸外国も海上自衛隊も同じだ。

アメリカ海軍の場合、士官室とは別に士官食堂がある艦もあるが、その食堂も「ワード・ルーム」という。ちなみに、辞書で「ward」をひいてみると「病棟」「病室」「監房」などロクな日本語が出てこなかったが、「下士官兵とは独立した食事場所」という解釈をすれば意味は通る。

士官室は戦時治療室

士官室は食事だけでなく、会議や打ち合わせ、事務作業を行う場所にもなる。そして、戦時にはテーブルが治療台に化けて戦時治療室となる。なぜか諸外国も含めてそうしているのだが、それには理由がある。

前述したように、士官室は艦の中央部付近に設けるのが普通なので、どこからでもアクセスしやすい。しかも、治療台に使えるぐらい大きなテーブルを備えている。確かに、科員食堂のテーブルは４～６人用だから２～３人分の長さしかないわけで、上に負傷者を寝かせるのは無理そうだ。その戦時治療に備えて、士官室の照明には手術用の無影灯が備わっていることが多い。

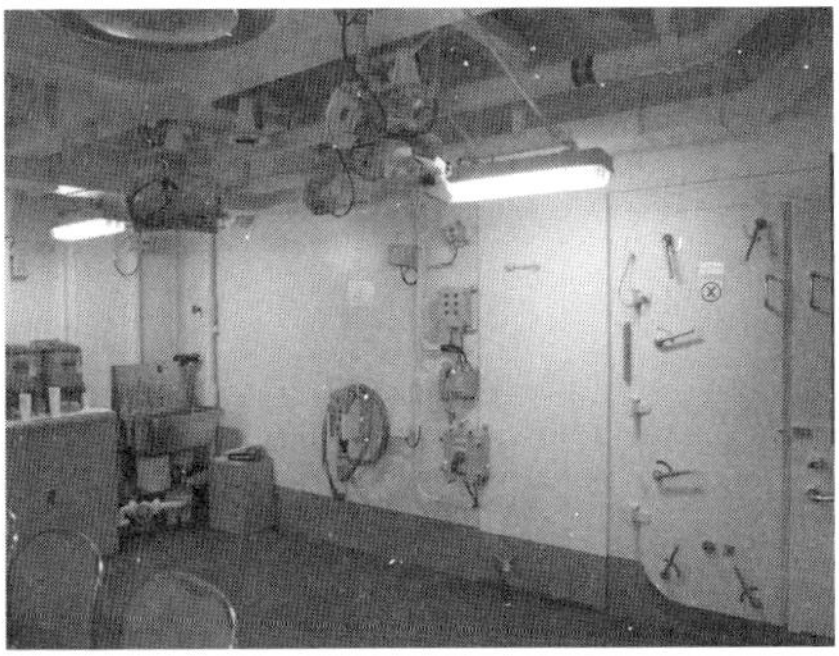

ひゅうが型、いずも型は多目的室に手術用の無影灯を備えた一角がある。写真右手はエレベーターから直結するハッチ（写真／Jシップス）

ちなみに、いずも型ＤＤＨは医療施設が充実しており、専用の手術室や歯科治療室、感染症に備えた隔離病室まで用意してある。そのため、士官室を戦時治療室に使用することはないそうだ。

同級ではさらに、多目的区画の片隅を戦時治療室として使える設計になっていて、頭上に手術用の照明も設置されている。また、フリーアクセス（上げ床）になっている多目的区画のうち、この一角だけ床を取り外せるようになっているが、これは流れ出た血液などが他のエリアに広がらないようにするための設備だ。ちなみにいずも型ぐらいの大艦になると、士官室とは別に幹部が事務作業をするための部屋がある。

司令室と司令公室

「いずも」の司令公室。司令と幕僚のための士官室ともいうべき場所で、設備としては士官室と変わらない（写真／Jシップス）

海上自衛隊の場合、群司令部が乗り込む前提で設計された艦では、士官室とは別に司令室や幕僚事務室を設ける。つまり、司令とその部下のために独立した部屋を用意してある。機能・設備はおおむね士官室と同じだ。司令公室がない艦に司令部が乗り込んできた場合には、司令部の面々も士官室で食事や事務作業をとることになる。

司令公室がある艦は、司令専用の司令室も用意されている。設備は艦長室と同じで、ベッド、ソファ、テーブル、事務机、浴室（シャワーだけのこともある）、トイレといった具合。艦のサイズに余裕がない場合、司令室と艦長室を隣接させて、間に共用のトイレやシャワー室を設けることもある。

異色なのが潜水艦で、潜水艦は艦長が第一。水上艦の士官室では階級順・先任順に上座から順に座るので、司令が乗り込んできた場合には、艦長以下は司令に席を譲って玉突き式に下座にずれる。ところが潜水艦だと、司令が乗り込んできても艦長の席は変わらず、代わりに司令が次席に座り、副長以下が下座にずれる。司令の寝室も一般の士官寝室を使う。

生活空間いろいろ

実は、「住むところ」に関わる区画はまだある。まず、洗濯室や乾燥室は分かりやすい。洗濯機、乾燥機、プレス機といったものが置いてある部屋だ。もっとも、日常の細々した洗濯は浴室で済ませることもあるらしい。

軍艦らしいところでは「洗身室」がある。といっても、普段のシャワーに使うものではなくて、これは核戦争に備えたもの。露天甲板で放射性物質を浴びた、あるいは浴びた可能性がある場合に全身を洗浄するための区画で、当然ながら、外からすぐにアクセスできる場所に設ける。ここで全身を洗い流してから艦内に移動するわけだ。本来の目的で使われて欲しくはない区画である。

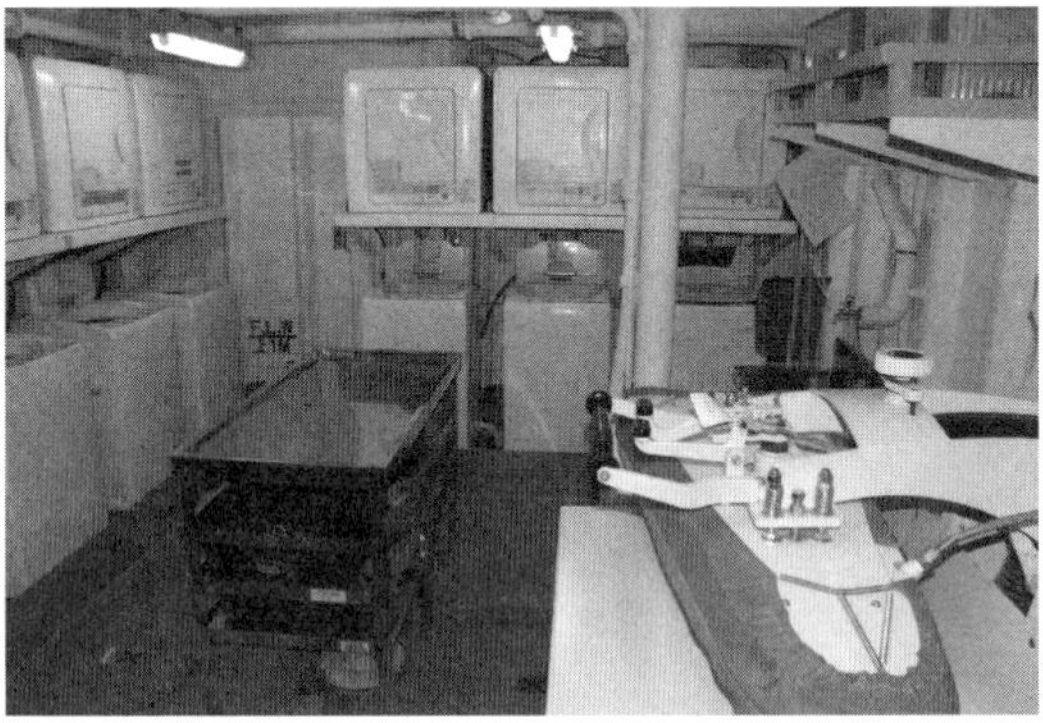

洗濯室には洗濯機やプレス機がある。海軍士官たるもの、制服はいつもピシッとしていなければならない(写真/Jシップス)

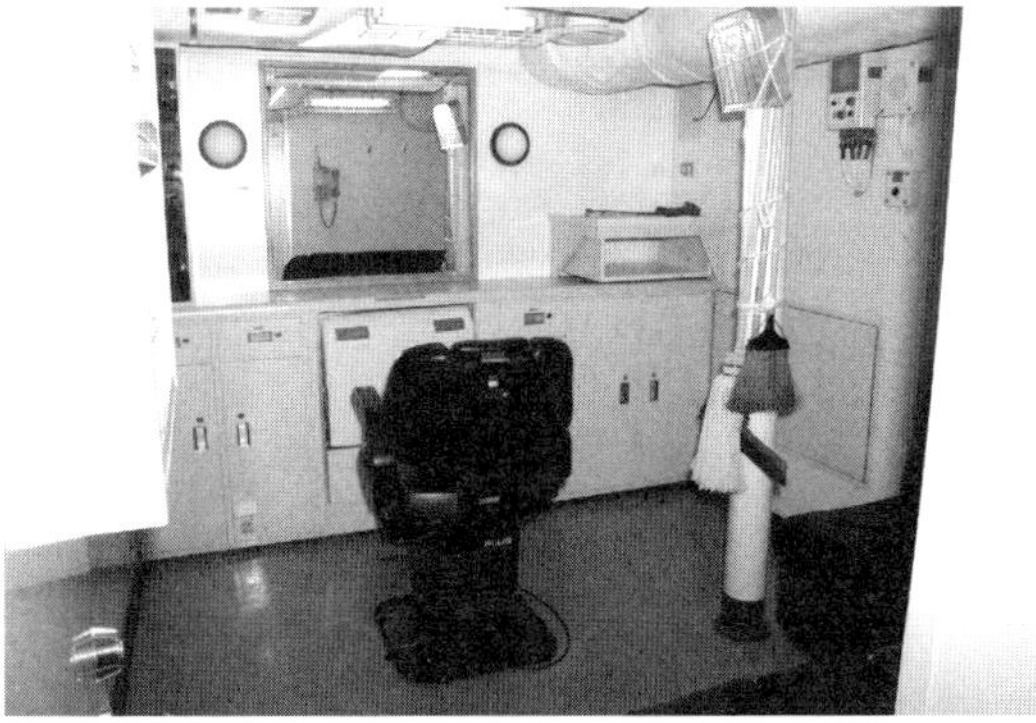

理髪室。航海が長くなれば髪も伸びるが、専門の隊員がいるわけではなく、手先の器用な者が切ってくれる(写真/Jシップス)

第39回 艦艇の一生にまつわる公的行事

春は新しい艦の引き渡しや、退役といった行事が集中する時期。そこで今回は、艦艇の建造から退役までの間に発生する、主な公的行事について解説しよう。

起工式と鋼材切り出し

艦艇でも、あるいは民間の船舶でも、建造を担当する造船所の代表、それと発注元である官側の代表が列席して、「起工式」が行われる。官側の代表、あるいはスポンサー（後述）が、最初の部材を取り付けて見せる場合もある。といっても、素人が本当に鋲打ちや電気溶接をやったのでは危なくて話にならないので、あくまで「ポーズ」である。

昔は、船体の中央を前後に通る「竜骨」（キール）の部材を据え付けて、そこに船体を構成する最初の部材を取り付ける作業に合わせて「起工式」を行っていた。だから英語では〝keel laying ceremony〟という。ところが現在では、起工式という行事こそ行われているものの、その時点ですでに、船体がある程度の形をなしているのが一般的だ。

2009年11月、ニューポートニューズのノースロップ・グラマン造船所で行われた「ジェラルド・R. フォード」の起工式。最初の部材を溶接しているのがスーザン・フォード氏（写真／US Navy）

というのも、今は艦艇も商船もブロック建造方式をとっているため。船体を複数のブロックに分割して、個別に製作している。それを船台※1、あるいはドックといった建造施設に運び入れて接合することで、船体を形作っていく。つまり、実質的な建造工程は、起工式より前の「鋼材切り出し開始」（ファースト・スチール・カット、〝first steel cut〟）の時点で始まっている。そのため起工式とは別に、鋼材切り出しの時点でちょっとした式典を行ったり、プレスリリースを出したりする事例が多い。

実のところ、起工式は「起工の式典」というよりも「建造に際しての安全を祈願する式典」という意味合いになっている。

命名式と進水式

船体や上部構造物がひととおり完成したところで、最初の晴れ舞台である「進水式」が行われる。その名の通り、建造中の艦艇が初めて水の上に浮かぶ瞬間である。いいかえれば「鉄の塊」が「フネ」に変わる瞬間である。

海上自衛隊の場合、進水式と併せて「命名式」を行っている。細かいことをいうと、進水式は艦艇を建造する造船所側の行事で、命名式は完成した艦艇を運用する海軍（日本なら海上自衛隊）の行事である。

ちなみに英語だと、進水は〝launch〟という。ミサイル発射のローンチと同じ単語だ。一方、命名は〝christen〟というが、これはキリスト教でいうところの「洗礼」を意味する言葉。子供に洗礼を受けさせるのに合わせて命名も実施しているから、そこは艦船も同じというわけだ。

日本における式典の流れとしては、まず命名式があり、官側の代表が「本艦を○○と命名する」と命名書を読み上げる。それに続いて、艦を海面に浮かべる「進水式」

2016年10月、命名式での「あさひ」。丸めてあった垂れ幕が下がると、「あさひ」の艦名が現れた（写真／海上自衛隊）

※1　船台
艦船を建造するための施設のひとつで、底面は海面に向けて緩い下り勾配がつけられている。最近はあまり用いられない

2017年10月、三菱重工長崎造船所で進水式を迎えた「しらぬい」。滑走台の上を5,000トン級の船体が滑り出すという迫力ある式典だ（写真／冨松智陽）

2001年3月、空母「ロナルド・レーガン」の進水式で艦首にシャンパンの瓶をぶつけて割るナンシー・レーガン氏。派手にしぶきがはねている（写真／US Navy）

が行われる。ただし国や艦によっては、進水式と命名式を別々に行うこともある。

海上自衛隊の艦では、進水式の時点で艦名を記したプレートを艦首の脇に吊してあるが、それは命名式が行われるまで紅白などの幕で隠されている。艦尾に書かれている艦名も同様だ。命名書の読み上げとともに、それらの幕が外されて艦名が公になる。そして、艦首に取り付けられた薬玉を割るのが日本独自の習慣だ（さらに花火を打ち上げることもある）。

続いて「進水式」に移る。船台で建造した艦の場合、事前の準備で船体を滑走台※2で受けるようにしてあり、建造中に船体を支えていた盤木は外してある。それだけだと勝手に走り出してしまうので固定装置があり、進水式で官側の代表が「支綱切断」（しこうせつだん）を行うと、固定が解かれて艦が滑り出す。

支綱切断とともに、紐で吊ったシャンパンの瓶を艦首にぶつけて割るのがお約束だ。ただしたまには例外もあり、イギリスの空母「クイーン・エリザベス」の命名式では、シャンパンではなくスコットランド産のシングルモルト・ウイスキーが使われた。

これに対してドック建造の場合、式典の前にドックに注水して艦は浮揚済みである。支綱切断は行われるが、これはシャンパンなどの瓶を艦にぶつけるために行うようなもの。実際に艦を海面に曳き出すのはタグボートの仕事である。

※2　滑走台
艦が船台上を滑れるように、移動可能にした一種のレール。船台で艦船を建造したときに、進水の際に使用する。進水前の準備作業で、船体を滑走台に受け変える作業を行う

日本にはない"スポンサー"

日本にはない習慣だが、欧米では進水・命名に際してスポンサーとかゴッドマザーといった役が登場する（必ず女性である）。スポンサーは、起工式で接合作業のポーズをとって見せたり、進水式で支綱切断を担当したりする。いわば、艦に生命を吹き込む役だ。ちなみに、世界でいちばん多くの艦船のゴッドマザーを務めたのは、イギリスのエリザベス女王陛下だそうだ。

アメリカ海軍の艦では、スポンサーの女性がシャンパンの瓶を手で持って、艦にぶつけて割るのが恒例だ。もちろん、着ている一張羅はシャンパンでびしょ濡れになるので、クリーニング代が出るとか出ないとか。

そのアメリカ海軍の場合、艦名にゆかりの女性がスポンサーを務めることが多い。スポンサーの人選については、乗組員からの関心が高いという。

艦名が人名なら話は簡単だ。空母「ジェラルド・R・フォード」※3では、艦名をいただいたフォード元大統領の息女、スーザン・フォード氏がスポンサーを務めた。また、アーレイ・バーク級駆逐艦では戦功を立てた軍人の名前が付くケースが多いため、その軍人の妻、娘、孫娘あたりが登場する。ただ、近年の戦争で戦功を立てた軍人だと、本人が戦死していることも多く、その場合には故人の母親がスポンサーを務める場合が多いようだ。

攻撃型原潜の艦名は地名にちなむが、「ハワイ」※4はたまたま（？）ハワイ州知事が女性のリンダ・リングル氏だったので、同氏がスポンサーを務めた。

おもしろいのはフォード級3番艦「エンタープライズ」で、五輪金メダリストの体操選手シモーネ・バイルス氏と、水泳選手のケイティ・レデッキー氏が、連名でスポンサーを務めている。このほか、揚陸艦だと海兵隊司令官の夫人が登場する事例も多い。

※3 「ジェラルド・R. フォード」
米海軍が、約40年ぶりに開発した新規設計の原子力空母。外見はあまり変わり映えしないが、省力化と戦闘能力向上のために新機軸を取り入れている

※4 「ハワイ」
ヴァージニア級攻撃型原潜の3番艦。特殊部隊の投入・回収に使用する小型潜水艇の運用能力を備える艦のひとつ

引渡式と艦旗授与式

完成した艦は、仕様通りの性能を発揮できるか、不備や不具合がないか、といった点を確認するために、試験航海を行う。最初に行うのは造船所側の試験航海（builder's trial）で、その後に官側の領収試験（acceptance trial）※5が行われる。それにパスすると、いよいよ引き渡し（delivery）と就役（commission）である。

海上自衛隊の場合、艦を造船所から海上自衛隊に引き渡す「引渡式」と、初代艦長に自衛艦旗を渡す「自衛艦旗授与式」という、2つの式典を連続的に行う。

乗艦する「いずも」の乗員。就役に当たっては艦長が自衛艦旗を受け取り、副長へ手渡す。副長は自衛艦旗を掲げ、先頭に立って乗艦していく（写真／Jシップス）

引渡式では、造船所の代表から官（防衛装備庁）の代表に「引渡書」が渡され、続いて官の代表から造船所の代表に「受領書」が渡される。この時点までは艦は造船所の持ち物なので、造船所の社旗が掲げられているが、引き渡しが終わると造船所の社旗を降ろす。

次に「自衛艦旗授与式」が行われる。一般的には、海上幕僚長が艤装員長（初代艦長）に、きれいに畳まれた新品の自衛艦旗を渡す。艦長はそれを捧げ持ち、整列した乗組員のところに戻って、副長に渡す。自衛艦旗を捧げ持つ副長を先頭に、乗組

2017年3月、初めて「かが」の艦尾旗竿にひるがえる自衛艦旗。この瞬間から艦は艦隊に編入され、海自護衛艦としての生涯が始まる（写真／Jシップス）

※5　領収試験
完成した艦を海軍に納入する前に実施する試験で、所定の性能が出ているかどうか、機器や武器が正常に機能するかどうかを確認する

横須賀基地で入港歓迎行事を行う「いずも」。艦長を筆頭に乗員が整列し、花束の贈呈などが行われる（写真／Jシップス）

員が順次乗艦していくという流れだ。自衛艦旗を先頭に乗艦するが、艦長が乗り込むのは最後なので、副長に旗を渡すわけだ。

そして、艦尾に乗組員一同が整列したところで、いよいよ自衛艦旗を艦尾の旗竿に上げる。この瞬間に、その艦は「自衛艦」になるのだといえる。その後、艦長と海幕長による艦内巡視や、海幕長による乗組員への訓示といった行事がある。

自衛艦旗授与式の後は、事前に発令されている定係港に向かうため、直ちに出港準備にかかる。そして、定係港に最初に到着する際には、「入港歓迎行事」が行われる。これらの出入港では、艦長などへの花束贈呈が行われるのがお約束のようだ。

退役の儀式　自衛艦旗返納行事

海上自衛隊の自衛艦が退役（retire）する際には、乗組員一同が後部甲板に整列して、最後の自衛艦旗降下を見守る「自衛艦旗返納行事」が行われる。自衛艦旗の掲揚と降下は毎日行われているが、退役に際して行うものが最後となる。ただ、進水や就役と違い、外部から招待客や報道陣を大々的に呼ぶようなことはなく、基本的には内輪でひっそりと行う式典となるようだ。

一方、海外の艦では盛大に退役式典を行うこともある。最近だと、英海軍のヘリコプター揚陸艦「オーシャン」※6の退役式は、女王陛下をお迎えして行われた。

自衛艦旗返納行事が済むと、乗員たちは艦番号、艦名をペンキで塗りつぶす。2018年3月、除籍を迎えた旧「ちよだ」（写真／Jシップス）

※6　ヘリコプター揚陸艦「オーシャン」
英海軍で使用していた揚陸艦で、ヘリコプターによる揚陸を主体とするため空母型の船形を採用。ただし揚陸艇も搭載。2018年にブラジル海軍に売却

第40回 艦艇の名前

漁船や商船にそれぞれ名前がついているのと同様、艦艇にも名前がある。この艦艇の命名には、それぞれの国の「お国柄」「好み」「お家の事情」といったものが色濃く反映されるので、調べてみるとなかなか面白い。個別の事例を挙げ始めるとキリがないが、「こういうものが艦艇の名前によく使われる」という例を、いくつか見ていくことにしよう。

地名

まず、街の名前。かつての米海軍では、巡洋艦の艦名は街の名前が多かったが、その後は、ロサンゼルス級攻撃原潜の大半で街の名前が使われている。今のタイコンデロガ級はたいてい古戦場の名前だから、これも地名のひとつといえる。ヨーロッパでも、街の名前をつけている艦は多いし、中国海軍では街の名前だらけである。

また、かつて日本海軍の戦艦が旧国名を艦名にしていたのも、地名の一例といえる。似たような例で、アメリカやドイツでは州名を地名にしている事例がいくつもある。かつて、アメリカでは州名というと戦艦の名前に決まっていたが、それがミサイル原潜、さらに攻撃原潜へと、だんだん小粒になってきてしまった。

また、米海軍の揚陸艦は海兵隊を運ぶフネだからか、海兵隊が活躍した戦場の名前をつけるケースが多くを占めている。

地名はもともとあるものだから紛糾しにくい……かというと、そうとは限らない。ソ連時代に街の名前をつけた艦を建造したら、その街があるエリアがソ連崩壊で独立して他国の街になったため、艦の方が改名を余儀なくされた。なんていうことも起きる。具体例としては、「トビリシ」（今はジョージアの街）や「リガ」（今はラトビアの街）がある。

山河などの名前

日本だと街の名前は使われていないが、山河の名前は多い。かつては重巡洋艦が山名、軽巡洋艦が河川名だったが、今はミサイル護衛艦が山名、護衛艦のうちDEが河川名だ。海外では、米海軍の指揮統制艦「ブルーリッジ」や「マウント・ホイットニー」が山名、英海軍のリバー級哨戒艦が河川名だ。ちなみに、ロールス・ロイスのエンジンも河川名が多い。

山河とは違うが、湾の名前をつけていたのが、第二次世界大戦中に作られた米海軍の護衛空母。「キトカンベイ」「ガンビアベイ」「コメンスメントベイ」など「〇〇ベイ」だらけで、「それはいったいどこの湾ですか」といいたくなるような艦名だらけであった。

人名由来の艦名

日本にはないが欧米に多いのが、人名。独立を初めとする歴史上の大イベントに関わる功労者・著名人の名前をつける例が多い。

米海軍ではアイゼンハワー大統領（当時）の提案で、ミサイル原潜にアメリカ史上の著名人の名前をつけた。初期の大統領は言うに及ばず、行進曲「星条旗よ永遠なれ」の作詞者フランシス・スコット・キ

写真は護衛艦「ちょうかい」とその命名の由来となった鳥海山（写真／海上自衛隊・山形県）

ーや、独立戦争に加勢したポーランドの軍人キャシミア・プラスキ、ハワイの大王カーメーハーメーハーと、その顔ぶれは百花繚乱。なにせ41隻もあったから、艦名のネタもいろいろだ。面白いのは、まずミサイル原潜、後に補給艦の艦名にもなったルイス・アンド・クラーク。探検隊を編成した2人の名前がワンセットになっている。

同じように歴史上の著名人を好むのが韓国海軍。おかげで「広開土大王」「世宗大王」など、ナントカ大王と名付けられた艦がいくつもある。

英海軍の「クイーン・エリザベス」は戦艦や空母、さらには客船の名前にもなった大名跡だが、それ以外にも過去には戦艦「キング・ジョージ五世」もあった。しかし、王族の名前をつけた艦が撃沈されたら具合が悪かろうに。

軍人の名前も意外と多い。特に米海軍の駆逐艦やフリゲートはそうだ。ただし、軍人でも大物になると巡洋艦、たまに空母の名前にしてもらえる。空母の艦名になった有名な例は「ニミッツ」だが、ドワイトD・アイゼンハワーみたいな軍人上がりの大統領もいる。これはどちらに分類すればいいのだろうか。

海外では軍艦に人名をつけるのも一般的だ。米海軍の「アーレイ・バーク」（DDG51）はアーレイ・バーク提督からの命名（写真／US Navy）

駆逐艦の「アーレイ・バーク」は御存じの通り、太平洋戦争中に勇名を馳せて、戦後は海上自衛隊の育成に力を貸した提督である。同様に太平洋戦争で活躍した提督ではスプルーアンス、ハルゼー、リッチモンドK・ターナーも艦名になった。また、南北戦争のときに「おのれ憎っくき水雷め、全速前進！」と号令をかけて有名になった提督のファラガットもいる。

そのアメリカに特有の命名が「議員」。制度上、議会が予算策定の最終決定権を握っている事情と無縁ではあるまい。有名なのが空母「カール・ヴィンソン」で、これは第二次世界大戦の頃に艦艇建造計画を次々に立案して名を挙げた大物議員だ。

天象・気象

日本で、過去には駆逐艦、今は汎用護衛艦の名前に多用されていてなじみ深いのが、天象・気象。潜水艦は以前、「○○しお」という名前をつけていたが、これも天象・気象の親戚といえるだろうか。他国にも例があって、たとえば米海軍のサイクロン級哨戒艇は「サイクロン」「モンスーン」「タイフーン」「スコール」「ゼファー」といった具合。

分野ごとに複数の言葉があるから、クラスごとにテーマを決めて「ゆき型」とか「あめ型」とかいった命名ができるのは、この方法のいいところ。自然現象だから、政治的に紛糾することもない。

動植物

意外と多いのが動物。米海軍の潜水艦がかつて、魚など海中生物の名前を使っていた。ただ、確かに潜水艦っぽくはあるものの、たとえば「ハリバット」（オヒョウのことだ）なんていわれても、あまり強そうではない。

このほか、海上自衛隊のミサイル艇みたいに鳥の名前をつけている事例もある。軍艦が海で使われるものだからか、陸上の動物の名前はあまり出てこない。

「植物なんてあったっけ？」と思われそうだが、海上自衛隊の草創期に使われていたＰＦは「くす」「なら」「かし」など、植物名を艦名にしていた。

艦名接頭辞

最後に、艦名に関連する話として、艦名接頭辞について簡単に触れておこう。

艦名接頭辞とは艦名の前につけるもので、米海軍のＵＳＳ（United States Ship）や英海軍のＨＭＳ（Her/His Majesty Ship）が有名。日本はかつてＪＤＳ（Japanese Defense Ship）だったが、いつ頃からかＪＳ（Japanese Ship）に変わっている。艦名接頭辞があれば、異なる国に同名の艦がいても（意外とよくあることだ）、ちゃんと区別できる。

なお、艦名接頭辞がつくのは現役の艦だけなので、就役前の艦に艦名接頭辞をつけるのは、厳密にいうと間違い。

米海軍の場合、就役前はＰＣＵ（Pre-Commissioning Unit）を、豪海軍なら「ＮＵＳＨＩＰ」を、それぞれ接頭辞とする。そもそも、まだ海軍に引き渡されていない就役前の艦は、「国のもの」ではなく「造船所のもの」である。それが「〇〇国軍艦」を意味する接頭辞をつけるのは、なるほど筋が通らない。

海上自衛隊の命名

※「海上自衛隊の使用する船舶の区分等及び名称等を付与する標準を定める訓令」より

天象・気象、山岳、河川、地方の名	護衛艦（DD）、護衛艦（DE）、護衛艦（FFM）
海象、水中動物の名、瑞祥動物の名	潜水艦（SS）
島の名、海峡（水道・瀬戸を含む）の名、種別に番号を付したもの	掃海艦（MSO）、掃海艇（MSC）、掃海管制艇（MCL）、掃海母艦（MST）
鳥の名、木の名、草の名、種別に番号を付したもの	ミサイル艇（PG）
半島（岬を含む）の名、種別に番号を付したもの	輸送艦（LST）、輸送艇（LCU）、エアクッション艇（LCAC）
名所旧跡の名、種別又は船型に番号を付したもの	練習艦（TV）、練習潜水艦（TSS）、訓練支援艦（ATS）、多用途支援艦（AMS）、海洋観測艦（AGS）、音響測定艦（AOS）、砕氷艦（AGB）、敷設艦（ARC）、潜水艦救難艦（ASR）、試験艦（ASE）、補給艦（AOE）、特務艇（ASY）
種別に番号を付したもの	支援船第1種［曳船（YT）、水船（YW）、油船（YO、YG）、廃油船（YB）、運貨船（YL）、超重機船（YC）、交通船（YF）、消防船（YE）、設標・救難船（YV）、清掃船（YS）、作業船（YD）］支援船第2種［水中処分母船（YDT）、練習船（YTE）、敷設船（YAL）、特務船（YAS）］ 支援船第3種［機動船（B）、カッター（C）、伝馬船（T）、ヨット（Y）］ 支援船第4種［保管船（YAC）］ 支援船第5種［特別機動船（SB）］

【ま】

【や】

【ら】

【わ】

【A～Z】

※索引は265ページからご覧ください

【な】

【は】

【さ】

【た】

※索引は265ページからご覧ください

艦艇用語索引

【あ】

【か】

◉著者紹介
井上孝司（いのうえ こうじ）
1966年7月15日生まれ。静岡県出身。1999年、マイクロソフト株式会社（当時）の開発部門に勤務後、フリーランスのテクニカルライターに転身。趣味はスキー、ドライブ、カメラなど。
『図解入門 最新空母がよ〜くわかる本』（秀和システム）、『現代ミリタリーのゲームチェンジャー』（潮書房光人新社）など著書多数。

とことんわかる！
艦艇入門講座
2020年10月30日発行

著　者　井上孝司

装丁・本文デザイン　村上千津子（イカロス出版）
発行人　塩谷茂代
発行所　イカロス出版株式会社
〒162-8616 東京都新宿区市谷本村町2-3
電話　03-3267-2766（販売部）
03-3267-2868（編集部）
URL　https://www.ikaros.jp/
印刷所　大日本印刷株式会社

Printed in Japan
定価はカバーに表示しています。